種子

人類の歴史をつくった
植物の華麗な戦略

ソーア・ハンソン 著
黒沢令子 訳

The Triumph of SEEDS

Thor Hanson

白揚社

妻のエライザと息子のノアへ

日本語版に寄せて

この原稿を書いていると、書斎の窓越しに、ハンノキの乾いた葉が風に鳴る音が聞こえてくる。ラズベリーの一種のサーモンベリーやヤナギも黄金色に色づき始めている。じきに、深紅に染まったヒロハカエデと目も覚めるような色の競演をくり広げ、秋のひとときを楽しませてくれるだろう。しかし、こうした艶やかな装いに目を奪われて、森のもう一つの営みを忘れそうになる。森の開けた林床では、新しい世代を担う種子が土壌シードバンク（埋土種子集団）を生み出しているのだ。回転する翼や綿毛の助けを借りて漂う種子もあれば、動物の毛や人のズボンのすそに付いて運んでもらう種子もある。こうした種子がシードバンクを満たしてくれるおかげで、私たちが愛おしいと思う野山の風景が再生されるのだ。

種子はないがしろにされがちだが、かけがえのないものである。私が種子に魅せられているのは種子のそうしたところだ。私たちは食品や香辛料はいうまでもなく、衣類、生物燃料、医薬品など生活に欠かせないありとあらゆるものを種子に頼っているのにもかかわらず、どうしてこれほど種子に無頓着でいられるのだろうか？　ちょっと足を止めて、種子に耳を傾けさえすれば、自然についてだけでなく、自然と私たちの関係についても面白い話をしてくれる。本書の目的はこうした種子の話を紹介することである。私は本書を書くうちに好奇心がさらに増したが、読者の皆さんも本書を読むことで好奇心を掻き立てられることを願っている。

しかし、私が種子に魅せられているのにはもう一つ理由がある。私はアメリカ西海岸沿いの島に住んでいて、そこには小高い丘や浜辺、森、野原、湖、河川がある。しかし、島嶼（とうしょ）の例に漏れず空間が狭いので、ここでは小さなものに価値があるのだ。島に暮らす人々は身近なことに関心を持ち、大事にする。海に囲まれた島という地理的条件は視野を狭めるかもしれないが、その一方で、視野に深みを与えてくれる。島国の日本に暮らすのも同じなのではないかと思う。本書が日本の土壌に根を下ろす機会に恵まれたことをたいへん嬉しく思っている。本書のテーマは煎じ詰めれば、小さなものに価値があるという島国の人なら誰でも共感できることだからだ。

二〇一七年一〇月　サンファン島にて

ソーア・ハンソン

種子　目次

日本語版に寄せて 1

はじめに 「注目！」 9
序章 エネルギーの塊 15

タネは養う

第1章 一日一粒のタネ 27
第2章 生命の糧 47
第3章 ナッツを食べたいときもある 73

タネは結びつける

第4章 イワヒバは知っている 93
第5章 メンデルの胞子 113

タネは耐える

第6章 メトセラのような長寿 129
第7章 種子銀行 145

タネは身を守る

第8章 かじる者とかじられる者 167
第9章 香辛料という富 185
第10章 活力を生む豆 205
第11章 傘殺人事件 229

タネは旅する

第12章 誘惑する果実 249
第13章 風と波と 267

終章　種子の未来　291

謝辞　299
用語集　301
訳者あとがき　309
付録A　植物の通称と学名　317
付録B　種子の保全　318
註　332
参考文献　345
索引　349

＊本文中の〔　〕は訳者による註を示す。

種子

人類の歴史をつくった植物の華麗な戦略

用語について

この本では一般社会で使われている実用的な定義に従って「種子」という言葉を使うことにした。たとえば、ナッツの殻は植物学的には果実に属する組織だが、一般的には種子の一部とみなされることもあるので、種子として扱う。植物名は一般的な名称だけを使ったが、付録Aに学名を挙げておいた。植物学で使われている専門用語は必要最低限にとどめるか、状況に応じて説明を加えるようにしたが、巻末に簡易な用語集を載せておいた。なお、各章に注釈をつけ、巻末にまとめておいたので、こちらも参照していただきたい。本文に全部は入れることができなかったが、省略してしまうには惜しいような種子にまつわる面白い話題(トリビア)がたくさんあるので、註に入れておいた。

はじめに　「注目！」

私はなにも言わず
ひたすら忠実なしもべとしてお仕えするのみです
ウィリアム・シェイクスピア『終わりよければすべてよし』
（一六〇五年頃　小田島雄志訳）

チャールズ・ダーウィンは英国海軍の測量船ビーグル号に五年間乗船して世界各地を巡り、帰国後はフジツボの解剖学的構造の研究を八年間行ない、人生の大半を自然選択の働きの思索に費やした。グレゴール・メンデルは遺伝に関する仮説を論文にまとめるまでに、モラヴィアで八年にわたり、一万本のエンドウマメを手作業で交配した。リーキー一家は二代にわたって、アフリカのオルドヴァイ渓谷で決定的な化石の断片を発掘してつなぎ合わせるために、何十年も砂や石をふるいにかけた。進化の謎の多くは一朝一夕に解けるものではなく、綿密な思考と観察に裏打ちされた長い研究が必要だ。しかし、なかには初めから火を見るよりも明らかなものもある。たとえば、子供に馴染みのある人なら誰でも、句読法がどのように始まるか、すぐにわかるだろう。それは感嘆符から始まるのだ。

よちよち歩きの幼児にとって、一番使いやすい言葉は、強調した動詞の命令形である。実際に、どんな言葉でも、幼児が身も震えそうなほど底知れぬ喜びを込めて感嘆の叫びをあげるとき、正しい抑揚をつければ命令口調になる。演説や散文にはやがて、コンマやピリオド、セミコロンなどが使われるようになり、意味や表現に細かいニュアンスを付け加えることができるようになるが、感嘆符は生まれつき備わっているものだ。

息子のノアがよい例だ。どこの子にも定番の「ノー（イヤイヤ）！」の他に、「ムーブ（動け）！」、「モア（もっと）！」など、子供が使いそうな言葉から覚え始めたが、幼い頃の息子の語彙の中にはふつうの子供が使わないような言葉も入っていた。息子はタネに強い関心を示し、その一風変わった興味が語彙に反映されていたのだ。私も妻も息子のタネ好きがいつ頃から始まったのか、はっきりとは覚えていないが、どうも生まれてこの方ずっと好きだったようだ。イチゴの皮についている粒々を取り出したり、カボチャの中身を掻き出したり、道端の藪で摘んだローズヒップ（バラの実）をかじったりして、タネに出会うと必ずタネに関心を示して、意見を述べた。実際、最初に息子が世界に秩序を与える拠りどころにしたのがタネの有無だった。たとえば、松ぼっくりは？　タネがある。トマトは？　タネがある。リンゴは？　アボカドは？　ゴマ入りベーグルは？　どれもみなタネがある。アライグマは？　タネがない。

我が家では毎日このような会話が交わされていたので、新しい本の題材の候補にタネが挙がったのは少しも不思議ではない。本書の題材を種子に決めるきっかけになったものがあるとすれば、植物観察を命令するような息子の発音だった。息子の幼い舌にはｓの歯擦音は難しかったようだ。そこで、

s音を舌足らずで発音する代わりに、強いh音で発音したのだ。その結果、無防備な果実を解体しては、タネを私の方に掲げて、「シード（タネ）！」ではなく、「ヒード（注目）！」と発音して、注目を迫るのだった。毎日、こういうことがくり返されたので、私もついに息子の命令に従うことにした。種子に注目したのだ。なにしろ、息子にはすでに生活のかなりの部分を乗っ取られているのだから、仕事の決定も任せてよいではないか？

　幸いにも、息子が私に割り当てたテーマは何年も前から書いてみたいと思っていたお気に入りのものだった。博士課程に在籍していた頃、私は熱帯雨林で高木の種子散布や種子捕食に関する研究を行ない、この研究を通して、種子は樹木にとってだけでなく、種子を散布するコウモリやサル、種子を食べるインコ、齧歯（げっし）類、ペッカリー（ヘソイノシシ）、さらにペッカリーを捕食するジャガーなどにとってもきわめて重要であることを学んだ。種子を研究したことで、生物学の理解が深まっただけでなく、種子の影響が森や野の彼方にまで及んでいることも学んだ。種子はどこでもなくてはならない存在なのだ。私たちは自然界と人間界の間に架空の境界を設けているが、種子はこの境界を乗り越え、日常生活の至るところにさまざまな形で現れるので、私たちが種子に全面的に依存していることにはほとんど気づかない。だが、種子のことを深く知ると、私たちが自然、つまり動植物、土壌、季節、進化の過程そのものと根っこのところでつながっていることがわかる。人口の半分以上が都市に暮らすという史上初の事態を迎えた現代ほど、こうしたつながりの再確認が大事になった時代はない。

　しかし、新しい段落に話を進める前に、二つばかり補足しておかなければならないことがある。一つは、海洋生物学畑の友人との良好な関係を壊さないために重要な事柄だ。一九六二年の『戦艦バウンティ』という映画では、反乱を起こした乗組員がブライ船長をロングボートに乗せて流した後、船長が大事にしていたパンノキの苗木を一つ残らず海へ投げ捨てるという印象的なシーンがある[1]（水が不足して乗組員の分が足りなくなった後でも、船長はパンノキにいつもどおりに水をやっていたからだ）。忌々しいパンノキの苗が投げ捨てられると、カメラはゆっくり船尾に向けられ、航跡を追って広大な海原を漂う哀れな緑の点々を映し出した。このシーンは種子戦略の限界に関して重要な点を示しており、苗の行く末は暗い。種子植物は陸地では成功を収めたかもしれないが、地球表面の四分の三近くを占める海洋を支配する掟は陸地とは異なるのだ。海洋の支配者は藻類と微小な植物プランクトンであり、たまにココナッツや船から投げ捨てられた植物が波間に漂っているのが見られても、種子をつけるその従兄弟たちのうち、海洋で生きられるのは浅海に生えるほんの数種類に限られている。種子は大地で進化し、その驚くべき特性の数々が自然と人間の歴史を形作ってきた。しかし、海洋では、種子植物は新参者にすぎないということを忘れてはならない。

さらに、種子をめぐる論争は本書の目的と範囲を超えているということもお断りしておかなければならない。私が在籍した大学院の課程では、遺伝学実験室の設備に慣れるために一単位のゼミを履修することになっていた。ゼミの受講生は週に一度、夕方に白衣を着て実験室に集まり、さまざまな試験管やパイプをいじったり、ブーンとかピーとかいう音を出している機械を操作したりして二時間ほど過ごした。基礎的な実習として、自分のＤＮＡを切り取って、バクテリアのＤＮＡに挿入する方法を教えてもらった。バクテリアのコロニーが分裂して成長すると、自分のＤＮＡも無限にコピーされていく。初歩的なクローニング技術だ。私たちが使ったのはＤＮＡの小さな断片にすぎなかったし、結果も大ざっぱなものだったが、それでも「一単位の授業で、自分のクローンが作られてはたまらない」と思ったことを鮮明に覚えている。

比較的簡単な遺伝子操作技術が開発されて、植物とその種子に新しい時代が訪れた。トウモロコシや大豆、レタスやトマトといった身近な作物の遺伝子に他の生物の遺伝子を組み込む実験が行なわれている。たとえば、耐霜性を高めるために北極地方の魚の遺伝子を利用したり、殺虫成分を作り出せるように土壌細菌の遺伝子が利用されているが、ホモ・サピエンスの遺伝子もヒトのインシュリンを生産するために使われているのだ。現在では、種子は知的財産として特許を取得することができる。また、作物が種子を作らないように「ターミネーター遺伝子」を組み込み、将来植えるために種子を保存しておくという昔からの習慣を破ってしまうこともできる。遺伝子組み換えは避けて通れない新技術だが、本書ではほんのさわりだけにとどめることにする。[2] その代わりに、そもそもどうして私たちが種子の遺伝子組み換えをこれほど気にするのか探ってみる。遺伝子操作によって、羽のないニワトリや闇夜に光るネコ、ミルクからクモの糸を生産できるヤギなどが生み出されている時代に、どうして種子の遺伝子組み換えが論争の的になるのだろうか？　治療のために自分や子供たちの遺伝子を操作することと、種子の遺伝子を改変することを比べると、後者の方に不安を覚える人が多いという結果が世論調査を行なうたびに出されているが、どうしてだろうか？

こうした疑問に答えるためには、種子の歴史と人類やその文化の歴史が見事に絡み合ってきた数百万年間の話をしなければならない。本書の執筆で苦労したのは、執筆そのものではなく、題材の取捨選択だった。逸話やその他の情報は巻末に註としてまとめておいたので、ぜひお読みいただきたい。

絶滅したゴンフォセレ、滑水性（抵抗の少ない水）、パイパーズマゴット（笛吹き虫）などの面白い話題が読めるのは註だけである。物語には、興味深い動植物だけでなく、人生の中で種子と深い関わりを持った科学者、農家、園芸家、商人、探検家、料理人など、さまざまな人物も登場する。本書を読み終えたときに、私が知り得たことや息子のノアには最初からわかっていたらしいことを読者の皆さんにもわかっていただけると思う。種子は研究や賞賛、驚嘆、たくさんの感嘆符（！）に値する驚異の産物なのだ。

序章　エネルギーの塊

ドングリに凝縮されている凄まじいエネルギーを考えてみたまえ。大地に埋めれば、巨大な樫の木に成長するのだ！　羊を埋めても、腐るばかりで何も起こらないのに。

ジョージ・バーナード・ショー『ショーによる菜食主義の食事』（一九一八年）

私はハンマーを置いて、タネをじっと見た。褐色の表面は滑らかで、傷一つついていない。熱帯林の林床で見つけたときのままだ。このタネは虫のすだく声や水が滴る音に囲まれて、林床の腐葉土の上に落ちていた。今にも発芽して、芽の膨らみや根、緑の葉が見られてもおかしくないように思えたのだが、今、蛍光灯がジーとうなりをあげている私の研究室では、どうやっても割ることができなさそうだ。

手に取ると、ちょうど掌(てのひら)に納まる大きさだった。クルミより少し大きめで平たく、色は黒っぽい。丈夫な殻は鋼(はがね)のように硬かった。縁に沿って太い継ぎ目が縦に走っているが、ドライバーでどんなに突いたり、こじ開けようとしたりしても、ひびすら入らない。柄の長いパイプレンチで力いっぱい締めつけても、びくともしない。ハンマーで叩いても、ウンともスンともいわない。もっと重いものが必要なのは明らかだ。

　私が所属していた研究室は森林科学部の古い植物標本室の一角にあった。標本室は、壁際に植物の乾燥標本を収めた金属製のキャビネットが埃をかぶったままずらりと並んでいるだけで、ほとんど忘れられてしまったような場所だった。退職した職員が週に一度集まっては、コーヒーを片手にベーグルをつまみながら、研究旅行や好きな木、何十年も前の学部内抗争などの思い出話に花を咲かせていた。私の机も、オフィス用家具を溶接鋼やクロム鋼、厚手のフォーマイカ〔合成樹脂〕で作っていた時代の産物だった。謄写版印刷機と印刷電信機（テレタイプ）を一式載せられるほど大きくて、核攻撃の衝撃波にも耐えられそうなほど頑丈だった。

　そのタネを机の太い脚の脇に置くと、机を持ち上げ、手を離した。机はドシンと大きな音を立てて落ち、その拍子にタネは横に飛んで、壁に当たって跳ね返ると、キャビネットの下に転がり込んで見えなくなった。キャビネットの下からタネを取り出すと、黒い表面には傷一つついていなかった。そこで、もう一度やってみた。ドシン！　さらにもう一度、ドシン！　タネがなんともないのを見るたびに、苛立ちがつのっていった。最後には、床にしゃがむと、タネを壁と机の脚の間に固定し、ハンマーで乱暴に叩き始めた。

　そのとき私はだいぶ頭に来ていたが、顔を真っ赤にして「一体、何やってんだ？　隣の部屋で授業しているんだぞ！」と、研究室に怒鳴り込んできた森林科学部教授の方が怒り心頭に発していたかもしれない。

確かに、タネを壊すのにもっと静かな方法が必要だった。このとき、割る必要があったタネはこれだけではなかったからだ。戸棚の中にはタネが何百個も詰まった箱が二つもあったのだ。その他にも、コスタリカとニカラグアの森で何か月にもわたって一生懸命に集めてきた二〇〇〇点を超える葉や樹皮の断片があった。こうした標本をデータとしてまとめれば、博士論文の大部分を占めるはずだ。しかし、この分では、そうは問屋が卸してくれないかもしれない。

最後には、ノミと木槌を使って一撃を加えればよいということがわかったが、このタネと格闘したことで、私は進化の貴重な教訓を学んだ。どうして種子の殻は絶対に割れないと思えるほど硬いのだろうか？　種子にとって大事なのは、遠くに飛ばされて、若木を芽生えさせることではないのか？あの分厚い殻が哀れな大学院生を困らせるために進化したはずは絶対にない。もちろん、答えは卵を守る雌鶏や仔を守る雌ライオンと同様に基本的なことだ。私が研究していた木にとって、次世代はすべてである。つまり、エネルギーと適応的創造性をいくらでもつぎ込むのに値する進化の最重要課題なのだ。植物の歴史で、子孫の保護・散布・定着を確実にする手段として、種子の発明の右に出るものはない。

産業界で製品が成功した証は、ブランド名が人口に膾炙して、どこでも手に入ることである。以前、ウガンダの土壁の小屋で暮らしたことがあるが、その小屋は「インペネトラブル・フォレスト〔足を踏み込めない原生林〕」と呼ばれているジャングルの縁にあり、舗装道路から車で四時間かかった。しかし、小屋から五分も歩けば、瓶入りのコカ・コーラを買うことができた。企業の販売担当者は、製品がこのようにあまねく世界各地に行き渡ることを夢見ているが、自然界では種子がその夢を叶えている。熱帯雨林から高山帯の草原や北極地方のツンドラまで、種子植物はどの地域でも優占しており、生態系全体を特徴づけている。そもそも、森林の名前はそれを構成する樹木に因んでつけられるもので、その中に生息しているサルや鳥から名づけられることはない。また、誰でも知っているように、有名なセレンゲティ国立公園は「草原（グラスランド）」と呼ばれ、「シマウマヶ原（ゼブラランド）」とは呼ばれない。自然の仕組みを支える基盤を立ち止まって調べてみれば、種子とそれを実らせる植物が最も重要な役割を果たしていることに何度も気づかされる。

暑い午後に飲む冷たい炭酸飲料はとても美味しいが、種子の進化を説明するのにコカ・コーラのたとえが使えるのはここまでだ。しかし、もう一つ似ている点がある。自然選択も商取引と同じように、優れた製品には報いるのだ。最も優れた適応形質は時と共に各地に広がり、今度はそれが、リチャード・ドーキンスが「地上最大のショー」といみじくも呼んだ進化の過程において、さらなる革新に拍車をかける。どこでも見られるので自明のことのように思われている形質がある。たとえば、動物の頭には、目と耳が二つ、鼻に相当する部分と口が一つある。魚の鰓(えら)は水中に溶けている酸素を取り込む。バクテリア（細菌）は分裂することで増殖する。昆虫の翅は二対ある。生物学者でさえ、こうした基本的な形質が、かつては幾度となくくり返された進化の試行錯誤の末に生まれた独創的で目新しいものだったことを忘れがちになる。植物といえば、光合成をし、種子をつけるのが当たり前と思われている。児童文学でも、この種子の概念は当然のこととみなされている。ルース・クラウスの『にんじんのたね』という古典的絵本では、無口な少年が懐疑的な大人たちに何を言われようとも、自分が植えたタネに根気よく水をやり、草取りをし続けて、ついに「男の子の思っていたとおりに」ニンジンが見事に芽を出す。[1]

この本は素朴なイラストで絵本というジャンルに変革をもたらしたことで有名だが、その文章は、自然と人の関係についての奥深さを教えてくれる。どんなに小さなタネにも、ジョージ・バーナード・ショーが「凄まじいエネルギー」と呼んだものが詰まっていることを、子供でも知っているのだ。ニンジン、コナラ、コムギ、アブラナ、セコイアなど、種子で増える推定三五万二〇〇〇種もの植物のそれぞれを作り出すために必要な活力とすべての設計図が、小さなタネに詰め込まれている。[2] 人間はこうした種子の能力を信頼していたので、人類の歴史の中で、種子はこのうえなく重要な地位を占めている。種をまいても収穫が期待できないなら、今日知られているような農業は発達しなかっただろうから、人類はいまだに小さな集団で狩猟採集生活や遊牧生活を送っていただろう。それどころか、この世に種子がなかったら、ホモ・サピエンスは進化できなかっただろうと考えている研究者もいる。現代文明への道を拓く上で、植物が生み出した種子という小さな奇跡以上の役割を果たした自然物はおそらくないだろう。種子はその魅力溢れる進化の過程で、私たち人類の進化と歴史を形作ってきたのである。

私たちは種子のある世界に暮らしている。朝食のコーヒーとベーグルから木綿の衣服や、寝る前にココアを飲む人にはとってはその飲料に至るまで、私たちは一日中、種子に囲まれて生活している。食物、燃料、酒、毒薬、油、染料、繊維、香辛料もすべて種子から作られるのだ。種子がなければ、パンも米も豆も穀物もナッツも手に入らない。世界中で種子は文字どおり生命の糧であると共に、食料、経済、生活様式の基盤でもある。現生の植物の九〇%以上が種子植物なので、種子は野生の世界でも生命の拠りどころとなっている。現在は種子植物が至るところで見られるので、他のタイプの植物が一億年以上にわたって地上を支配していたことを想像するのは難しい。しかし、時計の針を戻してみれば、木のような形のヒカゲノカズラ、トクサやシダ類といった胞子植物が大森林を形成していた頃、種子植物はそうした胞子植物の陰で細々と進化の道を歩んでいたことがわかる。ちなみに、当時の大森林は石炭という形で現在残っている。種子植物はこのような低い身分から次第に勢力を拡大していく。まず、針葉樹、ソテツ類、イチョウが現れ、やがて大規模な顕花植物の種分化が起こり、現在見られるように、胞子植物や藻類から主役の座を奪い取ってしまう。種子植物が劇的な勝利を収めたのを見ると、疑問が湧いてくる。なぜ、これほど成功したのか？　地球の景観を一変させてしまった要因は、種子と種子植物のどのような特性や習性なのだろうか？　本書ではこうした疑問に答える形で話を進め、種子が自然界で繁栄している理由だけでなく、人間にとって欠かせない存在である理由も明らかにする。

タネは養う

種子の中には赤ちゃん植物の最初の食事、つまり幼植物の根や芽、葉が成長するために必要な栄養が最初からすべて備わっている。スプラウト入りのサンドイッチを食べたことがある人なら誰でも、種子が栄養に富んでいることを当然と考えて、気にかけてもいないだろうが、植物の歴史では大きな一歩だったのだ。移動できる小さなカプセルの中にそれだけのエネルギーを凝縮させることができたおかげで、さまざまな進化の可能性が開け、種子植物が地球の至るところへ進出できるようになった。

人間は種子の中に詰め込まれたエネルギーを取り出すことで、現代文明への道を切り拓いた。今日に至るまで、人間の食生活は幼植物のために蓄えられた種子の栄養を横取りすることで成り立っている。

タネは結びつける

種子植物が現れるまでは、植物のセックスは退屈極まりないものだった。セックスをするにしても、見えないところでさっさとすませ、相手はたいてい自分自身だった。クローンによる増殖や無性生殖が主流で、たとえ有性生殖でも遺伝子が混ざり合うことは稀であり、その混ざり方は予想できるものでも完全なものでもなかった。種子の出現によって、突然、植物は大気中で生殖できるようになり、花粉を散布して卵に受粉させるさまざまな独創的方法が次第に進化していった。両親の遺伝子を母体の上で合体させて、それを移動可能ですぐに発芽できる子孫のカプセルに収納するのは実に画期的な方法だった。胞子植物はたまに交配するだけだが、種子植物は絶えず遺伝子のやり取りをくり返している。進化におけるその潜在能力は計り知れないもので、メンデルがエンドウの種子を詳しく研究して、遺伝の謎を解明したのは単なる偶然ではない。メンデルがかの有名な実験に、エンドウマメではなく「胞子」を使っていたなら、遺伝学の進歩は大幅に遅れていただろう。

タネは耐える

一冬しまっておいた種子を翌年の春にまくことができることは、園芸愛好家なら誰でも知っている。実は、多くの種子は発芽を誘発するために、寒い時期や野火に出会ったり、動物の消化器官を通過したりすることが必要なのだ。光と水分と栄養の状態が発育に適した条件を満たすまで、発芽せずに土の中で何十年も待っている種子もある。この休眠という習性は種子植物以外の生物にはほとんど見られないが、種子植物はこの習性を進化させたおかげで、稀に見る特殊化と多様化を成し遂げたのである。人間は休眠している種子の貯蔵や処理の技術を身につけたおかげで、農業を発達させることができたし、その技術は現在でも国の運命を左右している。

タネは身を守る

たいていの生物は自分の子を守るためには闘いも辞さないが、植物の種子には猛毒物質を含め、驚くほどさまざまな防衛策が施されている。ヒ素やストリキニーネのような毒物はいうまでもなく、硬い殻や鋭いトゲから香辛料（トウガラシ、ナツメグ、オールスパイス）の成分である化合物まで、種子の防衛手段には驚くべき（また、驚くほど役にも立つ）適応が見られる。この話題を探究すると、自然界の主要な進化の原動力が明らかになると共に、タバスコソースの辛味や医薬品から、種子製品の中でもダントツの人気を誇るコーヒーやチョコレートに至るまで、種子の防衛手段を人間が自分のために利用してきたことがわかる。

タネは旅する

荒れ狂う波浪に翻弄されても、風に巻き上げられても、果肉の中に閉じ込められても、種子は移動という目的を果たすための数限りない方法を見出してきた。種子は移動に適応したおかげで、地球上のあらゆる環境に入り込むことができ、驚くほどの多様化を遂げ、木綿やパンヤからマジックテープやアップルパイに至るまで、なくてはならない貴重な産物を人間にもたらした。

本書は探究であると共に招待状でもある。種子と同じように、本書も始まりは小さな一つの興味だったが、それが私自身の好奇心と共に成長し、進化、自然史や人間の文化を巡りながら、種子が切り拓いてきた紆余曲折する道をたどっていく。この種子の物語は、熱帯林や研究室での私自身の研究経験と種子にとりつかれた幼い息子に触発されたことで始まり、すばらしい植物自身や、植物に依存しているさまざまな動物や鳥、昆虫はいうまでもなく、途中で出会った園芸家や、植物学者、探検家、農家、歴史学者、修道士に導かれて広がっていった。種子の魅力溢れる話は自然界に多々あるが、種子の特徴の一つは遠くまで探しに行かなくてもよいという身近さだ。種子は私たちの社会になくてはならないものでもある。種子を原料とする食品は数多く、お好みも人によりチョコチップクッキーとコーヒーだったり、ミックスナッツ、ポップコーンやプレッツェルとビールだったりという違いはあるかもしれないが、そうしたスナックを手元に用意して本書をお読みになってはいかがだろうか。

タネは養う

からす麦、大麦、いんげんにえんどう豆が生える、
からす麦、大麦、いんげんにえんどう豆が生える。
みんな、知ってるかい？
からす麦、大麦、いんげんにえんどう豆がどうやって生えるのか？

お百姓が種をまき、
腰を伸ばしてやれやれと、
足を踏みつけ、手を打って、
振り返って畑を見渡す。

民謡

第1章　一日一粒のタネ

種子には篤い信頼を置いているのだ。君が種子を持っているなら、驚くような出来事が見られると期待できる。

ヘンリー・デイヴィッド・ソロー『森林樹の遷移』（一八六〇～六一年）

クサリヘビの類いは攻撃するとき、自分の体長より遠くまで飛びかかることは、物理学的にできない[1]。頭部と胴体は敏捷だが、尾は動かないからだ。しかし、実際に攻撃を受けた人は、このヘビがアフリカのズールー族の槍や忍者の手裏剣のように空中を飛ぶことができるのを知っている。私に向かってきた奴は落ち葉の中から電光石火のごとく、牙を剥いて長靴に飛びかかってきた。このヘビは中米に広く分布するヤジリハブ（フェルデランス）といい、猛毒を持つ上に気の短いことでもその名を轟かせている。しかし、ヘビの名誉のために認めると、最初に棒でつついたのは私の方だったので、このヘビの攻撃は防衛行動だった。

熱帯雨林で種子を研究するためには、意外なほどヘビをつついて歩く必要がある。その理由は単純

図 1.1　ヤジリハブ（*Bothrops asper*）。
（作者不詳、19 世紀。複製 © 1979 by Dover Publications）

で、科学は直線（ライン）を好むからだ。化学から地震学に至るまですべての分野で、直線とそれが示す相互関係が登場するが、野外生物学で最も一般的な直線は「トランセクト」（調査経路）である。種子に限らず、カンガルーやチョウ、サルの糞の調査でも、調査地にまっすぐなトランセクトを設けて、そのラインをたどることがたいていは偏りのない観察を行なう最良の方法になる。沼地や叢林、イバラの藪など、ふつうならば避けて通りたいものでも突っ切る経路なので、出会ったものはすべてデータとして収集できる。このトランセクト法は優れものであるが、その一方、ふつうならば避けて通りたいものには毒ヘビも含まれるので、この調査方法は二の足を踏みたくなるものでもある。

前方では、野外調査助手のホセ・マシスが大鉈（なた）でジャングルのツル植物を払って道を確保している音が聞こえる。先を行くホセの鉈さばきを聞いている時間ができたのは、長靴に飛びかかってきたヘビが標的をわずかに外した後にとった行動に、私がすっかり面食らって動けなくなってしまったからだ。なんとヘビは姿をくらましたのだ。茶色いまだら模様のヤジリハブの背中は、林床に積もった落ち葉と見分けがつかない。熱帯雨林にまっすぐに設定したトランセクトに沿って、腰をかがめて腐葉土を丹念にひっかきまわしながら歩いていなければ、マツゲハブ、ソリハナハブ、ボア・コンストリクターはいうまでもなく、これほど多くのヤジリハブに出会うことはなかっただろう。種子よりもヘビの数の方が多いと思えるトランセクトもあり、私とホセは棒でヘビをそっと押して脇へどかしたり、棒の上に乗せて脇へ優しく投げたりする技を身につけた。今、足元には怒りを秘めて姿を消してしまった毒ヘビがいるのだが、さて、どうしたものか？　ヘビが体勢を立て直してもう一度攻撃してこないことを願いつつ、じっと立っているのがよいか？　それとも、走って逃げるべきか？　逃げるとしたら、どちらの方向がよいか？　決断がつかないまま一分ほど身構えていたが、一歩、それから、さらにもう一歩と歩いてみた。まもなく、何事もなく種子のトランセクト調査を再開したが、ヘビの探索用にもっと長い枝を使うことにしたのはいうまでもない。

科学の研究では、心躍る発見の瞬間は、単調なくり返しが長く続く中にたまに訪れるにすぎない。その日、遅々とした歩みで探索を続ける私が目当てのものを見つけたのは、一時間以上も過ぎてからのことだった。目の前にアルメンドロの種子が一つ芽を出していたのだ。そもそも、私がこの熱帯雨林にやってきたのは、この魅力溢れる大木の自然史を研究したかったからだ。(2)北米やヨーロッパのナッツの木と系統は異なるが、果実の中心部にある脂肪質の種子に因んでつけられたアルメンドロという名前は「アーモンド」を意味する。私はこの小さな実生（みしょう）（芽生え）の大きさと位置をフィールド

図 1.2　アルメンドロ（*Dipteryx panamensis*）の発芽した種子。
（Photo © 2006 by Thor Hanson）

ノートに記録すると、かがんでじっくりと観察した。研究室ではびくともしなかった種子の殻が、ここでは成長する芽の圧力できれいに半分に割れていた。褐色の茎が土の中へ弓なりに伸び、その上で双葉（子葉）が開き始めていた。双葉は信じられないほどみずみずしく、その中に覗いている淡い色をした新芽（シュート）の栄養になりそうだった。いずれにしても、この小さな芽は、はるか頭上の樹冠にまで達する潜在能力を秘めているのだが、最初の一歩を踏み出すときに使うのは、種子に蓄えられた栄養分だけだ。私のいる森の中で、これと同じ物語が幾度となくくり返されてきたのである。多様性豊かな熱帯雨林の中核をなすのは植物であり、その大部分がこのアルメンドロの実生と同じように第一歩を踏み出すのだ。これこそ種子の恵みだ。

アルメンドロが種子から樹木に変貌を遂げる過程はとりわけ驚嘆に値する。アルメンドロは樹高が四五メートルを超え、板根に支えられた幹の根元は直径が三メートルに達するものが多い。寿命は数百年を数え、材は鉄のように硬いので、チェーンソーが切れなくなったり、壊れたりすることもある。開花の時期になると、鮮やかな青紫色の花が樹冠を彩り、花が散ると、木の下の地面には花の絨毯が敷き詰められる（ちなみに、私がこの木について初めて研究発表を行なったとき、花のよい写真を持ち合わせていなかったが、アニメ『シンプソンズ』に登場するマージ・シンプソンのヘアカラーだと説明するとわかってもらえた）。アルメンドロは大量に実をつけるので、サルやリスから絶滅に瀕したヒワコンゴウインコに至るまで、森の生態系を支えるキーストーン種（中枢種）と考えられている。アルメンドロが失われてしまったら、それに依存している種の地域絶滅も含め、連鎖反応的な変化が生じて、森林生態系が一変してしまうだろう。

私がアルメンドロの研究を行なっていたのは、コロンビアからニカラグアに至る分布域全体で、この樹木の置かれた状況が厳しさを増していたからだ。牧場や農地の開発に伴い、森林の伐採が進む一方で、硬くて質のよいアルメンドロの需要が高まっていた。私の研究テーマは急速に開発が進んでいる中米の田園地域におけるアルメンドロの生存可能性だった。[3] 分断された小さな熱帯雨林でも生き延びることができるのだろうか？　今までどおり、受粉して種子が散布され、遺伝的に生存可能な次世代を残せるのだろうか？　それとも、牧場や小さな林に取り残された壮麗なアルメンドロの古木は「生ける屍」にすぎないのだろうか？　こうしたアルメンドロが子孫を残せなくなると、森林に生息する他の種との複雑な関係はことごとく崩れ始めるだろう。

私の疑問に対する答えは、種子に隠されている。ホセと私がこの木の種子を十分な数だけ見つけ出せれば、あとは遺伝学が明らかにしてくれるだろう。私たちが出会った種子や実生の両親に関する手がかりは、ＤＮＡに暗号化されている。こうした種子や実生を一つ一つ、成木と突き合わせながら、その遺伝的関係を丹念に調べて地図上に落としていけば、繁殖している木や種子の散布範囲、森林の分断化によってアルメンドロの繁殖に生じた変化を特定できると思ったのだ。この研究は数年に及び、熱帯雨林へ通ったのも六回を数えた。収集した標本は数千点に上り、実験室で過ごした時間も何時間になったかわからない。最終的に、私は博士論文を書き上げ、科学誌に論文を数本発表し、アルメンドロの将来について思ってもいなかった明るい情報も手に入れた。しかし、標本をすべて分析し終え、論文を書き上げ、学位をもらって初めて、根本的なことが抜け落ちているのに気がついた。私はまだ、種子の仕組みを理解していなかったのだ。

それから何年も経ち、さまざまな調査や研究にも携わったが、この謎はまだ解けていなかった。園芸家や農家から児童書の登場人物に至るまで、誰もが種子は成長するものだと信じているが、何が種子を成長させるのだろうか？　この巧緻なカプセルの中にある何が、新しい植物を作るきっかけを待っているのだろうか？　こうした疑問を解明しようと思い立ったとき、すぐにあのアルメンドロの芽生えが、教科書に載っている写真のように細部まで鮮明に脳裏に浮かんできた。新しいアルメンドロの種子を見つけにコスタリカへちょっと行ってくるわけにはいかないが、幸いなことに、すぐに芽を出してくれる大きな種子はアルメンドロに限ったことではない。実際、八百屋や果物屋、メキシコ料理店にはたいてい熱帯雨林でとれる大きな種子（と、そのまわりについている果肉）の入った果実を少なくとも一種類はおいてある。

『オー！ゴッド』という映画ではまり役の神様を演じたジョージ・バーンズは、最大の失敗は何かと聞かれたとき、「アボカドのタネをもっと小さく創るべきだった」と何食わぬ顔で即答した。確かにアボカドをすりつぶしてグァカモレ・ディップを作るシェフなら誰でもそう思うのだろうが、世界中の植物研究者にとっては、アボカドの種子は理想的なのだ。種子自体が大きいので、褐色の薄い皮に包まれた種子の各要素が見やすい。発芽を間近でよく観察したければ、きれいに洗ったアボカドの種子に爪楊枝を三本とコップ一杯の水を用意するだけでよい。大昔の農民もこの簡単さに気づいていた。アボカドはメキシコ南部とグアテマラの熱帯雨林に自生する野生種から、今までに少なくとも三回、別々に栽培植物化されている[4]。中米の先住民は、アステカやマヤの文明が台頭するはるか以前から、脂肪をたっぷり含んだアボカドの果肉をふんだんに使った料理を賞味していた。私も実験に先立って、まずはアボカドで美味しいサンドイッチとナチョスを作って、舌鼓を打った。腹ごしらえをすると、アボカドの種子を一〇個ほどと爪楊枝をひとつかみ持って、実験を始めるためにラクーン・シャック〔アライグマの小屋〕へ向かった。

　ラクーン・シャックはタール紙と廃材で側面を覆った古い小屋で、うちの果樹園にある。以前にはアライグマが住みついていたので、それに因んでこう名づけたものだ。毎年、秋になると、うちの果樹園で収穫したリンゴをたらふく食べて、アライグマたちは豪勢な暮らしをして

図1.3　アボカドは9000年以上前にメキシコや中米で栽培されるようになり、アステカ帝国の時代には祝宴料理として定着していた。
（作者不詳、Florentine Codex, 16世紀後期。Wikimedia Commons）

いた。しかし、私の家族が増えて小さな家では手狭になったとき、私の仕事場を家の外に移す必要が出てきたため、アライグマたちに小屋を明け渡してもらわなければならなくなったのだ。今では、小屋には薪ストーブの他に電気と水道が引かれ、棚も十分に備わっている。アボカドを芽生えさせるのに十分な施設だ。しかし、実験の目的はそれだけではない。根や芽が出ることはすでに知っていたからだ。私が知りたかったのは、種子の中の何が発芽を引き起こすのかということと、こうした精緻な機構がそもそもどのように進化してきたのかということである。こうした疑問について問い合わせできる相手を知っていたのは幸いだった。

バスキン夫妻は一九六〇年代中頃にヴァンダービルト大学の大学院で植物学を学んだ。二人は大学院の入学当日に出会い、キャロル夫人が言うには「すぐにつきあい始めた」ので、教授が学生に二人一組で研究課題を割り当てたときに、並んで座っていた二人は同じ課題を与えられた。「一緒に研究したのはそのときが初めてだったので、特別な思い出になったわ」とキャロルは述懐する。生涯にわたって探究することになるテーマに目を向けたのもこのときだった。共通の友人がいて、興味が似ていた二人のロマンスはありふれたものだったと夫妻は言い張るが、そこから育まれた知的なパートナーシップは並大抵のものではない。キャロルは夫のジェリーよりも一年先に博士課程を修了したが、それ以後も二人は二人三脚で研究に携わり、種子に関する論文や著書、他の研究者との共著も合わせると、出版物は四五〇点を超える。アボカドの種子のツアーガイドをお願いするとしたら、バスキン夫妻をおいて他に適任者はいないだろう。

「種子とはお弁当を持って箱に入っている植物の赤ん坊だと、学生には言っているの」とキャロルは話し始めた。南部なまりののんびりした話し方で、くだけた説明の仕方を心得ているので、難しい概念に踏み込まずに遠回しに話しているうちに、自然と答えが明らかになっていくという感じだ。ケンタッキー大学の理系教師の中で、学生の評判が一、二位を争うのもうなずける。私はキャロルの研究室に電話を入れて話を聞いた。研究室は窓のない部屋で、論文や書物が所狭しと置かれ、一部は隣の実験室にまで溢れている（夫のジェリーは最近、同じ学部を退職したので、ジェリーの分の論文や書物は自宅のダイニングテーブルに移動したらしい）。「食事できる空間が二人分しかないので、人を呼びたいときは困るのよね」とキャロルは笑った。

キャロルの「箱に入った赤ん坊」という比喩は、移動が可能で、保護と栄養が行き届いているという種子の特徴をよく捉えている。「でも、私は種子の研究者なので、もう一歩踏み込んで考えたいのよ。お弁当を全部食べ尽くしてしまう赤ん坊もいれば、一部だけ食べる赤ん坊や、まったく手をつけずにいる赤ん坊もいるの」とキャロルは続け、種子の複雑さを垣間見せた。そうした種子の多様な複雑さに、夫妻は五〇年近くも魅了されてきたのだ。キャロルは、「ご質問のアボカドの種子はお弁当を全部食べ尽くすタイプよ」と心得顔で付け加えた。

種子には基本要素が三つ入っている。赤ん坊に相当する胚、箱に相当する種皮、そして、弁当に相当する栄養分の貯蔵組織だ。たいていは、発芽のときに箱が開き、胚は弁当を食べながら根を伸ばし、最初の葉を広げる。しかし、先に弁当を食べてしまい、子葉という胚の中にできている最初の葉に栄養分をすべて移しておく赤ん坊も珍しくはない。二つに割れるお馴染みのピーナッツやクルミ、インゲンマメなどがこのタイプに属し、その子葉は巨大で、種子の大部分を占めている。私はキャロルの話を聞きながら、机の上に積み上げたアボカドの種子の山から一つを手に取ると、親指の爪でそれを半分に割った。中を見ると、キャロルの言った意味がわかった。ナッツのような形をした青白い子葉が、生まれたばかりの根と幼芽の入った小さな塊（胚）を囲むように、種子のそれぞれ半分を占めていた。種皮はニスの被膜のように薄く、すでに茶色い薄片となってはがれ始めていた。

「夫と私が研究しているのは、種子と環境の相互作用よ。種子がなぜそうすべきときにそうすべきことができるのかを調べているの」とキャロルは述べると、アボカドの戦略がふつうとは違っていることを説明し始めた。たいていの種子は分厚い保護膜である種皮で湿気を防ぎ、成熟するにつれて乾燥する。水がない状態では、胚の成長はほぼ停止する。このように発育を停止することで、発芽に適した環境が訪れるまで、何か月、何年、時には何世紀も待って生き延びることができるのだ。「でも、アボカドは違うわ。アボカドの種子は、乾燥すると死んでしまうのよ」とキャロルは注意を促すように言った。その言葉は、目の前にあるアボカドの種子が生き物だということを改めて思い起こさせてくれた。大多数の種子と同様に、根を張って成長するのに適したときに、適した場所に到着するまで、発育を停止している生きた植物なのだ。

アボカドにとって適した場所とは種子が乾燥しない場所であり、発芽の季節はいつでもよい[5]。アボカドの戦略は、熱帯雨林のような高温多湿の環境に依存している。ラクーン・シャックに水の入ったコップを置き、爪楊枝を刺した種子を水に浸る程度に吊しておくという水栽培の状態も、その条件にぴったりだ。アボカドの種子は長い乾季や寒い冬を生き延びる必要がないので、発芽するまで発育を停止している期間はきわめて短い。「アボカドの休止期間は発芽の準備を整えるのに必要な時間にす

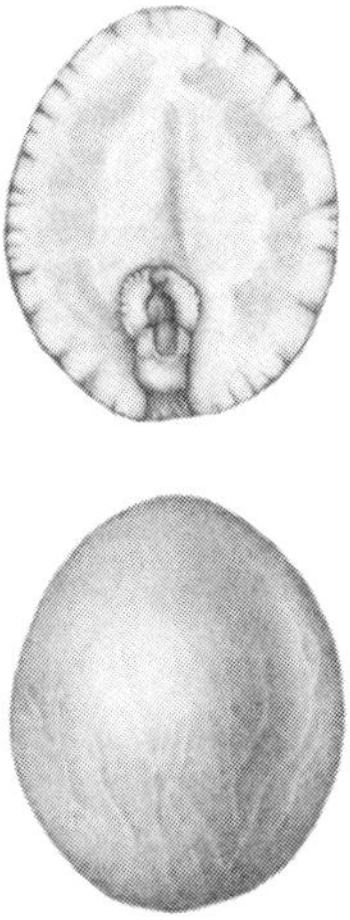

図1.4　アボカド（*Persea americana*）。紙のように薄い種皮の中には、幼根と幼芽が入った小さな胚を取り巻く大きな子葉が2枚見える。アボカドが進化した熱帯雨林では太陽光が林床に届かないので、発芽して根を張るまで若木を支えるために、種子の中に大量のエネルギーを蓄えておく必要がある。（Illustration © 2014 by Suzanne Olive）

ぎないの。だから、そんなに長くなくていいのよ」とキャロルは説明した。

アボカドの種子は何週間も生きている証を見せてくれなかったが、その間、私はキャロルのこの言葉を信じて待ち続けた。窓の下にある本棚に二列に並んだ茶色いアボカドの種子は、物静かで何の変化も見せない友になった。私は植物学で博士号を取得したが、鉢植え植物を枯らした経験には事欠かないので、アボカドのことが心配になり始めた。しかし、研究者のご多分に漏れず、データに安らぎを覚えるので、スプレッドシートに数値とメモを記入し続けた。種子にはまったく変化が見られなかったが、一つ一つ手に取って、重さと大きさを律義に測ることで、一応満足していた。

変化が現れたときは、我が目を疑った。この二九日間、何の変化も見られなかったのに、タネ3号の重さが急に増えたのだ。もう一度測定してみたが、間違いなかった。約三グラム増えていた。これまでさまざまな測定を行なったことがあるが、これほど元気づけられた測定結果はなかった。(6) これが、「たいていの種子は発芽の直前に水分を吸収する」とキャロルが説明した「吸水」と呼ばれる過程だ。しかし、吸水が起きるまでに、長い時間を要する理由はまだ解明されていない。水が分厚い種皮を破ったり、発芽を阻害する化学物質を洗い流したりする必要があるのかもしれない。あるいは、もっと手の込んだ、たとえば、生育に必要な持続した湿気とにわか雨を区別する種子の戦略の一部なのかもしれない。いずれにしても、すべての種子が次々に重さを増し始めたので、祝杯をあげたい気持ちになった。外見に変化は見られないが、中で何かが起きているのは間違いない。

「種子の中で起きていることについて少しはわかってきたけど、まだ全部解明されたわけではないの」とキャロルは認めた。種子は吸水を始めると、それがきっかけとなって、一連の複雑な過程が起こる。それによって植物は休眠状態から、生活史の中で最も急激な成長期に突入するのだ。「発芽」とは、厳密には水分の吸収から最初の細胞膨張までの目覚めの期間だけを指すが、一般的にはもっと広い意味で使われている。園芸愛好家や農家、さらに辞書の編纂者にとって「発芽」とは、最初の根が張り、光合成を行なう最初の葉が出ることを意味する。その意味では、種子の中に蓄えられた栄養分がすべて消費されるまで、つまり、若い植物が自力で栄養を賄えるようになるまで、種子の仕事は終わらないのだ。

うちのアボカドの種子がそうなるのはまだ先の話だが、数日すると中の根が膨らんできたため、茶色の種子が半分に割れ始めた。胚の中にある小さな塊から、青白い最初の根が下に向かってぐんぐん伸び始め、数時間で長さが三倍になった。葉の兆しが現れるずっと前に、どの種子も根を元気よくコップの底へ伸ばしていた。これは偶然ではない。種によって発芽に要する細かい点は異なるが、水分が重要なことは不変である。若い植物にとって一番大事なのは、安定した水源を活用することだ。実際、種子の中にはあらかじめ根が入っているので、根が成長するために新たな細胞を作る必要さえない。信じがたいかもしれないが、それはピエロの風船芸に似ている。

出たばかりのアボカドの根を薄く削ぐと、おしゃれなサラダに載っているラディッシュの薄切りのような丸まった細片がとれるが、それを顕微鏡で見たところ、根の細胞の列が鮮明に見えた。その細長い管状の細胞は、道化師が結んで動物の形を作るのに使う細長い風船にそっくりだった。ピエロと同じように、種子の中に収まっている幼根も、舞台に立つ前に風船を膨らませてはいけないことを知っている。膨らませた風船は道化師の大きなポケットでも収まりきらないだろうが、膨らませていなければ場所を取らないし、必要なときに必要な場所で空気（や水）を入れてやればすぐに膨らむ。

風船は膨らます前と後では、驚くほど大きさが異なる。うちの近所のおもちゃ屋でもバルーンアート用の風船セットを売っているが、そのセットには通常、白が五個、緑と赤がそれぞれ四個、青、ピンク、オレンジが合わせて一一個入っている。膨らませる前ならば、全部束ねても直径が七・五センチに満たないので、私の片手の掌に楽に収まる。しかし、風船を膨らませ始めると、道化師がヘリウムタンクや小型のエアコンプレッサーを持ち歩く理由がすぐにわかった。風船セットを全部膨らませるのに四五分もかかった上に、頭がクラクラして、呼吸も苦しくなり、色とりどりの風船に囲まれて、ゼーゼーとあえいでしまった。キュッキュッと音を立て、フワフワして手に負えない風船の山は長さ一・二五メートル、幅六〇センチ、高さ三〇センチにもなった。私の机のところから縦に並べると、一列に並んだ風船は全長二九メートルに達し、小屋を出て、果樹園を横切り、門の外の小道まで届いた。体積は一〇〇〇倍近くも増えた。空気を入れるだけで、私が最初に持っていた小さなゴムの塊が三七五倍もの長さの細長い筒になる。種子に水をやると、根の細胞は水分を吸収して、風船と同じように膨らんで伸びていくのだ。この急激な成長は根の先端の細胞が新しい物質を作るために分裂を始める前に起き、数時間続くこともあれば、数日続くこともある。

植物にとって水が最も重要なものであることは理解できる。水がなければ、成長は止まり、光合成は滞り、土壌から栄養分を吸収できない。しかし、種子がこのように成長し始めるのには、もっとわかりにくい理由があるのかもしれない。その好例はコーヒーだろう。早起きの幼児を抱えている人はご存じだろうが、コーヒー豆には強力な刺激を与えてくれるありがたいカフェインが含まれている。しかし、疲れた哺乳類には刺激になるかもしれないが、カフェインには細胞分裂を阻害する作用もあるのだ。事実、カフェインは細胞分裂を完全に止めてしまうので、ムラサキツユクサからハムスターまで、あらゆる生物の成長を操作する便利な道具として研究では利用されている。カフェインのこの特性はコーヒー豆の休眠状態を維持するのには驚くほどの効果を発揮するが、発芽すべきときには明らかに問題となる。では、コーヒー豆はこの問題をどうやって解決しているのだろうか？ 発芽の時期を迎えたコーヒー豆は、水を吸収すると根と芽に送り込んで急速に膨張させ、抑制作用のあるカフェインが含まれている豆から先端にある成長点を遠ざけるのだ。[7]

アボカドの種子には害虫を寄せつけないために弱い毒素が多少含まれているが、いったん発芽が始まったら、それを抑制するような物質は何もない。根が何日間にもわたって成長と分岐をくり返した後で、最初の葉がようやく出てきた。種子の上部に入ったひびが広がり、そこから小さな芽が現れたのだ。「次の段階は、子葉からエネルギーが大量に移送される段階と呼ぶのがふさわしいわ」とキャロルは言って、種子の「弁当」がどのように新芽の急激な成長を賄うのか説明してくれた。それから数週間としないうちに、何か月も世話をしてきたタネの面影がまったく見られない若木の世話に明け暮れることになった。父親として、幼い息子が何度も変貌を遂げるのを見てきたのを思い出し、キャロルが言ったことが突然心に浮かんだ。バスキン夫妻は研究者としての道を歩み始めた頃、子供を育てる暇はないと決断したそうだが、種子の研究を通して、変わりやすい種子という赤ん坊たちにその身を捧げてきたのだ。

夫妻の数十年にわたる研究からわかってきたように、発芽を始めた種子の中で何が起きているかについては、解明されていないことがまだまだたくさんある。「植物学の父」と呼ばれるテオフラストスが二〇〇〇年以上も前に提起した問題が、いまだに解明されていないのだ。アリストテレスの弟子であり後継者であるテオフラストスは、リュケイオン（アリストテレスが哲学を教えたアテナイの学園）で植物学を極め、その著作は何世紀にもわたって権威あるものとみなされていた。テオフラストスはヒヨコマメから乳香〔ボスウェリアの樹脂を利用した薫香〕まで幅広い研究を行ない、発芽に関して詳細な記載を残している。さらに、「種子自身、土壌、大気の状態、まかれる季節の」相違や種子の寿命について思いを巡らした[8]。テオフラストスの時代から今日に至るまでに、休眠や覚醒、成長を促す過程の多くが解き明かされてきた。発芽を始めた種子は水分を吸収すると、細胞を膨張させて根や芽を伸ばし、次いで、蓄えられた栄養分を使って急速な細胞分裂を起こすことが明らかにされているが、こうした一連の出来事の引き金役となり、調整をしているのが何かは謎に包まれたままである。

ひとたび発芽すると、休眠中の代謝が目覚めて、蓄えられた栄養分を植物組織に変えるために必要なホルモンや酵素などの化学物質を作り出すので、発芽の過程だけでも多種多様な化学反応が生じている。アボカドの種子に蓄えられている栄養分には、でんぷんやタンパク質から油脂や純粋な糖まで何でも含まれているので、苗圃（びょうほ）では実生の段階を過ぎてもしばらくの間はわざわざ肥料をやる必要がない。私は若木を鉢植え用の土に植え替えたときに、子葉が上げた両手のように茎の根元にまだくっついているのに気づいた。アボカドの若木は根と葉を出してから何か月も、時には何年も、母木が持たせてくれた弁当を節約してもたせる。アボカドが子孫にこのように物惜しみせずにたっぷり栄養分を授けるのは、単なる偶然ではない。アルメンドロと同じく、アボカドも太陽光が届きにくい熱帯雨林の暗い林床で芽を出すように進化してきたので、大量の食料備蓄は実生の生存率を著しく高める。砂漠や高地の草原などのように太陽光に不自由しない環境で進化したのだったら、アボカドの生態もその種子もまったく違うものになっていただろう。

地球上の微妙に異なるさまざまな生息環境に形や大きさを適応させて、種子は千差万別の戦略をくり広げている。そのため、種子の戦略は興味をそそられる話題ではあるが、一方、植物のどの部分を種子とみなすかという難しい問題も生じる。狭義に解釈する人は、種皮とその内側にあるものだけを種子と考える。つまり、種子の外側にあるものはすべて果実なのだ。しかし、実際にはたいてい、果実の組織は種子の保護や、その他の役目のために利用されているので、両者の構造は融合していて、区別がしにくい場合やできない場合が多い。植物の専門家でも、種子を定義するのに「幼植物を取り巻く硬い粒」とか、もっと単純に「作物を育てるために農民がまくもの」という、直感的にわかりやすい定義に頼ることが多い。こうした実用的な定義を用いれば、マツの実とスイカの種やトウモロコシの粒を同じものとして扱えるので、どの植物組織の役割についても専門的な細かい差異に煩わされずにすむ。こうした定義の仕方は本書に適しているが、種子の中身は奇妙なほど異なる場合があることは指摘しておきたい。

進化の産物は実にうまく働いているので、進化は大規模な組み立てラインのように、特定の機能のための歯車とチェーンを特定の位置でピタリと噛み合わせながら着実に進んでいくものだと想像しがちだ。しかし、『ジャンクヤード・ウォーズ』や『冒険野郎マクガイバー』といったTV番組、ルーブ・ゴールドバーグ装置のファンなら誰でも知っているように、ありふれた物は改造や流用が可能なので、いざというときにはほとんど何でも代用が利くのだ。自然選択における試行錯誤は一時も休むことなく続いているので、いかなる適応も起こり得る。種子は弁当を持って箱に入っている赤ん坊といえるかもしれないが、植物はその役目をやり遂げるためにさまざまな方法を編み出した。いわばオーケストラのようなものだ。たいていはヴァイオリンがメロディを担当するが、メロディを完璧に奏でることができる楽器はバスーン、オーボエ、チャイム（管鐘）など、二〇種類以上ある。マーラーフレンチホルンを好み、モーツァルトはフルートのための曲をたくさん書いた。ベートーヴェンは交響曲第五番『運命』の有名な「ジャジャジャジャーン」という冒頭部分で、ティンパニーさえ起用した。

アボカドの種子は大きな子葉が二枚あるごくふつうのタイプなのがわかるが、イネ科やユリ科などの身近な植物で子葉が一枚しかないものも珍しくはない。一方、マツ科は子葉の数が多く、二四枚あるものもある。たいていの種子は受精後に発達する内胚乳（内乳）という栄養価の高い組織を弁当として使っているが、他にもさまざまな組織が弁当の役目を果たしている。たとえば、コーヒーやユッカは外胚乳を、ブラジルナッツは胚軸を、針葉樹は大配偶体（雌性配偶体）を使っている。ランの仲間はまったく弁当を持たせない。ランの種子は土壌の菌類から必要な栄養をくすねているのだ。種皮はアボカドのように紙みたいに薄いものから、カボチャやウリのように厚くて硬いものまである。多くの種子は周囲の果実の内側の硬くなった層を利用しているが、ヤドリギは種皮が粘りのある粘液質に変じている。[9]箱の中に入っている赤ん坊の数のような基本的なものでも種によってさまざまだ。たとえば、レモンやウチワサボテン（オプンチア）などは一つの種子の中に多数の胚が入っていることもある。

植物界の主要な門の多くは種子のタイプに基づいて設定されているので、巻末の用語集や註だけでなく、後の章でも触れることにする。[10]しかし、本書では種子の違いではなく、幼植物を保護し、散布し、栄養を与えるという種子に共通して見られる特性に注目する。とりわけ、直感的にわかりやすい特性は栄養供給だ。誰もが知っているように、種子に蓄えられた栄養分は幼植物だけでなく、それ以外の多くの生物にも食べられているからだ。

私がホセと一緒に研究を行なったコスタリカの森では、最寄りのアルメンドロの木の下で昼食をとったものだった。巨大な板根はちょうどいい背もたれになり、頭上に広がった樹冠は強い日差しや雨を遮ってくれたからだが、アルメンドロの根元を昼食の休憩所にした理由はそれだけではない。野生動物を観察するのに最適な場所でもあったからだ。アルメンドロの木の下には、樹冠でオウムの仲間が砕いたり、地上で大型の齧歯類がかじったりした種子の硬い殻がさまざまに壊れた状態で地面に散乱していた。ペッカリーはアルメンドロの大きな種子を口の中の噛み砕きやすい位置に移動させるときに、種子と歯のぶつかる音を立てるので、いつも近づいてくるのがわかった。ビリヤードのボールがぶつかり合っているような音だ。

生のアルメンドロの種子はパサパサして味けないと思っていたが、妻と一緒にフライパンで煎ってみたときには、甘いナッツらしい香りが家中に漂い、味は悪くなかった。品種改良を行ない、殻がもう少し割りやすくなれば、クルミやヘーゼルナッツと共に、うちの食品棚に並ぶことだろう。そもそも、ナッツや豆、穀物など、さまざまな種子が世界中で食されるようになったのは、こうした類いの品種改良という実験のおかげなのだ。幼植物の食物をくすねることにかけては、ホモ・サピエンスの右に出る動物はいないので、人類の食事における種子の重要性はいくら強調してもしすぎることはないだろう。人類は行く先々で種子を植えて育て、土地を種子の生産に優先的に割り当ててきた。キャロルは「なぜ種子が重要なのかとよく尋ねられるのだけど、そういうときには『朝食に何を食べましたか？』と逆に質問してやるの」と言っていた。朝食にイネ科の種子を食べた可能性が大きいと思われるからだ。

第2章　生命の糧

神はまた言われた、「わたしは全地のおもてにある種をもつすべての草と、種のある実を結ぶすべての木とをあなたがたに与える。これはあなたがたの食物となるであろう」

『創世記』（一章二九節）

サウスダコタ州のラシュモア山には、花崗岩の岩壁に四人の米国大統領の巨大な頭像が刻まれている。英国の丘陵地帯には、溝を掘って白亜の石灰岩で描かれた巨人や走る馬などの先史時代の巨大な図形がある。中国の重慶市大足県の石窟には、華麗な仏像石刻が何千体も見られる。また、ペルーのナスカ地方には、宇宙から見えるほど大きなサルやクモ、コンドル、美しい螺旋などの模様があちこちに描かれている。一方、アイダホ州の丘陵には眉毛がいくつもある。眉毛では巨人や大統領と比べると見劣りがするかもしれないが、アイダホ州の眉毛は世界でも稀に見る地形なのである。

こうした眉毛があるのはパルース・プレーリーと呼ばれるなだらかな丘陵のある大草原（プレーリー）で、その生態系は絶滅に瀕している。私は眉毛の一つの真ん中に立つと、目を閉じてその場でくるりと回り、手に持っていたプラスチックの四角いフレームを前に投げた。フレームはヒューと音を出して急斜面に落ちた。このフレームが落ちたところが、無作為に選んだ三三センチ四方の調査区画になるのだ。私はフレームのそばに膝をつき、ノートを広げて数え始めた。この小さな区画内にひしめき合っている二〇種近い植物を種ごとに書きとめていくと、ノートのページはすぐにいっぱいになった。ワスレナグサ、アヤメ、カスティレヤ、アスターも生えていたが、圧倒的に多かったのはイネ科の草本だった。密生したウシノケグサやナガハグサが優雅に風にそよいでいた。米国のプレーリーがイネ科の草本に適していることは植物学を専門に学ばなくてもわかる。そのことがプレーリーに繁栄と没落をもたらした。人類の営みにとって、イネ科の栽培ほど重要なことはないからだ。

このことはあたりを見渡せば一目瞭然だった。プレーリーの植生が繁茂しているのは私が立っている眉毛の中だけで、その端からは地平線まで続く緑の農耕地に取って代わられていた。農耕地で栽培されているのもイネ科の草本だが、小麦（コムギ）と呼ばれている中東原産の背の高い種だ。人類は世界中に小麦を持ち込んだので、現在では小麦は主要作物として、フランス、ドイツ、スペイン、ポーランド、イタリア、ギリシャを合わせたよりも広い耕地で栽培されている。アイダホ州の北部と隣接するワシントン州南東部に広がるパルース地域に到達したヨーロッパの入植者は、この地域の可能性にすぐに気づいた。パルース地域のなだらかに起伏する砂丘のような丘陵は風で飛散した古代の堆積物でできているので、その土壌は穀物の栽培に理想的で、灌漑の必要がない自然の草原だったのだ。プレーリーにはすぐに鋤（すき）が入り、一世代で世界屈指の小麦生産地へと変貌を遂げたので、元の草原は、耕作が困難で手つかずに残った一部が急峻な丘陵の縁の下に細く連なっているだけだ。遠くから眺め

図2.1　パルース地域のなだらかに起伏する砂丘のような丘陵は、世界有数の穀倉地帯の中にわずかに取り残されたプレーリーの断片を支えている。（Wikimedia Commons）

ると、丘の頂上を縁取る黒い曲線のように見える。あたかも残されたプレーリーが驚いて草の「眉」を上げているようだ。

　私の植物調査は、昆虫学者、土壌生物の専門家、社会学者などからなる学際的な研究チームに植物学的な背景情報を提供するために行なわれたものだ。このプロジェクトの目的は、パルース地域に最後に残ったプレーリーへの理解と保護を促進すると共に、プレーリーに対する地元住民の関心を高める、つまり、草原の植物に誇りを持ってもらうことだった。[1]この調査のおかげで、ウシノケグサ、スズメノチャヒキ、カラスムギ、ウマノチャヒキ、イチゴツナギといったイネ科草本の識別力を短期間で特訓することができた。「眉毛」で一時間の調査を行なった後には、それ以上の時間を顕微鏡での観察に費やし、葉の微妙な違いや、花や種子に見られるさまざまな毛や隆起、しわに基づいて、それぞれの種を特定した。パルース地域で植物調査を行なったことで、イネ科草本の多様性について多くを学んだが、それ以上にイネ科の草本、とりわけその種子が人間の社会を形作ってきたという感を深くした。

パルース地域の農耕地にそびえる大穀物倉庫は、観光客にとって記念写真のよい被写体となる典型的な風景だが、地元の住民にとっては経済の化身である。豊作の年は穀物で満ち溢れ、凶作の年は空になることを思い起こさせる高くそびえる建物なのだ。秋の収穫期は学校の出席率が下がり、町の銀行の電光掲示板は、時刻と気温と小麦の先物取引のスポット価格を交互に表示するように調整される。中国中部の平原からアルゼンチンのパンパや灌漑の行き届いたナイル川中流域に至るまで、小麦の生産地はどこでも状況は似たようなものだ。重要なイネ科の作物は小麦だけではない。何千年にもわたってアジアの人々が主食にしてきた米はいうまでもなく、トウモロコシ、燕麦(カラスムギの栽培種)、大麦、ライ麦、キビ、モロコシ(ソルガム)もイネ科の草本である。日本やタイ、中国の一部では、米という言葉は「食事」「空腹な」、あるいは端的に「食べ物」という示唆に富む意味も併せ持っている。人類はカロリーの半分以上を穀物から摂取し、農耕地の七〇%以上が穀物の栽培に充てられている。(2) 上位五位を占める農作物のうち、三種類が穀物だし、牛や豚、鶏などの家畜の飼料や養殖のエビやサケなどの餌にも大量に使われている。また、ユダヤの預言者エゼキエルはエルサレムに飢饉が起きると預言した際、神が「人の杖となるパンを打ち砕くだろう」と述べた。一七世紀までにはこの「人の杖」、すなわち「命の糧」という言葉が、主要穀物やそれから作られたパンの意味で使われるようになった。二一世紀になっても状況は変わっていない。イネ科の種子が世界を養っているのだ。[3]

人間とイネ科の強い絆は、農業の起源にまで遡る。その頃、植物を採集していた人々が、身のまわりにある無数の野生種の中から重要なものを選び出して手を加えるようになった。どの古代文明の成立にも穀物が重要な役割を果たしている。たとえば、大麦や小麦、ライ麦は肥沃な三日月地帯で一万年前に、米は中国で八〇〇〇年前に、トウモロコシは南北アメリカ大陸で五〇〇〇〜八〇〇〇年前に、モロコシやキビはアフリカで四〇〇〇〜七〇〇〇年前に大事な役割を果たした。人類が穀物（や他の種子）に依存し始めたのはもっと古いと考えている研究者もいるが、いずれにしても、人類がイネ科の穀物に依存できるのは、その種子に見られる特徴のおかげだ。アボカドの種子は、栄養分を蓄えた分厚い子葉に支えられ、日陰でゆっくりと着実に成長するが、それとは異なりイネ科草本の種子は、平原での生活に適応したので、迅速な成長が成功の鍵となる。イネ科の種子は小粒で数が多く、すぐに発芽するという特徴を備えているので、開けた土地ならどこでも優占種になり、食料作物として理想的なのだ。イネ科の種子の成長を観察するには、爪楊枝も水を入れたコップもいらない。薪の山と一月の雨があれば事足りる。

誰にも趣味は必要だが、生物学者は休日にも仕事と同じようなことをする危険を冒しがちだ。休みの日に、私がバードウォッチングをしたり、ハチを捕まえたり、植物を観察したりするのは休暇に入るだろうか？　私は確かにジャズバンドでベースを弾くが、私の余暇の使い方を調べた人がいたとしたら、薪割りをしていることが一番多いのに気づくはずだ。私の家族が住んでいる家は一九一〇年に建てられた農家で、元は八キロほど離れたところにあったが、それを半分に切り、半分ずつ大型トレーラーに載せて、田舎道を現在の場所まで運んできたのだ。半分に切った家を再びくっつけて元のようなすてきな家に復元することはできたが、すてきなのは外見だけで、グラスファイバーの断熱材を大量に使ってもすきま風を防ぐことができない。その結果、我が家では毎年、調理と暖房のために一五立方メートル近くの薪を燃やすことになり、薪を切ったり、割ったり、積み上げたりする作業をほとんど毎日行なっているのだ。

必要な燃料を手に入れるために、嵐の後には必ず道端で木の枝を探し歩いたり、ご近所や親戚には年がら年中、不要な木材がないかと尋ね歩くことになった。そんなわけで、友人宅の庭に転がっていたマドロナの古い丸太を喜んで片付けてあげることになった。マドロナはツツジ科の木で、巨大なシャクナゲのように見える。曲線状の幹と枝は赤みを帯びた樹皮が美しい。しかし、いざ丸太を切ろうとすると、その樹皮は明らかに緑色をしていた。奇妙に思ってよく見ると、謎が解けた。背の高い牧草が生えている場所に一年以上放置されていたので、丸太の裂け目や隙間に牧草の種が入り込み、その種子からちょうど芽が出始めていたのだ。最近降った雨で膨れた種子から出てきた新緑色の芽で、丸太の表面は草が生えて毛羽立っているように見えた。チアシードをまいて育てるチアペットという動物型容器があるが、それに薪の山型の容器が登場したら、まさにこんな感じだろうと思った。

芽を一つ引き抜いてみると、緑色の芽の基部が淡い色になったところに種子の薄い殻がかすかに残っていた。イネ科の草本は分厚い子葉に栄養分をつぎ込まないで、子孫にささやかな弁当だけを持たせて、数の力に頼ることにしたのだ。大量の種子をばらまいて、そのうちの一部が生き延びて子孫を残すことに期待をかけるという戦略だ。甘やかされて育ったアボカドの木は種子が一つ入った果実を毎年一五〇個実らせるかもしれないが、うちの車寄せに生えているヌカボ（イネ科の雑草）のうちで最も弱々しそうに見えた個体の種子を数えてみたところ、九六五個あった。イネ科の種子に蓄えられている栄養は、短期間に急激な成長を遂げる幼植物のエネルギーを賄うことはできるが、日陰で長期にわたり幼植物を養うことはできないだろう。若いイネ科の草本は種子の栄養を当てにするのではなく、占有されていない開けた土地に出会うことに賭けているのだ。(4) 土の方が望ましいが、舗装道路や側溝、古いピックアップトラックのステップでも芽を出す。砂や干潟でも元気に育つ種や、河岸の不安定な砂利地にすばやく群生する種もいる。ロッククライマーにとっては、イネ科の草本はいつも「草むしり」しなければならない相手だ。クライマーがつかまりたいと思っている岩の割れ目や隙間に種子が入り込んで、繁茂してしまうからだ。

イネ科草本が成長するところを観察するなど、さぞ退屈なことだろうと思われるかもしれないが、意外にも面白くて病みつきになるかもしれない。その成長物語は、捨て身の戦法と粘り強さを兼ね備えているのだ。タダで手に入った薪をふいにするのは気が進まなかったが、草が生えたマドロナの丸太を一山その場に残して、ドラマが展開されるのを見守ることにした。六か月後、牧草地が夏の陽射しでからからに乾いているときに、再びその場所を訪れて丸太の山を見ると、丸太の表面に生えかけていた草の芽はほとんど見当たらなかった。確実に水を得られる場所まで根を下ろせないうちに、小さな弁当を食べ尽くした実生は真夏の太陽に照りつけられて枯れてしまったのだ。しかし、一本だけ生き残っていた。下の方に積んであった丸太の端の裂け目からシラゲガヤが生え始め、高く伸びた茎が風にそよいでいた。そっと丸太を持ち上げてみると、割れ目を通って、根が下の地面に届いていた。たいていの種子にとって、薪の山にまかれることは死刑の宣告を意味するが、そうした種子のうちの一つでも育てば、いずれ何百もの種子ができるから、イネ科の繁殖戦略は理に適っているといえる。

イネ科の種子のように痩せた種子を大量にばらまく方法は、アボカド、ナッツ、豆などのように栄養豊かな弁当を持たせたふくよかな種子を手塩にかけて育てるのと比べると魅力に劣るかもしれないが、成功している戦略なのだ。[5] たいていのイネ科の種の小さな種子は移住して生き残ることが遺伝子に組み込まれているので、乾燥や長期間の休眠に耐えることができる。ちなみに、樹木や低木が生息できないどんな乾燥した土地でもイネ科の草本が進出して栄えているのはこうした特性を備えているからである。南極にもイネ科の草本が自生している。世界中の種子植物の二〇分の一近くはイネ科だろう。しかし、どこにでもあるだけでは主要食品にはならない。イネ科草本は確かに大量に種子を作るけれども、人間にとって不可欠な存在になったのは、その種子に化学的な工夫がされていたからだ。つまりは弁当の詰め方にコツがあるのだ。

イネ科の種子を解剖するには手が震えてはいけないので、解剖したいときは午後のコーヒーを控えることをお勧めする。手が震えて、きれいにスライスできるまでに小麦の種子を数粒机の上からはじき飛ばしてしまったが、ようやくスライスした種子を顕微鏡で見ると、おはじきのように輝くでんぷん粒の塊が見えた。種子は油脂からタンパク質までさまざまな形でエネルギーを蓄えることができるが、人間の主食としてでんぷんほどふさわしい食物はない。でんぷんはブドウ糖の分子がネックレスのように長く連なったもので、このネックレスは私たちの腸や唾液にある酵素で簡単に分解され、糖が放出される。しかし、でんぷんの化学的性質をわずかに変えるだけで、人間には消化できないセルロースという草木の茎や枝、幹を作る植物繊維になる。セルロースとでんぷんはブドウ糖の鎖のつながり方が異なるだけだ。数個の原子の位置を変えるだけで、もろい糸が鋼のワイヤーのように消化できないものに変わってしまう。(6) でんぷんのブドウ糖の結合が強くて人間に分解できなければ、イネ科の種子はおがくずのように人間の腸を通り抜けるだけになるだろう。イネ科の種子には、でんぷんの含有量が七〇%を超えるものもある。植物の成長のためにすばやく変換されるエネルギーとして進化してきたものだが、今では人間活動の半分以上を賄っている。

イネ科の草本の豊富さと大量に実るでんぷん質の種子のことを考えると、私たちの祖先がイネ科を利用するようになったのは驚くには当たらない。人類が狩猟採集生活から農耕生活へ移行した地域ではどこでも、一、二種類のイネ科の草本が重要な役割を果たしていたようだ。それ以降の文明はイネ科の栄養に対する依存を強め、選び抜かれた少数の種が世界中の畑や庭に広まっていった。穀物食は農業革命の産物なので、比較的新しい現象だと歴史家は長いこと考えてきたが、イネ科や他の植物の種子は人類が移動生活を送っていた狩猟採集時代にすでに重要な食料になっていたという新しい説も提唱されている。

「はるか昔から種子が食料として利用されてきたと考えるのはまことに理に適っている。なにしろ、チンパンジーも食べているからね」とリチャード・ランガムは話した。ハーバード大学の自然人類学教授だから、よく知っているはずだ。一九七〇年代の初めにチンパンジーの食性に関する最初の論文を発表して以来、野生のチンパンジーを研究している。最初にランガム教授に会ったのは、ウガンダで開かれた霊長類学の研究会だった。研究会では、教授とジェーン・グドールがチンパンジーの「ホーホー」という声や叫び声を交わして、基調講演の開始を宣言した。それから二〇年経っても、教授は人の注目を集めるやり方を忘れてはいなかった。ハーバード大学の研究室を訪れたとき、研究報告の締め切りに追われ、講義がぎっしり詰まっているにもかかわらず、教授は型破りな新説を説明したくてうずうずしているように思えた。

「チンパンジーと同じ食事を試してみたけど、腹持ちが悪くて、とてもじゃないが寝るまでもたないんだ」と、ランガム教授はウガンダのキバレ・フォレストでフィールドワークをしていた初期の頃のことを回顧するように話し始めた。最初は、果実、ナッツ、木の葉、種子、時にはサルの生肉といったチンパンジーの食事が自分に合わないのかと思ったが、観察したことを人類の進化に当てはめてみると、まったく新しい考えが湧いてきた。重要なのは食べ物の種類ではなく、調理方法だということに気づいたのだそうだ。「人間は生の食べ物では野生の世界で生きていけないと確信したね。人類は火を用いて食物を調理しないと生きていけない種なのだ。人間は調理するサルといえる[7]」

ランガム教授の考えは大胆ではあるが、長時間にわたる野外観察に慣れている研究者の粘り強さで、慎重に言葉を選びながら自説の論拠を述べた。「私の人類観は類人猿の研究で培われたものだ。私に言わせれば、人間は修正されたサルさ」と言って、教授は私たちの小さくなった歯、短くなった腸、大きくなった脳に言及した。肉やナッツ、塊茎といった霊長類の食べ物を煮たり焼いたりして調理すると、エネルギーの摂取率が著しく高まるという。たとえば、消化率が小麦や燕麦では三三％、鶏卵では七八％も増すのだ。教授は、ヒト属の進化した種とそれ以外の類人猿に近い祖先を分けた決定的な要因は調理だとする説を提唱している。類人猿は繊維の多い生の食物を食べるために大きな臼歯や長い腸を必要としたが、私たちの祖先は食物を調理して消化しやすくしたので、このような歯や腸を必要としなくなった。エネルギーの摂取効率が大幅に高まったので、大きな脳が要求する代謝需要に応じられるようになったのだ。

異論はあるものの、競合する仮説が姦(かしま)しい中でランガム教授の説は鐘の音のように響き渡る。人類学者は伝統的に狩猟採集生活の狩猟の面を重視して、歯や脳の大きさに生じた変化は狩猟技術の向上やタンパク質の豊富な食料によって引き起こされたと説明してきた。しかし、ランガム教授は、生肉（や他の生の食物）では、現生人類の進化を推し進めることはいうまでもなく、十分な栄養を与えることすらできないと考えている。「生食だけだと、狩猟のような危険性の高い活動をする時間はとれない。私たちの祖先がチンパンジーのような食事をしていたら、一日に少なくとも六時間はただ座って咀嚼(そしゃく)していなければならなかっただろう」と教授は説明した。

調理するサル仮説では、肉食に重きが置かれていない分、根菜や蜂蜜から果実やナッツ、種子に至るまで多種多様な食物を利用した採集生活が重視されている[8]。「塊茎はおそらくいざというときにしか食べない食物だったと思われるが、栄養価の高い種子はいつでも歓迎されただろう」と教授は考えながら話した。主要な果実やナッツ、蜂蜜が手に入る季節には狩猟をやめる習慣がどの地域でも見られることや、チンパンジーが山火事の後に、火であぶられたアフゼリアの豆を探すことに教授は言及した。穀物がいつ主要な食品になったのかは明らかになっていない。穀物からは、とりわけ調理すれば、高いカロリーが得られるが、穀物を利用するためには、組織的な収穫作業とかなり高い調理技術が必要になる。最終的な答えを出すにはさらに多くの証拠、教授の言葉を借りれば「考古学の後押し」が必要なのだ。しかし、証拠探しが始まったので、あちこちで考古学的証拠が見つかっているようだ。

現世の狩猟採集民族の習慣と比較することは、初期の人類社会を理解する上で非常に役に立つ[9]。温暖な地域に暮らす民族は伝統的にカロリーの四～六割を植物食から摂取していた。小麦や米などの身近な穀物の野生種に限らず、イネ科の種子に依存している民族は多い。たとえば、オーストラリアのアボリジニは、ニクキビ属、ヘアリー・パニック、マルガマツバシバ、ヒメタツノツメガヤ、レイグラス、ウーリーバットグラスなどさまざまなイネ科草本でパンや粥を作っていた。現在のロサンゼルス近郊に住んでいたアメリカの先住民は、スペイン人の宣教師が来た頃までカナリークサヨシを収穫していた。また、東海岸一帯に住んでいた先住民は、カナリークサヨシに近縁のメイグラスからでんぷんを摂取していた。二万年以上前にガリラヤ湖畔に住んでいた人々は野生の大麦を石臼で挽いて調理していたし、モザンビークでも一〇万五〇〇〇年前にモロコシを似たような方法で調理していた。しかし、最も興味をそそる古代の穀物はなんといっても、イスラエルのゲシャー・ベノット・ヤーコブ遺跡で発見されたものだろう。七九万年前に火を使用した形跡があるのだ。ヘラや焦げた火打ち石と共に、ハネガヤ、ヤギムギ、カラスムギ、大麦の焦げた種子を少数出土したのである。この発見は、現生人類が現れる何十万年も前に、ホモ・エレクトスが炉辺で穀物を食べていたことを示している[10]。

ランガム教授の説を裏付けるこうした考古学の後押しが続けば、穀物を調理したことによるカロリー摂取量の増大が人類の進化に重要な役割を果たしたことがわかるかもしれない。いずれにしても、いつの時代に人間がイネ科の種子を食料として利用し始めたのかはさておき、農耕生活を始めたときにはすでに主要食品になっていた。農耕を始めると、私たちの祖先はマルガマツバシバやウーリーバットグラスの類いに見切りをつけて、もっぱらもっと将来性のある品種の栽培を行なうようになった。現在のシリアのアレッポ付近にあるテル・アブ・フレイラ遺跡という古代の集落跡ほど、こうした穀物利用の移り変わりを如実に示している場所はないだろう。狩猟採集民が特定の季節だけ居住する村だったものが、時間が経つうちに四〇〇〇～六〇〇〇人が定住する農業の町に発展したのだ。各時代の活動の記録が堆積物と廃棄物の層の中に見事に保存されている。初期の住人は二五〇種類を超える野生の植物を食料としていたが、その中には少なくとも三四種類のイネ科を含む種子が一二〇種類見つかった。しかし、農業が定着した頃には、これほど種類が豊富だった食用植物も、小麦とライ麦と大麦の数品種、レンズマメ（ヒラマメ）、ヒヨコマメに減少した。[11]

農業革命が根づいたときにはいつでもどこでも、これと同じ現象がくり返された。多様な野生種の食料が数種類の主要な穀物や他の作物に絞られていくのだ。例外がなくはないが、選ばれたイネ科の草本にはいくつか重要な特性が共通している。一年草で、種子の生産に資源を投入する一か八かという生活史戦略をとっていることだ。[12] 成長して繁殖する生育期が一度だけの一年生植物は茎や葉を長持ちさせる必要がないので、栽培の対象として魅力的な、大きな種子を大量に実らせることが理に適っているのだ。大きな種子をつける一年生草本が手に入る可能性だけでも、農業の到来を予測する確かな指標になるかもしれない。大きな種子をつけるイネ科の草本は世界に五六種あるが、そのうち三二種までがユーラシア大陸の地中海沿岸地域に生育している。そこは、肥沃な三日月地帯をはじめとする世界最古の文明の多くが栄えた地域だ。生物地理学者のジャレド・ダイアモンドが述べているように、「この事実だけでも人類の歴史の流れを説明するのに大いに役立つ[13]」。

地中海地方で世界有数の古代文明が発達したのは、栽培しやすいイネ科草本があるという環境上の利点に恵まれていたからだとダイアモンドは論じている。アフリカ、オーストラリア、南北アメリカは相対的にこうしたイネ科の草本に恵まれていなかったので、農業の始まるのが遅れたのかもしれない。この遅れは後にヨーロッパやアジアの文化と交流するようになったときに大きな足かせとなり、重大な結果を招いた。しかし、農耕生活に移行した時期にかかわらず、イネ科の草本と文明との間にある基本的つながりは今でも失われてはいない。穀物は私たちの基本的な食料として定着すると、世界中で日常生活、経済、伝統、政治と切っても切れない関係になってしまった。歴史をひもといてみれば、変革をもたらすような大きな出来事には穀物が関与していることがわかるだろう。

共和制ローマの後期には、都市の指導者たちは不満をつのらせる一般大衆をなだめるために、娯楽をふんだんに提供したほか、小麦を無償配給したり、多額の補助金を投入して安価で販売したりした。これは誰もが知っているように、風刺詩人のユウェナリスが「パンとサーカス」と揶揄したガス抜き戦略だ。ガイウス・グラックスの穀物法で成文化されて以来、穀類補助金制度は重要な政治的手段としてローマ帝国全域で何世紀にもわたって続いた。穀物の施しを擬人化するために、アンノナという女神まで作り出された。彫像やコインに刻まれたアンノナはたいてい小麦の束を携えて船の舳先に立っている姿で、ローマへの安定した穀物供給を象徴していた。ローマ没落の原因は、インフレーショ

図 2.2　市民に対して毎年行なわれた穀物の配給を擬人化して創造された女神アンノナは、古代ローマによる宣伝工作の初期の事例である。コインは3世紀のもので、穀物の束と豊穣の角を携えた女神が刻まれている。左のコインの女神は入港する穀物船の舳先に片足を載せ、右のコインの女神は穀物が満ち溢れる籠の脇に立っている。この籠はモディウスと呼ばれ、穀物の配給に使われていた。（Photo © 2014 by Ilya Zlobin）

ンから水道管の鉛で精神障害を起こしたせいだという説まで枚挙にいとまがないが、穀物不足がローマの陥落を早めたことに異論を唱える歴史学者はいない。ローマは北アフリカからの輸入に長い間依存していたが、まずエジプトで生産された穀物がコンスタンチノープルへ回されるようになり、次いでカルタゴがヴァンダル族に陥落したことで、残りの供給源も断たれてしまった。価格は急騰し、四世紀と五世紀にローマを揺るがす大きな暴動や飢饉が少なくとも一四回起きた。四〇八年に西ゴート族に包囲されると、穀物の配給は半分に減らされ、その後三分の一になり、ついにローマは陥落した。二人の著名な歴史学者が述べているように、「パンが、あるいはその不足が、西ローマ帝国の命取りになったのだ[14]」。

一四世紀に黒死病（ペスト）がアジアからヨーロッパにかけて猛威を振るったとき、為すすべもなく恐れおののいた民衆は、ペストの流行を地震からニキビまでありとあらゆる事象のせいにした。クマネズミの毛につく小さなノミがこの病気を媒介していることを疫学者が突き止めたのは後のことだった[15]。しかし、媒介者の特定はできたが、ペストがこれほど広まった理由は解明できなかった。そもそも、たいていのクマネズミは一生の間に生まれた場所から数百メートルしか移動しないのだ。そのクマネズミに媒介されたペストがどうすれば、わずか数年のうちに中国からインドや中東、さらにはるか北方のスカンジナビアまで広まることができたのか？この問題を解く鍵はネズミの移動習性ではなく、ネズミの食物にあった。クマネズミは何でも食べるが、穀物が特に好きで、穀物が行くところにはどこへでもついていく。また、ノミの寿命はふつうならわずか数週間にすぎないが、ネズミの毛の中にいれば一年以上も生き延びることができる。さらに、ノミの幼虫は穀物を食べるようになったのだ。そこで、長い船旅の最中にペストにかかったネズミは死んでしまっても、ノミの子孫は船倉の中で穀物をお腹いっぱい食べて育つので死に絶えることはなく、船が寄港する先々ですぐさま新しいネズミや人間にとりつくことができたのである。隊商（キャラバン）の潔癖な商人は積荷のネズミを駆除したかもしれないが、ノミは穀物の袋の中に隠れていて無事だったのだ。ピーク時の広がり方の速さを考えると、咳やくしゃみによって人から人へ直接、空気感染したのではないかと思われる。ペストの大流行は穀物貿易が引き起こしたと歴史学者は今でも考えている。ペストの流行を免れたのは遠隔の僻地や国境を固く閉ざしたポーランドのような王国だけだったからだ。ペストの流行は二〇世紀になっても、グラスゴー、リバプール、シドニー、ボンベイといった町でときおり起きている。どれも、穀物の取引が盛んな港町だ。

反乱や暴動も穀物が原因になっていることが多い。穀物不足がきっかけになって、鬱憤（うっぷん）が爆発し、暴動が起きているのだ。四世紀、西晋の恵帝は民が米不足で飢えていると聞かされたとき、「なぜ肉を食べないのか？」と聞き返したといわれている。その後、五胡の反乱が起きて、恵帝は領土の半分を失った。マリー・アントワネットが「ケーキを食べればよいのに」と言ったというエピソードは歴史家に疑いを持たれているが、小麦やパンの不足がフランス革命やロシア革命、さらにヨーロッパやラテンアメリカの五〇か国で起こった一八四八年革命（諸国民の春）の一因になったことに疑いを挟む者はいない。この傾向は現代も例外ではない。世界有数の小麦生産国のいくつかが熱波や洪水、火災、凶作に見舞われた翌年に、人口あたりの小麦の消費量が世界で一番多いチュニジアで「アラブの春」が起きたのも偶然ではない。二〇一一年にチュニジアでは小麦の輸入量が二〇％近くも減り、価格が急騰して、国中で食糧暴動が起き、それが数か月後に革命につながったのだ。穀物価格をめぐる抗議運動や暴動は、リビア、イエメン、シリア、エジプトでも「アラブの春」の騒乱に先立って起きていた。ちなみに、エジプトでは「アイシュ」という語はパンと生命の両方を意味する。一方、アルジェリア政府は穀物に莫大な投資を行なうことで、食糧危機に対処した。二〇一一年に小麦の輸入量を四〇％以上も増やして、価格を安定させ、将来の不足に備えて巨大な倉庫を建設したのである。北アフリカではその後も政情不安が続いており、二〇一二年にはパン暴動がエジプトの新政府を揺るがしたが、アルジェリアの政府は健在である。

もちろん、アラブの春をもたらした要因は一つではないが、小麦価格がその根底で果たしている役割を見ると、穀物政策は古代と同じ様相を呈しているようだ。アブ・フレイラの狩猟採集民族が農耕生活を始めてから一万年以上経つが、この民族が栽培品種化に貢献したイネ科草本はいまだに歴史を左右し続けており、その遺産は計り知れない。肥沃な三日月地帯に限らず世界中のどこでも、穀物が手に入るかどうかは、国家の運命にそれとなく大きな影響を及ぼしている。不作のときには政府が揺らぐのだ（狩猟民族が残した遺産には、この構図は当てはまらない。レイヨウ不足で帝国が瓦解したことはないからだ）。しかし、現代生活に及ぼすイネ科種子の影響を理解するために、革命や疫病の手を借りるまでもない。収穫期に穀倉地帯を訪れてみれば、人間の文化に穀物が果たした役割は一目瞭然だろう。

「今、見てもらっているのは、二〇〇〇万ブッシェル〔七〇〇〇万リットル〕の軟質小麦だよ」とサム・ホワイトは言った。私たちはサムのピックアップトラックの荷台から、小麦が天井まで積み上げられている大きな建物の中を覗き込んでいた。小麦の山の上を漂う乾いた冷たい空気が私たちの顔を撫でていった。軽く計算してみたが、小麦の価格は一ブッシェルあたり九ドル前後で推移しているので、この倉庫一つで卸売価格は一八〇〇万ドルを超える。小麦粉に加工して、五ポンド〔約二・三キロ〕入りの袋に詰め、小売店で販売すると、売り上げは一億ドル以上になるだろう。パンやプレッツェル、〈ポップターツ〉、〈オレオ〉などの小麦粉を使った製品にすれば、売り上げはさらに増えるだろう。サムが大きなシャッターを閉める前に、写真を一枚撮ってみたが、うまく写らなかった。小麦はただの砂の山のように見えて、サッカー場二つ分の広さで、三階建ての高さがある感じを出すことはできなかった。また、穀物が目いっぱい詰まった倉庫やサイロが何百と点在する周囲の風景も写真に撮ったが、こちらもうまくいかなかった。

香ばしい皮のバゲットをかじっているときやスパゲッティをフォークに絡めているときは誰でも、自分の食べているものが畑でとれたものだということぐらいはなんとなくわかっているだろうが、畑

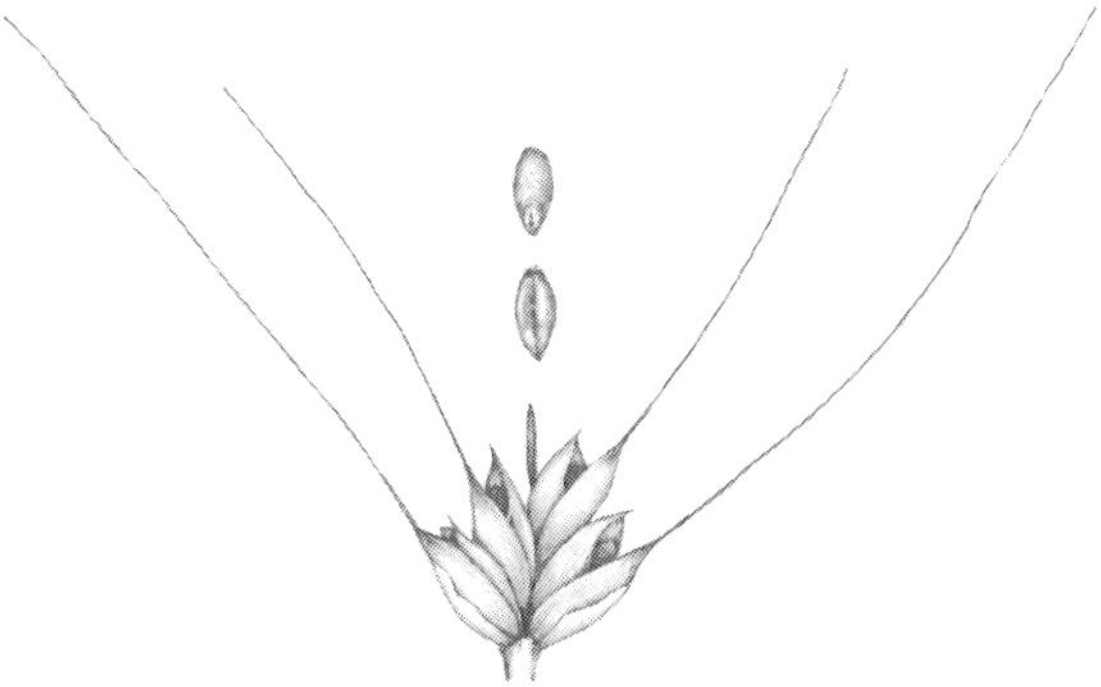

図2.3　コムギ（*Triticum* spp.）。中東原産の野生種に由来するが、現在は世界広しといえども作付面積でコムギの右に出る穀物はない。コメやトウモロコシからエンバクやキビ、モロコシといった他の食用に適した穀類と同様に、一粒一粒が「穎果」と呼ばれる種子に似た果実である。（Illustration © by 2014 Suzanne Olive）

から市場にたどり着くまでに、気が遠くなるほどの手間暇がかかっていることにわざわざ思いを馳せる人はほとんどいない。サムの倉庫に積まれていた小麦は高価なものだが、シャッターについていた南京錠は大げさすぎるように思えた。そもそも、六万トンもの穀物を盗める者などいるだろうか？　これだけの量の穀物を貯蔵、加工、運搬するためには、サイロ、トラック、道路、鉄道、はしけ、外洋航行用の大型貨物船などのインフラを整備する必要がある。私がパルースを再訪したのは、まさにこうしたインフラについて調べたかったからだ。

「ちょうど小麦の収穫が終わったところだ。大麦もそうだ」と、サムはトラックに乗り込みながら言った。この日、私を案内してくれたサム・ホワイトはパシフィック・ノースウェスト農業組合の幹部職員である。この組合は、アイダホ州ジェネシーという人口九五五人の小さな町にあり、その周辺にある二六か所の貯蔵施設や加工施設を共同所有する八〇〇人ほどの生産者で組織されている。サムは農家の出身だが、大学を卒業した後は農業経営に携わり、複雑な世界市場でパルースの穀物を販売して二〇年以上になる。サムはがっしりした体つきに薄茶の髪、日焼けした顔をしていた。地元の農家が生産した作物を最高の価格で販売する手助けをする今の仕事が気に入っているそうだ。しかし、いつもとんとん拍子に行くわけではない。「親父の時代には、一ブッシェルの価格が年に二セントでも変われば一大事だった。それが今では、一日に三〇～四〇セントも上下するんだ」。そのうえ、丹精込めて育てた作物に強い愛着を持っているので、農家の人は感情に流されて冷静な判断ができなくなってしまうことがよくある。「正直にいうと、売るタイミングは奥さんに決めてもらった方がいい場合が多いね」と、サムは私に打ち明けた。

車は町の外へ出て、ゆるやかに起伏する畑の中を走っていた。畑には明るい黄金色に輝く切り株がコンバインの跡に沿って並んでいた。硬い草や藪が丘陵の頂上を丸括弧のように縁取ってできた見覚えのあるプレーリーの眉毛を見かけると、思わず微笑んでしまった。遠くを走っているトラクターが土埃を巻き上げていたが、近くのビタールート山地でたまたま起きていた山火事の煙もそれに混ざって漂っていた。何か月も雨は降っていなかったが、秋の植えつけは順調に進んでいた。新たに耕された畑が目についた。掘り起こされた黒土の幅の広い帯が、タネがまかれるのを待っていた。サムは耕作法や肥料、輪作の話をした後、話題を商取引に戻すと、「ここで作っている穀物は九割以上がアジア向けなんだ」と言った。その数値には驚いたが、よく考えてみれば納得がいく。パルースは海岸から五六〇キロ以上離れた内陸にあるが、わずか数分の距離に港があるのだ。

交通の多い国道に出ると、道はまもなく急な下り坂になった。毎年、何百万トンにも及ぶパルース産の穀物はこの同じ道を通って、クリアウォーター川がスネーク川に合流するルイストンの町がある峡谷に入る。到着すると、私たちは天を衝くようなコンクリートのサイロと川に張り出している巨大なベルトコンベヤの下に立った。頭上のコンベヤがうなり声をあげながら、下で待ち受けているはしけの船倉に小麦を途切れなく送り込んでいる。あたりには日の光を受けて金色に輝く籾殻(もみがら)が漂い、穏やかな水面に漂流物のように積もっていた。

「曳航するのには、はしけが三〜四隻要るんだ」と、サムは騒音に負けないように大声を張り上げると、スネーク川とコロンビア川を下って太平洋に出る穀物の船旅を説明してくれた。一九世紀初頭にルイスとクラークという有名な探検家もこの同じ水路を通ったが、当時は急流や危険な早瀬を通り抜ける旅だった。しかし、現代では、閘門(こうもん)とダムが設けられ、いわば細長い湖のようなところを船は下っていく。一九九〇年代の半ばにブレーン・ハーデンというジャーナリストがタグボートに乗ってこの航路を旅したとき、船長は「ポートランドに着く頃には、死ぬほど退屈しているだろうよ」と、冷静に予見していた[16]。

スネーク川に建設されたダムと静かに水を湛えるダム湖のおかげで、川下りの旅はスリルのあるものではなくなったかもしれないが、こうしたダムは穀物が持つ政治力の重要性を物語ってもいる。コロンビア川のダムは膨大な灌漑用水と地元で消費する電力の半分を賄っているが、スネーク川の場合は灌漑用水と水力発電は付け足しにすぎないからだ。ルイストンの下流にある四つのダムは貨物運搬のために建設されたもので、ルイストンから運び出される貨物といえば穀物である。連邦議会はパルースの小麦と大麦の輸送を政府の最優先事項と捉えていたので、戦債を抱えていたにもかかわらず、一九四五年にスネーク川の下流域を航行可能にするために「必要なダム」の建設を承認した。これは今日の貨幣価値に換算すると、四〇億ドル以上の費用を要し、完成までに三〇年かかる一大インフラ整備計画だった。[17]一九七五年にテープカットに臨んだアイダホ州知事のセシル・アンドラスはルイストンの埠頭で、アイダホの新しい港は「国際貿易を通して、州民の日常生活を潤すだろう」と述べた。その後に起きた輸出ブームは知事の予想が的中したことを裏付けたが、さらに、小麦と大麦にはダムを建設させる力があるだけでなく、変化する政治情勢の中でダムを守る力があることも明らかになった。

知事のスピーチから数週間も経たないうちに、成立したばかりの絶滅危惧種保護法（ＥＳＡ）で、テネシー川だけに生息する名高いスネイルダーターというスズキ目の小魚などの稀少魚類が指定され、国内の各地でダム建設と軋轢（あつれき）が生じてきた。アイダホ州でも一九九〇年代に入ると、こうした事態が生じた。ダム建設と流れのよどみのせいで、スネークリバーサーモンとスティールヘッドと呼ばれるサケ科魚類の四亜種が激減し、絶滅危惧種のリストに追加されたのだ。その結果起きた「サーモン戦争」は、穀物が国政に大きな影響を及ぼし続けていることを如実に物語っている。「スネーク川のダムを壊せ」は漁業関係者や環境保護派のスローガンになり、野生のサケを救おうとする努力が実るかと一時は思われた。しかし、ダム撤去の主張は裁判で認められ、副大統領のアル・ゴアなどからも支持されたにもかかわらず、次第に議論されることがなくなった。その代わりに、政府は数十億ドルを投じて、魚道や孵化場を整備したり、ダム周辺の魚を捕まえて移動させたりもした。サケの稚魚を移動させるときには、タンクローリーが使われることもあるが、穀物と同じようにはしけで運ばれることの方が多い。

ルイストンと周辺の町には「ダムを守ろう」という看板が今でも立っているが、文字は薄れてしまっているし、もう不要に思われる。現在では、ダムの撤去が実際にあり得ると考えている者は賛成派・反対派を問わず、誰もいないからだ。ダム論争のことをサムに尋ねると、「今でもダムは作物の輸送に大事なものだ」と簡単に言った。サムは控えめな人だという印象を持っていたが、この日一番の控えめな言葉といえるだろう。一九七五年にアンドラス知事がテープカットをして以来、スネーク・コロンビア川水系は世界第三位の穀物回廊になっている。

数十億ドルをかけたダム建設は極端な例に思えるかもしれないが、私たちの生活を支えているイネ科種子の栽培、輸送、販売に対する政治的支援はダム建設に限ったことではない。古代ローマ人に「小麦の配給」を象徴する女神アンノナを発明させた経済的・文化的な力が、今日でも世界中の政府を穀物問題に関わらせているのだ。ロシアやウクライナからオーストラリアやアルゼンチンに至るまで、国から援助を受けた企業は今でも、穀物の輸送、積出港の整備、補助金の投入された穀物生産に多額の投資を行なっている。中国では、こうした国家的事業は少なくとも紀元前五世紀まで遡る。首都へ小麦と米を運ぶために、一八〇〇キロメートル近い大運河の建設がこの頃に始まったのだ。こうした事業は時代を問わず、必要不可欠なのだ。農業ロビイストが好んで指摘するように、道路予算を削っても道路の穴が多少増えるだけだが、農業予算を削ったら国民は食えなくなるのだ。

パルース巡りも終わりに近づいた頃、ジェネシーの町外れに立ち並ぶ穀物倉庫を通り過ぎると、サムは周囲が金属で覆われた建物のところで車を停めた。建物の中では作業をしている音が響いていた。

サムに「ガーブを見てみるかい？」と訊かれて、私は「もちろん」と答えたが、一抹の不安もあった。「ガーブ」は「ガルバンゾ（ヒヨコマメ）」の業界用語だと理解していたが、自信がなかったからだ。

騒々しい工場の中に入ってみると、思ったとおり、中を行き交うフォークリフトが積み上げていたのはヒヨコマメの袋だった。ガーブは音を立てながらベルトコンベヤの上を転がり、洗浄機と選別機を通り抜けると、最後に電子検査機に送り込まれていた。そこで傷などが見つかると、その豆は圧縮空気で吹き飛ばされて取り除かれるのだ。検査に合格した豆は帆船をあしらった〈クリッパー・ブランド〉マークのついた一〇〇ポンド〔約四五・四キロ〕入りの袋に詰められ、待ち受けているトラックに積み込まれた。西のシアトルからアジアへ輸出されるものと、東のヴァージニア州のフムス工場へ運ばれるものがある。

騒々しい袋詰め工場を出ると、サムは「マメ科の作物は大事な輪作の一つなんだ。たいていの農家は秋まき小麦と春まき小麦を作り、その後にレンズマメやヒヨコマメ、エンドウを栽培するんだ」と説明した。輪作は害虫の発生を抑える効果もあるが、それに劣らず重要なのは、マメ科の植物には土壌中の窒素を固定する働きがあるので、次に植える穀物の自然の肥料になるのだ。イネ科とマメ科の作物を組み合わせる栽培法は、農業と同じくらい歴史が古い。野生植物の栽培植物化が行なわれたところでは、ほとんど例外なくとられてきた方法だ。たとえば、肥沃な三日月地帯では、ヒヨコマメやレンズマメ、エンドウはどれも小麦や大麦と共に発展した。中国では、初期の稲作に大豆、小豆、緑豆が加えられた。中央アメリカではトウモロコシがウズラマメと、アフリカではキビやモロコシがササゲやバンバラマメ（フタゴマメ）と組み合わせて栽培された。こうした協働作用は作物の栽培だけでなく、食卓でもうまくいっている。でんぷん質の穀物とタンパク質が豊富な豆類は、味と栄養の両方において補完し合うからだ[18]。米と豆の組み合わせや、レンズマメと大麦のサラダに「完璧なタンパク質」が含まれていることは、ベジタリアン向け料理の本の最初のページを読んだ人ならば誰でも知っている。穀物または豆に必須栄養素が欠けている場合でも、両者を組み合わせることによって、欠けている栄養素をたいていは補うことができる。しかし、穀類と豆類の成分がこれほど大きく異なると、種子について基本的な生物学的疑問が浮かんでくる。

イネ科が自然界で大きな成功を収め、人間の役にも立っているのだから、種子にはでんぷん質の弁当を持たせてやることが進化的に望ましいのは明らかである。それでは、どうしてどの植物もそうしないのだろうか？　豆類やナッツ類がタンパク質と油脂という形でエネルギーを貯蔵するのはなぜなのか？　アブラヤシの種子に五〇％以上も飽和脂肪が含まれているのはどうしてか？　ホホバの種子にはなぜ液体ワックスが滴りそうなほど入っているのか？　イネ科の種子に含まれているでんぷんは生命の糧かもしれないが、植物が種子とさらには私たち人間に与える栄養源には、他にも多くの種類がある。幸いにも、近所のお菓子屋さんの店頭にちょっと足を運べば、種子に詰められている栄養物を調べてみることができる。

第3章　ナッツを食べたいときもある

神はナッツを与え給うが、その殻を割ってはくださらない。
ドイツのことわざ

一九七〇年代の後半に、ピーター・ポール製菓会社は〈アーモンドジョイ〉というチョコレートバーの希望小売価格を二五セントに上げた。これは私の小遣いの一週間分に相当する値段だったが、「ミルクたっぷりチョコレートにココナッツとカリカリのナッツがぎっしり！」と、コマーシャルソングで歌われていたお菓子を買うために小遣いを叩(はた)いても惜しいとは思わなかった。将来、大好きなお菓子を必要経費で買えるという、なんともうらやましい機会に恵まれるとは思ってもいなかった。当時は気づかなかったが、今考えてみると、この製品は種子ととても深い関連があるのだ。ローストアーモンドのカリッとした最初の歯ごたえから、噛みごたえのあるココナッツを包んだチョコレートの甘い後味に至るまで、〈アーモンドジョイ〉を味わうことはすべてが種子に関わりのある経験なのである。ベンジャミン・フランクリンがビールに対して使った「神が我々を愛してくださっている証だ」という言葉を〈アーモンドジョイ〉にも当てはめてみたくなるが、〈アーモンドジョイ〉の話はもっと奥が深いのだ。このチョコレート菓子に使われている種子は単に美味しいだけではない。植物が子孫のために準備する弁当の種類の豊富さを如実に示してもいるのだ。

今では、〈アーモンドジョイ〉は地元のドラッグストアで八五セントするし、自動販売機では一ドル以上払ったこともある。しかし、一袋に二本入っているので、損をした気にはならない。二本入っているから、買った人が実際にそうするかどうかは別にして、友達に分けてあげたり、後で食べるように取っておいたりできる。私の場合は、一本はすぐに食べてしまっても、残りの一本を研究材料に使える。〈アーモンドジョイ〉を切って断面を見ると、熱帯全域に分布するココヤシからとったココナッツの千切りが中心部を占め、その上にバラ科に属するアジア産の樹木からとれたアーモンドが載っていて、そのまわりを新世界の熱帯雨林の小さな木からとれたチョコレートの薄い層が包んでいた。顕微鏡で観察するためにそれぞれの層からこそげ取った薄片でプレパラートを作ったが、パッケージの成分表示を見てみると、いずれもこの菓子に一番多く使われている種子産物ではないことに気がついた。一番多いのはコーンシロップだった。コーンシロップはイネ科のトウモロコシの種子から作られる甘味料で、サトウキビからとれる砂糖（甘蔗糖（かんしょとう））の代わりによく利用される。(1) ちなみに、サトウキビもイネ科だ。イネ科は世界中に分布し、でんぷんの豊富なその種子が簡単に糖に変わることは第2章ですでに説明した。〈アーモンドジョイ〉の他の成分は、種子が実にさまざまな栄養分の貯蔵方法を進化させてきた理由や、私たちがそれをありがたいと思わなければならない理由を教えてくれる。

外側を覆うミルクチョコレートのコーティングには、ココアバター（脂肪）と、製菓業者がカカオリカーかカカオマス、あるいは単純にチョコレートと呼んでいる黒くて苦い懸濁液が含まれている。どちらも成熟したカカオ豆の大きな子葉からとれる産物だ。カカオ豆を加熱圧搾すると、成分の半分以上がココアバターとして滴り落ちる。ココアバターには、室温では固体だが、摂氏三二度を超えると液体になるという重要な特性がある。人間の平均体温は摂氏三七度なので、チョコレートは口に入れると、文字どおりとろけるのだ。カカオ豆を煎ってすりつぶすと、カカオリカーができる。それにココアバターやミルク、甘味料をさまざまな割合で混ぜると、お菓子屋の店頭に並んでいるさまざまな風味のチョコレート製品ができあがる。〈アーモンドジョイ〉の成分表示をさらにチェックすると、下の方にココアパウダーが載っていた。これもお馴染みのカカオの産物で、カカオ豆から脂肪分を搾り取った後に残った乾燥したカカオニブの塊を挽いたものだ[2]。

野生のカカオはメキシコ南部から中米やアマゾン川流域の森林に自生する木陰を好む低木で、豆は肉厚の莢（さや）の中に入っている。コスタリカでトランセクト（調査経路）をたどりながらアルメンドロの種子を探して歩いていたとき、ふと目を上げると、瓜に似た奇妙な実が幹や枝から直接生えている木に囲まれていることがよくあった。カカオ農園の跡だ。カカオの実の入った莢はオレンジや紫、シャルトリューズ酒のような黄緑、鮮やかなピンクなど、さまざまな色合いをしていた。当然のことながら、色とりどりのカカオの実はマヤ人やアステカ人といったアメリカの先住民族の目にとまり、カカオ豆から精神を高揚させる強壮飲料が作り出されたのだ。こうした先住民族のカカオに対する畏敬の念は今でも、「神の食物」を意味する「テオブロマ」という属名に生きている。ヨーロッパ人をはじめ、世界中の人々がカカオの味に馴染むまでに数世紀かかったが、現在ではカカオの木はグアテマラからガーナ、トーゴ、マレーシア、フィジーに至る各地で栽培され、チョコレートの年間売り上げは世界全体で一〇〇〇億ドルを超える。平均的なドイツ人はチョコレートを年に九キロ以上消費し、イギリス人はパンや茶よりもチョコレート菓子にお金をかける。大きな豆に栄養分がふんだんに詰め込まれているのは生態学的に理に適っている。アルメンドロやアボカドと同様に、日の光が届きにくい暗い林床で発芽するように進化を遂げたカカオは、若い実生が生き延びるために種子に栄養を大量に蓄えておく必要があるからだ。しかし、コスタリカのカカオ農園も、植物学の教科書も、〈アーモンドジョイ〉も、どうしてカカオの種子に蓄えられる栄養がでんぷんではなく、脂肪という形でなければならないのかという疑問に答えてはくれなかった。

そこで、〈アーモンドジョイ〉の成分表示に載っている次の原料のココナッツを調べることにした。ココナッツは世界最大の種子の一つだ。ヤシの木が生えた熱帯の浜辺を夢見たことがある人にはお馴染みかもしれないが、ココナッツは謎に満ちている。植物学者には「コスモポリタン」と呼ばれている。「国際人」を意味するこの言葉は、世界の広大な地域を支配する帝国と快速帆船の登場で世界旅行が可能になった一九世紀に広く使われるようになった。植物にとって、これほどの褒め言葉はないだろう。原産地がどこなのかわからないくらい世界中に分布を広げて大成功を収めたことを認める言葉だからだ。

ココヤシがこの偉業を成し遂げられたのは、その果実が巨大な種子を水に浮かべるという役目を果たしたおかげである。水に浮く殻（ハスク）の中にはこぶし大の種子（仁）が一つ入っているが、そ

図 3.1　ココナッツはココヤシ（*Cocos nucifera*）の種子で、世界最大の種子の一つだ。渇いた喉を潤す飲料から料理用の油やスキンクリーム、蚊除けまでさまざまな製品に使われている。熱帯沿岸のあらゆる地域に海流と人間によって広められたので、原産地はいまだに謎である。
（Illustration © 2014 by Suzanne Olive）

の中は空洞で、健康食品マニアに「ココナッツウォーター（ココナッツジュース）」として知られている栄養価の高い液体が入っている。正確にいうと「遊離核型内乳（無細胞内胚乳）」だが、この専門用語を敬遠して「ココナッツウォーター」という名前を考え出した人を責められないだろう[3]。しかし、「内胚乳（内乳）」という名称は広告キャンペーン向きではないにしても、その市場性を侮ってはいけない。ココナッツが成熟すると、種子の中の液体は「コプラ」と呼ばれる固体の内胚乳になる。チョコレート菓子やクリームパイばかりでなく、フィリピンのシチューやジャマイカのパン、南インドのチャツネにも使われているお馴染みの白い肉質の部分だ。これを絞るとココナッツミルクがとれるが、これは熱帯の沿岸地方ではカレーやソースに欠かせない材料である。コプラからは簡単に体積の半分以上のココナッツオイルがとれる。ココナッツオイルはマーガリンから日焼け止めまでさまざまな製品に添加物として使用されている世界屈指の植物油だ。

ハリウッドの道具方にとって、ココナッツは熱帯の場面に欠かせない小道具だ。『ゆかいなブレディー家』や『蝿の王』などではコップとして登場し、『キングコング』や『南太平洋』、エルヴィス・プレスリーのヒット映画『ブルーハワイ』では、ブラジャーの代わりに使われていた。よく知られているように、無人島を舞台にしたコメディードラマの『ギリガン君ＳＯＳ』に登場する教授は、ココナッツを利用して充電器や嘘発見器のような役に立つ装置を作った。ココナッツから作られた製品には、ボタン、石けん、炭、園芸用の土、縄、布、釣り糸、床マット、楽器、蚊除けなどがあることを考えると、教授の発明品もあながち誇張とはいえない。ココナッツはこのように用途が広いので、マレー諸島ではココヤシは「千の役に立つ木」と名づけられ、フィリピンでは「生命の木」と呼んでいる地域もある。しかし、ココヤシの種子の一風変わった生態は他に類を見ないほど独創的である。

ココヤシの実は成熟すると、たいていは母木から砂地に落ちる。ココヤシは塩分や暑さ、不安定な土壌を苦にしないので、熱帯地方の砂浜の上方でもよく育ち、高潮や嵐の際に種子が頻繁に海へ流される。ココナッツは海上で少なくとも三か月は生きられるので、風や海流に乗って、数百、いや、おそらく数千キロに及ぶ旅をすることができる。(4) その間に内胚乳は固まっていくが、乾いた砂浜に打ち上げられたときに種子が発芽するのに必要な分は固まらずに残っている。種子の内部は液体の内胚乳で湿気が保たれ、油脂に富むコプラは栄養豊富なので、発芽したココヤシは何週間も外部から栄養を摂らずに成長することができる。熱帯地方の市場では、緑色をした若い葉が一メートル以上も伸びているココナッツを「ココヤシの苗」として売っているのを見るのは珍しいことではない。

ココヤシの航海に対する適応は他に類を見ないが、それだけではその種子があれほどまでに油脂を多く含む栄養豊富な弁当を必要とする理由の説明はつかない。でんぷんやココアバターでも、あの巨大な繊維質の殻の中に詰め込めば、水に浮くからだ。アーモンドを調べてみたが、すぐに同じ基本的な疑問に行き着いた。アーモンド（扁桃（ヘントウ））の木は中央アジア原産のモモやアンズ、プラムの近縁種を栽培植物化したものだが、最初に地中海地方に伝わり、その後、世界中に広まった。(5) 独特の風味と栄養価の両方が認められたのだ。アーモンドの種子には油の他に、栄養分の二〇％以上が純粋なタンパク質として蓄えられているからだ。しかし、なぜなのだろうか？　種子の栄養戦略をこれほど多様化させた要因は何だろうか？　〈アーモンドジョイ〉をいくら調べても、この問いに対する答えが見つからないのは明らかだった。〈アーモンドジョイ〉を食べるには誰の助けもいらないが、〈アーモンドジョイ〉を生物学的に理解するためには、助けが必要なのは確かだ。種子の調査中に名前を何度も目にした人物に連絡をとってみてもいい頃だと思った。専門家が口を揃えて、種子の世界の「神」と呼んでいる権威だ。

「その疑問か？」と、彼は笑いながら言った。「博士課程の最終試験のときに学生にいつも尋ねるのだが、これまで答えられた者は誰もいないんだ！」

カナダのカルガリー大学と、後にゲルフ大学で植物学を教えているデレク・ビューリイ教授は、四〇年以上も種子の問題で学生を困らせてきた。しかし、幸いなことに、教授自身の研究のおかげで、学生たちはこうした問題の多くを解決をすることができた。ビューリイ教授の研究室では、種子の生態に関して、発生から休眠や発芽まであらゆる面の研究をしてきた。数々の知見が得られたが、それにもかかわらず、いまだに驚くような発見に事欠かないそうだ。

「うちのあたりには緑という色はなかったね。テラスハウスだったから、庭があるでもなく、裏も小路のところまでコンクリートが打ってあっただけだ」と、ビューリイ教授はランカシャー州のプレストンという「煙で薄汚れた古い町」で過ごした幼年時代を思い出して語り始めた。教授の祖父は退職後、田舎に引っ込んで、トマトや花の品種改良を行ない、キクとダリアでは賞をとったこともあるそうだ。祖父のところに遊びに行って、温室の植物に水をやるのが「子供の頃の一番の楽しみ」になった。祖父が田舎に引っ込まなかったら、教授は全然違った人生を歩んでいただろう。祖父のおかげで、植物やそれを生み出す種子に興味を抱くようになり、これまでに数百本に上る研究論文と四冊の著書が生み出されたのだ。そのうちの一冊、『種子事典』は重さが三キロもある八〇〇ページの大冊で、種子の研究をする間、座右の書だった。連絡をとる相手を間違えていなかったことはわかったが、話を聞き始めて数分と経たないうちに、答えが単純ではないことにも気づいた。

「この栄養源の多様化戦略は、進化の必然的な結果とは思えない」と教授は話し始めた。でんぷん、油、脂肪、タンパク質など、さまざまな形で栄養分を貯蔵する戦略は、植物界に不規則に存在しているようだからだ。最近進化した種の多くが遠い昔に進化した種と基本的には同じ方法で種子に栄養を蓄えているので、貯蔵方法に優劣があるわけではない。さらに厄介なことに、種子にはいくつも異なる栄養分が蓄えられているのがふつうで、母植物は雨量や土壌の肥沃さなどの生育条件の違いに応じて、その割合を変えることもあるのだ。また、生息環境や生活史が似ているからといって、同じ戦略をとるとは限らない。よく知られているように、イネ科の種子にはでんぷん質が多く含まれているが、穀物畑に生える最もありふれた雑草はナタネと呼ばれている一年草のアブラナである。アブラナの小さな種子からは大量のカノーラ油がとれるのだ。ちなみに、「カノーラ」は「ココナッツウォーター」と同様に、うがった商品名である。ナタネ油は英名をレイプオイルというが、その商品名では売れる見込みがないと誰もが思ったのだろう。[6]

ビューリイ教授は、「一般的には、油脂を蓄えている種子は重量あたりの栄養分が最も多いといえる。大量のでんぷんより脂質の方がパワーが出るのだ」と締めくくった。また、種子が脂質の栄養に手をつけるのは、ふつう発芽した「後」だということも教えてくれた。大方の種子は胚の発生を賄えるだけの糖を備えているので、その後にもっと複雑な発生過程が始まったときに、蓄えておいた他の栄養分を利用するのだ。でんぷんは比較的簡単に糖に変換できるが、タンパク質や脂肪、油を細胞が利用できる形に変えるためには複雑な過程を経なければならない。私たちの体内でも同じようなことが起きている。アイアンマン・トライアスロン大会に出場する選手が厚切りベーコンやオリーブオイルではなく、バナナやシリアルバー、ジャムサンドを食べているのを見かけるのはそのためだ。種子の進化の観点から見ると、発芽したばかりの植物と、その成長時に必要となる資源に着目したわけだ。しかし、これでカカオやアーモンドのような森林で育つ植物の種子が木陰でゆっくりと確実に成長するために油脂を必要とする理由の説明はつくが、開けた野原で急速に成長するアブラナの種子がまったく同じ栄養源を利用する理由はわからない。ビューリイ教授は「例外は何にだってあるものだ」といった。教授とは電話で話をしていたが、「例外は必ずあるものだ」と言いながら首を振っている教授の様子が目に浮かんだ。

英国の物理学者ウィリアム・ローレンス・ブラッグはかつて、科学は新事実を発見するというよりも、「事実について新しい考え方を発見する」ことだと述べた。デレク・ビューリイ教授に話を聞いてみたが、種子の栄養戦略について新しい情報は得られず、私の疑問は解けなかった。しかし、進化そのものに関する重要で基本的な真実に気づかせてくれた。チャールズ・ダーウィンはかつて、「生物界の最高峰に上りつめたことに対して、多少の誇りを感じても許されるだろう」と述べた。このダーウィンの見解は、進化の頂点にいるのは当然ながら立派な紳士であると立派な紳士が考えていたヴィクトリア朝にふさわしいものだった。問題は、「進化の梯子」や「頂点」という概念、つまり、なんらかの完成に向かって一方向に進んでいくという考え方にある。もちろん、進化に関するダーウィンの理解ははるかに精妙だったが、こうした概念は常識として定着し、マンガや一般書にとどまらず、学術書にも登場する。我々の周囲にはそうではないことを示す証拠が溢れているにもかかわらず、心は無意識のうちにそこへ回帰していく。進化が単一性の方向へ進んでいくものなら、二万種を数えるイネ科の草本や三万五〇〇〇種もいるフンコロガシ、ブヨ、ヤドカリ、ツツジ、カモやムシクイ類の鳥のように種類が多い生物の多様性をどうすれば説明できるのだろうか？　地球最古の生物である細菌や古細菌が他の種を全部合わせたよりも種数も個体数も多いのはなぜか？　時間さえあれば、進化は一つの理想的な解決策ではなく、多数の解決策をもたらす可能性の方がはるかに高いのだ。

私の誤りは、種子が栄養分を貯蔵する「最適な」方法を完成させたと思い込んだことだった。自然選択はさまざまな可能性を淘汰していき、森林や草原、砂漠といった特定の環境に適応した戦略がそれぞれ一種類か、多くても数種類残るだけになると考えたかったのだ。しかし、現実の方が進化そのものと同様、はるかに複雑で興味深い。進化は可能性を無限に、エレガントに表現するのだ。植物は子葉、内胚乳、外胚乳など、種子のさまざまな場所に栄養分の弁当を詰め込むことができるが、それと同様にさまざまな栄養源を利用することもできるはずだ。でんぷんしか蓄えられていなかったとしても、種子は自然界で成功を収めているだろうし、人が主食として種子に依存している構図は変わらないだろう。しかし、油脂やワックス、タンパク質などの栄養源が利用できなかったら、種子植物は

図3.2　1881年12月6日付けの「パンチ」誌に掲載された風刺漫画。中央で見ているのがダーウィン。「人間はただの虫にすぎない」というタイトルがつけられ、進化していく生き物の列が螺旋状に描かれている。ミミズからサルを経て、進化の頂点に立つとみなされていたシルクハットを手にしたヴィクトリア朝の紳士に至る。
（Wikimedia Commons）

これほど多くの陸上生態系に適応して繁栄することはできなかったかもしれない。また、人間もタンパク質の世界消費量の四五%以上を豆やナッツなどに依存することはできなかっただろう。揚げ物に舌鼓を打つことも、リノリウムの床の上を歩くことも、家にペンキを塗ることも、ロケットやレーシングカーのエンジンに油を差すことも、フェルメールやレンブラント、ルノワールにゴッホ、モネなどの絵画に感動することもできなかっただろう。南米のアメリカゾウゲヤシは、弁当を詰めるために内胚乳の細胞壁を厚くしたが、分厚くしすぎて細胞の内容物が押し出されてしまうことさえある。その結果、種子がきわめて硬くなったので、薄く切って磨き上げ、ボタンや装飾品にしたり、彫刻して小像を作ることができる。また、象牙の代わりにチェスの駒、サイコロ、櫛、ペーパーナイフ、装飾を施した取っ手、楽器などに利用されたりしている[7]。

「成功はそれ自体が終着点なのだ」とビューリイ教授は述べた。進化は絶えずくり返されているので、種子の新しい戦略は確実に誕生するし、失敗作でなければ淘汰されずに残るだろう。どういうわけか、ここで私は〈アーモンドジョイ〉にはまるきっかけになった「ナッツが食べたいときもあるけど、欲しくないときもあるよ♪」というコマーシャルソングを思い出した。このコマーシャルには、スカイダイビングをしたり後ろ向きで馬に曲乗りしながら〈アーモンドジョイ〉を食べている「頭のいかれた（ナッティーな）」人たちが出てくる。また、〈アーモンドジョイ〉からアーモンドだけを除いた〈マウンズ〉というお菓子を食べている生真面目そうな人たちも交互に登場する。頭にこびりついて離れないメロディのことを神経学者のオリヴァー・サックスが「脳の虫[8]」と表現したが、このコマーシャルは、その耳につきまとうメロディと相まって、キャンディー部門の売り上げで両者を全米トップの座に押し上げた。しかし、〈アーモンドジョイ〉と〈マウンズ〉は進化について大事なことも教えてくれた。甘党を満足させることが目的の場合には、元の製法に多少の変更を加えるだけで、複数の製品を作ることができる。同様に、幼植物に栄養を与えることが目的の場合にも、方法は一つだけではない。チョコレート工場の独創的なシェフと同じように、進化もやがてはさまざまな方法を見出すのだ。

〈アーモンドジョイ〉の実験を終える前に、成分表示に載っている副次的な材料にも目を通してみると、重要な種子製品がさらに二つあった。大豆からとられたレシチンと、トウゴマ（ヒマシ油）からとられたPGPR（ポリグリセリン縮合リシノレイン酸エステル）だ。[9]どちらも種子に蓄えられた油脂の派生物で、レシチンは蓄えられた栄養を移動させるときに重要な役割を担っている。両者は滑らかさを保つためにチョコレートバーに添加されると、ココアバターの中に糖の粒子を浮遊させておく乳化剤の働きをする。大豆レシチンは、他にもマーガリンや冷凍ピザからアスファルトやセラミックス、こびりつかない調理油スプレーに至るまで、ありとあらゆる製品に使われている。さらに、コレステロールを下げる自然食品という触れ込みで、循環器系疾患を予防する栄養補助食品としても利用されている。

成分表示の最後には、乳化剤に次いで、さまざまな保存料やカラメル色素、アレルギーの原因物質に関する注意書きが載っていたが、私が探していたもう一つの種子製品についてはどこにも触れられていなかった。それを見つけるためには、ブライヤーズアイスクリーム社の〈アーモンドジョイ・フッジアンドココナッツスワール〉という〈アーモンドジョイ〉から派生した製品を調べる必要があった。その成分表示には、スキムミルクや人工甘味料と一緒にグアーガムの記載があった。グアーガムはクラスタマメ（グアーマメ）の種子から抽出されたガム（粘性の高い樹液）だが、その風変わりな特性がアイスクリームやグルテンフリーのパンの食感から北インドのオートバイの価格に至るまで、ありとあらゆるものに影響を及ぼしているのだ。種子に蓄えられている栄養分の目を見張るような多様性や、それが私たちの暮らしに思いもかけない形で影響を及ぼしていることを、グアーガムほど如実に示している事例は他にないだろう。

グアーガムは、インドの「砂漠の州」と呼ばれているラジャスタン州の畑で主に栽培されているみすぼらしい房状の豆からとれる。このクラスタマメの種子にはピーナッツなどのマメ科の種子に通常見られる大きな子葉がないので、この豆はそうした子葉を持たない「内胚乳豆類」という小さなグループに分類されている。クラスタマメの種子には炭素鎖が細かく枝分かれした炭水化物が詰まった内胚乳があり、子葉の代わりにそこに栄養を蓄えている。化学の教科書に載っている図を見ると、炭水化物の分子はロンドンの地下鉄の路線図のように見えるが、ラジャスタンの砂漠で育つクラスタマメの幼植物にとっては、単純で欠かせない適応なのだ。

「こうした組織は二つの役割を担っている。分解されて植物の成長に使われるグルコースという食物になる一方で、胚の周囲に湿った層を形成して、胚を保護するのだ」とデレク・ビューリイ教授は述べると、種子の内部の枝分かれした分子が驚くほど保水性に優れていることを説明してくれた。こうした仕組みを発達させたおかげで、砂漠に育つクラスタマメのような植物は、稀にしか起きない突然の豪雨を利用して発芽することができるのである。こうした習性はイナゴマメやコロハなどにも見られ、数回進化を遂げてきたが、乾燥気候の地域に限られている。

ラジャスタンの農家は数千年にわたりクラスタマメを飼料として栽培し、時には青い莢を野菜として料理することもあった。しかし、クラスタマメの種子からとれるガムがでんぷんの八倍も効果的で味もよい増粘剤になることがわかると、農家の運命は変わり始めた。[10] まもなく、抽出・精製されたグアーガムは、〈アーモンドジョイ〉アイスクリームにとどまらず、ケチャップやヨーグルト、インスタントオートミールなど、ありとあらゆる製品に使われるようになった。二〇〇〇年までには、食品産業向けに輸出されたインドのクラスタマメは二億八〇〇〇万ドルを超えていたが、その後に起こったブームに比べれば、物の数ではなかった。

「フラッキング」という用語は、業界では「水圧破砕法」という正式名称で知られている石油や天然ガスの採取方法を指す。この方法では、岩盤の奥深くまで井戸を掘削し、高圧の液体を注入して、ガスを豊富に含む層に亀裂を入れ、割れ目が塞がらないように固定する必要がある。水圧破砕された鉱井からは、貴重な炭化水素も一緒に出てくるのだ。この一〇年ほどの間に、かつては知られていなかったこの技術が数十億ドル規模の世界的な産業を生み出し、シェールガス（頁岩層から採取される天然ガス）やコールベッドメタン（炭層ガス）の広大な鉱床が新たに開発された。この技術により、北米は海外の石油に依存する必要がなくなると思われるので、世界のエネルギー市場は根本から変わるだろうと経済専門家は予測している。アメリカ合衆国だけでも、年間三万五〇〇〇か所の鉱井で水圧破砕が行なわれていると推定されているが、こうした井戸の一つ一つに数百万ガロンに上る破砕液

（フラッキング水）が注入されているのだ。そして、この破砕液の成分である水、砂、酸、化学薬品を結びつけているのが他ならぬグアーガムなのである。

ラジャスタンでは、クラスタマメの卸売価格がわずか数年で一五〇〇％以上も値上がりし、毎週、価格が二倍に跳ね上がったときもあった。クラスタマメを飼料用に栽培して自耕自給でぎりぎりの生活を送っていた農家は突然、テレビやオートバイが買える価格でクラスタマメを売れるようになったのだ。今では、多くの農家が新しく家を建てたり、家族で海外旅行に出かけたりしている。二〇一一年と二〇一二年には、クラスタマメ不足で北米の掘削事業がいくつも頓挫し、石油業界の大手ハリバートン社が株主に向けて、クラスタマメ価格がフラッキング費用の三分の一近くを占めるほどになったせいで、「我が社の第二・四半期のマージンに予想以上の打撃を与えることになるだろう」と発表すると、ハリバートン社の株価は一〇％近くも下落した。クラスタマメの供給が追いつかず、価格が急騰したために、食品業界は増粘剤をクラスタマメ以外に求め始めた。このとき、代用品として白羽の矢が立ったのがイナゴマメ（地中海地方原産の高木）、タラ（ペルー沿岸に生える低木）、エビスグサ（中国原産のマメ科植物）といった、乾燥地に生える草木からとれる「内胚乳を備えた」豆だったのは驚くに当たらない。この三種とそれを栽培している農家はクラスタマメブームにあやかれると思われている。

クラスタマメの種子を挽いて地下に注入すれば大儲けできると予想できた人などいないだろう。二〇〇七年のインドの作物報告書には、水圧破砕は可能性のある市場として記載さえされていなかった。クラスタマメの話は、種子の進化で生じた革新が、人によるその使い道にも革新をもたらすことを示している。私たちはクラスタマメの保水性を利用して産業用増粘剤を作り出し、それによって種子の栄養分を化石燃料の採取に利用するという革新がもたらされたのだ。これは石油業界にとって、いわば里帰りである。水圧破砕法による採掘で世界で一、二を争う場所はペンシルベニア州にあるが、この地は一八五九年に採算のとれる最初の油井が採掘された場所だからだ。一方、種子にとっては、ペンシルベニアの丘陵地の地下を掘削する作業ははるかに古い時代に帰ることを意味する。

水圧破砕の目的が炭化水素ではなくて化石だったなら、ペンシルベニアのマーセラス頁岩層を掘削した油井からは小さな巻き貝や二枚貝が噴水のように吹き出すだろうが、種子は一つも出てはこないだろう。この地域は、種子が進化する数百万年前の時代の、しかも植物がまったくない海底で形成された岩石でできているからだ。種子も他の新しい適応の例に漏れず、壮大な生物進化のドラマに、まずは変わり者の端役として登場した。最初に現れたのは、ほとんどの植物が胞子で繁殖していた石炭紀（三億六〇〇〇万年～二億八六〇〇万年前）の初期のことだ。現在では、それが後に残した石炭として最もよく知られている。石炭は胞子植物が形成した広大な湿性林が化石化して漆黒に輝く岩石に変わったものだ。ペンシルベニア州では石炭層は頁岩層のすぐ上に載っているが、この石炭層は非常に厚く、アメリカの産業革命を推し進める原動力の役目を果たしただけでなく、地質学者がこの年代のことを地名に因んで「ペンシルベニア紀」と名づけたきっかけにもなった[11]。水圧破砕を行なうときに、浅い井戸を掘削して出てきた鉱滓を調べてみれば、種子の進化を垣間見ることができるだろう。

炭鉱が化石の宝庫であることは坑夫にはつとに知られていたが、研究者たちもようやくそのことに気づき始めた。最近、古植物学者（すなわち化石植物の専門家）の研究チームが古い炭鉱の坑道を探索して地図を作成し、種子の進化とその場所に関する知見を洗い直す作業に取りかかった。石炭紀の生態系を理解する一番いい方法は実地踏査を行なうことだと気づいたのだが、それができる場所は炭坑しかないのだ。

タネは結びつける

科学の原理や法則は自然界の表に現れているわけではない。中に隠れているので、高度な調査手法を駆使して、自然から引き出さなければならない。

ジョン・デューイ『哲学の改造』（一九二〇年）

第4章　イワヒバは知っている

石炭層を一層形成するだけでも膨大な量の植物遺物が必要なことを考えると、地球の歴史の中で、石炭紀ほど植物がうっそうと茂っていた時代はなかったと思われるが、そうした石炭紀の植物は高温で曇りがちな気象条件のもとで、広大な湿地に生育していたと考えられる。

エドワード・ウィルバー・ベリー『古植物学』（一九二〇年）

「炭鉱に同行してもらうことはできない」と、ビル・ディミケルは私が聞きたくないと思っていた言葉を告げると、「石炭会社は、安全規定の遵守を怠っているだけでなく、地球温暖化を引き起こしていると二重に非難されているので、立場が苦しいのだよ」と説明した。会社側はビルが主催している炭坑探索の参加者をこれ以上増やしたくはないようだった。詮索好きな物書きの生物学者では、なおさらそうなのだろう。

石炭紀の森林を散策してみたいという私の願いは打ち砕かれてしまったが、ビルの対応をとやかく言える立場ではなかった。スミソニアン博物館の化石植物学の学芸員として、ビルは長年、炭鉱探索を主催してきた人物だ。大学や政府機関の研究者と共に、イリノイ州で長さが一六〇キロにも及ぶ太古の川谷を発見したが、その谷にある炭鉱の坑道の天井には、当時の森林が細部に至るまで見事に保存されていたのだ。「天井を見上げて、植生図を作っただけだよ。どこに何が生えていたか記録しただけさ」と、ビルはいとも簡単そうに話してくれたが、地図に現れた森林は単純などというものではなかった。種子の進化全体の再検討を促すものだったのだ。炭坑以外にも植物の化石を見ることができる場所はたくさんあるから心配しなくても大丈夫だ、と私を慰めてくれた後で、「何をしたいのか言ってくれれば、あちこちに問い合わせてあげるよ」と言い添えた。

それから六か月後、私は砂漠の谷底で、ビルの隣に佇んで、世界の各地から集まった数十人の古生物学者が黒ずんだ地層に向かって岩の斜面をよじ登っていくのを眺めていた。「ニューメキシコの人にはただの石炭層にしか思えないだろうな」と、ビルは微笑みながら言った。上方の岩壁に露出した薄い地層は、規模ではイリノイ州でビルが発見した石炭層の足元にも及ばないかもしれないが、それ以外の点ではとてもよく似ていた。周囲の岩石に植物の姿がきれいに保存されている炭化した太古の湿地林の遺物だ。

まもなく、古生物学者が石炭層に到達して標本の採集を始めると、谷間には石に当たるハンマーの音が響き渡った。この日は古生物学会の初日にあたり、石炭紀－ペルム紀移行期と呼ばれる地球史上の重要な時期について討論が行なわれることになっていた。この時期に地球の気候が高温多湿から乾燥した変わりやすいものに急激に変わったのだ。種子が勝利を収めたのはこの時期だと伝統的に考えられている。つまり、石炭紀の湿地で優位を占めていた巨大なトクサの仲間をはじめとする胞子植物は高温多湿の気候に依存していたので、ペルム紀の変わりやすい気候に適応できず、衰退の一途をたどり、種子植物に地上の植物相を支配する機会を与えてしまったのだ。理に適った仮説のように思えるかもしれないが、一つ問題がある、まったくの誤りなのだ、とビルは言う。そう述べているのはビルだけではなく、同じように考える研究者は増えている。ペルム紀になって胞子植物が衰退したのは誰もが認めていることだが、種子が勝利を収めた時期はそれよりもずっと前だろう。

「昔はなんらかの予測をしてフィールドへ行ったものだが、今では観察をするためにフィールドへ出かける。穴を掘って見つけたものを観察するだけの方が得るものが多いとわかったからだ」とビルは言うと、教科書的な知識は先入観を持たせてしまう場合があると説明した。ビル・ディミケルはスミソニアン博物館の古生物学者として、この三〇年間にたくさん穴掘りをしてきた。ビルは引き締まった体にカーキ色のベストを着て、野球帽を被り、ニューメキシコの発掘現場を見て回っていた。自分ではほとんどハンマーを振るうことはないが、経験を積んだ人物の無駄のない動きで、新しい発見には必ず立ち会ってコメントをしていた。「やあ、みんな、頑張っているな」と激励するビルの大きな声が聞こえた。ビルは若い頃の情熱を失わずにいるが、数時間話をしてみて、長い研究人生を支えているものがわかった。飽くなき好奇心だ。私が尋ねた問題の一つ一つに対して、ビル自身は何十倍もの疑問を持っているように思えた。次々とほとばしり出てくるそうした疑問には、何層にも積み重なっている古い考えを洗い流そうとして新しく考案したアイディアが溢れていた。フィールドに出ている古生物学者と同様に、ビルは立ちはだかる岩をたくさん動かして知的発見を成し遂げているのだ。

こうした取り組み方をしていたので、イリノイの炭鉱を調査しているときに、ビルは新事実のかすかな光に気づいたのだ。大部分は、現生のトクサやヒカゲノカズラに近縁の樹木サイズの胞子植物が優占する典型的な石炭紀の森林だったが、太古の地形のわずかでも標高の高いところへ上がると、種子植物の化石が増えることがわかった。さらに、斜面の上の方から落ちてきた有機堆積物で塞がれた側坑道を見つけたので調べてみると、それは針葉樹が堆積したものだった。石炭紀の森林に優占していたのは胞子植物だったことを疑う研究者は誰もいないが、湿性林は当時の景観の一部を占めていたにすぎなかったのだ。高地や丘陵地、山地には何が生えていたのだろうか？

「おーい、ビル！」と誰かの呼ぶ声がして、私たちに斜面のふもとにある石板の方へ来るように手招きした。そこには、私がニューメキシコまでわざわざ確認しに来た物語の要旨が岩に刻まれていた。「こいつはいいな、スコット」と言うと、ビルはよく見ようとして身を乗り出した（ちなみに、この会合には中国、ロシア、ブラジル、ウルグアイ、チェコ共和国などの遠方の国々から研究者が参加しているが、互いにファーストネームで呼び合っている。それほど石炭紀－ペルム紀の専門家の世界は狭いようだ）。その岩は真ん中からきれいに割れていて、二本の植物の茎が両側に鏡像のように並んでいた。巨大なトクサのようなロボク属の胞子植物とソテツシダ類と呼ばれる初期の種子植物である。ロボクはくっきりと岩に刻まれ、黒ずんだ縁と溝は現代のトクサの茎を大きくしたように見えた。一方、黄褐色の岩石に刻まれたソテツシダの幹は、黒とオレンジ色のうろこ模様をしたトカゲの皮膚のように見えた。どちらの種もとうの昔に絶滅してしまったが、このように両者が並んでいる姿は、太古の昔にくり広げられた胞子と種子の闘争を彷彿とさせたのである。

私はこの化石をカメラに収めると、化石探しに加わろうと斜面をよじ登った。石炭層の上の岩石面

図 4.1　ニューメキシコの石炭層から出土したこの化石は、太古の昔にくり広げられた胞子と種子の闘争を簡潔に示すものであり、巨大なトクサのようなロボクと、初期のソテツシダの茎が並んでいる。両者は、石炭紀の広大な湿性林で肩を並べて生えていた。
（Photo © 2013 by Thor Hanson）

は簡単に割れて、まもなく私も化石を見つけた。シダとトクサが少し混ざっていたが、大方は見分けのつかない葉や茎、先の尖った小枝だった。周囲では古生物学者たちが一生懸命に作業をしながら、興奮して話し合っていた。私の目には土埃の中の混沌にしか見えないが、彼らの目には太古の世界がありありと見えていることがわかった。私は生きているロボクとソテツシダの姿を思い描こうと試みたが、すぐ頭に浮かんできたのは教科書に出てくる石炭紀の絵図だった。ドクター・スースの絵本から抜け出てきたような苔むした大木が森を作り、馬ほどもある大きなイモリのような両生類が住んでいる湿地のイラストだ。哺乳類や鳥類のような身近な生き物はいうまでもなく、恐竜が登場するのもずっと後の時代だ。

トンボが飛び交い、クモは少しはいただろうが、アリやハチ、甲虫、ハエやカはいなかった。カのいない湿地は居心地よさそうなところに思えるが、現在の目から見るとあるべきものが欠けているので、森は奇妙な感じがしただろう。とはいえ、ビルの説が正しければ、石炭紀の景観はもっと馴染みのあるものに見えたかもしれないと思い直した。

「石炭紀ではなく、針葉樹紀と呼ぶべきさ！　石炭は脇役にすぎなかったことを示す証拠が見つかっているからね」と、ビルは私と話している最中に突然声を張り上げた。ビルの研究チームがこれまでの定説の見直しを始めると、針葉樹などの種子植物の群落というこれまで見えなかった植物相が、湿地より上方に存在していたことを示す有力な証拠が見つかり始めた。湿地以外はこうした種子植物に覆われていたと思われるが、その存在を示す痕跡がほとんど残っていない。ときおり、上流から湿地に押し流されてきた枝や葉が残っているだけだ。「陸上の植物には厄介な問題がある。陸上では化石として残りにくいのだ」とビルは説明した。質のよい化石ができるためには、水と肌理(きめ)の細かい堆積物が必要になるが、胞子植物が支配していた湿地以外にこうした条件が揃っている場所はほとんどない。したがって、トクサやヒカゲノカズラの仲間が石炭紀の化石記録の大部分を占めるからといって、石炭紀の森を優占していたことにはならないのだ。

新しい気候研究もビルの新説を支持している。その研究によると、石炭紀の気候は従来考えられていたように一貫して高温多湿だったのではなく、高温多湿の時期と氷河期が交互にくり返されていたようだ。石炭が堆積したのは湿潤な時期だけで、その間には長い乾燥期が挟まっており、その時期は種子植物が景観の大部分を占めていたと思われる。この見方によると、胞子植物は地理的にも時間的

図 4.2　石炭紀の森林はシダやトクサなどの胞子植物が優占する湿性林だったという伝統的な見方を示すイラスト。しかし、当時、高温多湿だったのは低地だけで、広大な台地は針葉樹などの種子植物が優占していたことを示す証拠が挙がっている。
（作者不詳。*Our Native Ferns and Their Allies*, 1894. Illustration by Alice Prickett, Technical Adviser Tom Phillips, University of Illinois, Urbana-Champaign）

にも、主役ではなく脇役だったのだが、湿地に生育していたために化石の数が不釣り合いに多く、実際の数が過大評価されているのだ。ちなみに、こうした現象を古生物学者は「保存のバイアス」と呼んでいる。

「ソーアはどこにいる？　チェコの人たちが種子を見つけたぞ！」と、誰かが大きな声で呼ぶのが聞こえた。まだ半日しか一緒にいないのに、私が種子の調査をしていることをもうみんなが知っているようだった。しかも、ファーストネームで呼び合う仲間に入れてくれていたのだ。トリップ・リーダーがわざわざ黒い斑点のついた小さな岩石の塊を持ってきてくれた。拡大鏡で見ると、薄い皮膜で囲まれたスイカの種のように見えた。これは何かと尋ねると、ビルは肩をすくめて、「翼のある種子とでも言えばいいかな」と言った。化石種子に名前がついていることは稀なのだそうだ。親木と一緒に見つかることがほとんどないからだと説明してくれた。その日のもっと後になって、アルバカーキのニューメキシコ自然史科学博物館で整理箱に入った化石を調べているうちに、ビルが言ったことの意味がわかってきた。数十年にわたって収集された種子の化石標本が数十点あったが、それには「種子か？」「胚珠か？」「球果の一部か？」「不明な子実体」と記されたラベルがついていたのだ。よく知られた化石植物の「種子」とされていたものが、実はヤスデの化石の一部だとわかったという有名な事例もある。

「化石植物の種子の研究を誰かやってくれないかとつくづく思うよ。うちの博物館に、マンゴーのタネによく似ているけど、ヨットのような大きな竜骨（キール）がついていて、毛で覆われている種子が一つあるんだが、あんな種子を作るのはどんな植物なんだ?!」と、ある学芸員が会合の懇親会で私に話しかけてきた（ちなみに、懇親会は化石がたくさん置いてある倉庫の一角で開かれ、ワインやビールに立派なオードブルが振る舞われた）。

その言葉には心から同意する。化石植物の種子を研究すれば、ビルが主張している隠れた植物群落を知る手がかりが見つかるかもしれない。博物館に眠っている未知の種子には、上の方の丘陵地から下の湿地へ子孫を落としていた未知の親木があったに違いないからだ。さらに、こうした種子は、栄養の貯蔵や散布、休眠、防衛といった重要な形質がちょうど進化しかけていた時代まで遡るのだ。種子の研究者にとって、ビルの仮説で最も興味深いのは種子の進化に関する点だろう。

これまで、種子が出現した時期は石炭紀の初期か、あるいはもう少し早かったかもしれないと考えられてきた。そうだとすると、七五〇〇万年以上もの間、種子に大きな変化は起こらなかったことになる。つまり、種子植物は有利な条件をたくさん備えていたにもかかわらず、ペルム紀になって気候が変わるまで、石炭紀の湿地で細々と暮らしていたことになるのだ。従来の説は大きな問題を二つ積み残している。一つ目は、種子が大きな進化を遂げて成功を収めた一例であるならば、なぜ、これほど長い間、下積み生活をしていたのだろうか？　もう一つは、栄養の貯蔵、保護、休眠といった種子の形質が季節のある乾燥した気候に適しているのであれば、どうやってそうした形質が湿地で進化したのだろうか？　種子が進化を遂げた場所を湿地ではなく、丘陵地と仮定すれば、この二つの問題は雲散霧消する。種子の戦略は、手つかずの広大な生息環境に進出することを可能にした、理に適った適応とみなせるのだ。化石記録でわかるのはほんの一端ではあるが、種子植物は多様な形態を進化させて個体数を増やしながら分布域を広げ、石炭紀に優占していたとビルは提唱しており、その説を支持する研究者仲間も増えている。ペルム紀になって、種子植物が「急激に」増加したのも理解できる。乾燥した気候が定着すると種子植物が急速に取って代わったが、乾燥化する前からすでにそこにいたと考えれば、少しも不思議なことではない。

「断片的な知識をつなぎ合わせて、今の説を組み立てるまでに長いことかかったよ」と、ビルは多くの共同研究者の功績を忘れずに強調した。しかし、科学の世界では長い間信じられてきたことを覆すと、必ず論争が起こる。「確かに私の説に真っ向から反対する仲間の研究者もいる」と認めた上で、「でも、優しく笑顔を絶やさず、説を唱え続けるようにしているんだ。論文の指導をしてくれた先生は、『言い争いをする暇があったら、研究に専念しなさい』と、いつも言っていたからね」と私に語った。ビルは先生のアドバイスを肝に銘じていたようだ。現地調査の後は室内の会合に移り、各自が研究発表を行なった。白熱した議論が起きることも多かったが、ビルはどの議論にも口を挟まなかった（そして、笑顔も絶やさなかった）。しかし、後にビルが自己の哲学に一ひねり加えて、「馬鹿者と言い争うな。傍らで見ている者にはどちらがバカか、違いがわからないのだから」と言い換えているのを耳にした。

ビルの説に「真っ向から反対する」研究者仲間が実際にいるとしても、アルバカーキでは出会わなかった。古生物学会で会った研究者は誰もが、石炭紀の気候が絶えず変動し、当時の湿生林は興味深いが、決して植生を代表する存在ではなかったという考えを認めていた。ハワード・ファルコン＝ラングという気さくな英国の研究者は針葉樹の起源を数千万年遡らせることを提唱して、丘陵地で種子植物が急速に進化したという考えを支持した。カナダ人の大学院生は、「ビルのそばについて、何でも学びとってくるように」と先生から助言されたと言っていた。しかし、的を射た言い方をしたのはプラハから来たスタニスラフ・オプラスティルだ。元は伝統的な説の信奉者だったが、今はその問題は解決したと考えているのだそうだ。「ビルに会って、考えが変わったんだ」と話していた。

ニューメキシコを後にしたときには、石炭紀のイメージはすっかり変わっていた。巨大なイモリやトンボはそのままだったが、その背景には、針葉樹林という見慣れた風景が広がっていた。ビル・ディミケルの研究によって、種子が進化を遂げた舞台は湿地から乾燥した丘陵地へ移った。そこなら、乾燥に対するさまざまな種子の適応が意味を持つ。しかし、胞子が種子に至るまでには、まだ長い道のりがある。その道のりを正確に理解してもらうためには、植物の私生活について少々ぶしつけな話をする必要がある。

胞子植物のセックスはたいてい暗く湿った場所で、自分を対象として行なわれる。たとえば、シダは毎年、数千から数百万個もの胞子を放出し、この微粒な胞子は葉の縁や裏から土埃のように空中に漂う。胞子は分厚い細胞壁以外には保護機構も貯蔵栄養もない一個の細胞からできている。適度な湿り気のある土に落ちると発芽するが、発芽しても親と同じような形に成長するのではない。胞子からは手の爪よりも小さな緑色のハート型をした、親とは似ても似つかない植物が生まれるのだ。これは配偶体と呼ばれ、シダのセックスはこの配偶体が行なうのである。

配偶体は卵を作ると共に、泥水の中を二～五センチほど泳いで移動できる精子も作って送り出す。数センチの旅をした精子が卵と出会うことができたときだけ受精が起き、お馴染みのシダの形をしたシダが芽を出すのだ。こうした生殖システムは、細部にはさまざまな違いがあるが、セックスを別の世代に託し、精子が卵に出会うために水を必要とする点は胞子植物に共通している。この生殖システムは湿潤な気候には適しているが、石炭紀の広大な湿地が干上がり始めたときには問題となった。生殖に支障が出始め、生活環に二つのステージがあるせいで、変わりゆく気候に適応するのが二重に難しくなったのだ。

「胞子植物が重要な適応をする場合には、生活環の両方の世代で適応しなければならなかったが、それはきわめて難しいことだ」とビルが説明した。つまり、小さな配偶体は胞子体と形態が異なるだけでなく、両者が必要とする土壌や湿度、光などの環境条件も大きく異なる可能性がある。「『自分の精子や卵が成長して自分の三分の一ほどの大きさの小さな自分になり、その小さな自分がさらに別の自分を生み出すためにセックスをしなければならないことを想像してみたまえ。この小さな自分と大きな自分の姿が異なっているとしたら、どうなる？　この小さな自分が自立していて、大きな自分の存在をまったく知らないとしたら、どうなるか？　さらに、自分はどこか別の場所で暮らすことが必要だと判断したら、どうなる？　この小さな自分がそこへ行こうとしなかったり、行くことができなかったりしたら、大きな自分も行くことができないのだ！』と学生によく言ったものさ」とビルは話していた。

種子はある意味で、胞子の限界に応えて進化したといえるだろう。生殖を土壌任せにするのではなく、種子植物は母植物の上で両親の遺伝子を合体させて、その子供に食べ物を持たせ、悪天候から身を守り、条件が整ったときに発芽できる丈夫な殻に入れて散布したのだ。やがて、遊泳する精子も花粉に取って代わられ、水の必要はなくなった。これまでに発見された化石植物の種子化石がきわめて少ないので、精子から花粉に移行する過程に関してはいまだに専門家の間で意見が分かれているが、石炭紀の初めには、この移行はかなり進んでいたということは誰もが認めている。[1]移行のすべての過程が化石に保存されてはいないだろうが、現生でも生き延びて繁栄している胞子植物はあるので、それに移行期の姿を見ることができる。胞子植物を見るためだけなら、わざわざ学会に出かける必要はなかった。うちの庭に生えているからだ。

私は毎日、離れのラクーン・シャックへ行くが、その途中で、芝刈りや草刈り、焚き火、鶏の採食を何年も生き延びてきた、芝生のコケやワラビの茂みなどの胞子植物が生えているのを目にする。し

図 4.3　ワラスイワヒバ（*Selaginella wallacei*）。種子植物の共通祖先と同じように、このイワヒバは胞子を雌雄に分けるという進化的跳躍を果たした。右上に描かれている袋から埃のように出ているのが花粉の前身である雄性胞子（小胞子）で、すぐ下に描かれているそれよりずっと大きいのは雌性胞子（大胞子）である。
（Illustration © 2014 by Suzanne Olive）

かし、私が特に見たいと思った胞子植物は、うちから数キロメートル離れた海を見下ろす断崖の上に生えている。ちなみに、そこはシャチが見られる観光スポットにもなっている。一月の晴れた朝、私は弁当を持って、ワラスイワヒバを探しに出かけた。このシダは大きいものではないが、注目に値する胞子植物なのだ。

短い小道を歩いていくと、眼下にはさざ波をキラキラと輝かせて、穏やかな海が広がっていた。早めの昼食をとりたくなり、このあたりでは見つけるのが難しい冬の日差しをいっぱいに浴びられる開けた場所を見つけた。しかし、弁当を開ける前に、目当てのシダが見つかった。そばの岩の隙間から顔を覗かせていたのだ。実をいうと、ワラスイワヒバはすぐに見つかるだろうと思っていた。植物観察会の参加者を引率してよくこの場所へ来たし、シャチの群れには目もくれずに、この小さなシダを熱心に観察している参加者の姿を誇らしく見ていたこともあったからだ（地元の人にとってシャチは珍しくもなんともないが、イワヒバは初めてだったのだ！）。

私はよく見ようとしゃがみ込んだ。イワヒバの祖先をたどると、石炭紀の森に生えていた巨木に行き着く。イワヒバは高さが一〇センチぐらいにしかならないが、茎に密生している葉はニューメキシコで見た化石にそっくりに思えた。しかし、イワヒバは今までに知られている他の胞子植物が知らないことを知っている。枝先を摘み取ると、日にかざし、目を細めてよく見ようとした。それから、目をこすって、ため息をついた。老眼鏡をかけないと、もう胞子を見る楽しさを味わえない年齢になってしまったことを身に沁みて感じたのだ。

ラクーン・シャックに戻ってから、解剖用顕微鏡の助けを借りて観察すると、私が探していたものがはっきりと見えた。それぞれの葉の根元にある斑点の入った金色の袋の中で、胞子がまるで光り輝いているように見えた。微小なものを顕微鏡で見ると、美しく見えるのは珍しいことではない。こうしたイワヒバの胞子が注目に値するのは、その大きさ、というか、大きさの違いのためだ。茎の下の方にある胞子は大きな川原石のように丸みを帯びて大きいが、枝先に近いところにある胞子はとても小さくて、赤茶けた土埃のように金色の袋から溢れ出てくる。イワヒバは種子植物の祖先が学ばなければならなかったこと、つまり、性を分ける方法を知っているのだ。小さな胞子は雄性胞子で精子の前身、大きな胞子は雌性胞子で卵の前身なのだ[2]。この生殖システムは遺伝子を混ざりやすくするだけでなく、新しい植物を生み出すことを運命づけられた雌性胞子に資源を投入して、胞子植物が子孫に「弁当」を持たせ始めることを可能にもさせた。雌性胞子と雄性胞子はいずれもまだ親から離れた後に受精して配偶体にならなければならないし、雄性胞子は泳ぐために水を必要とするが、こうした巧妙な適応は胞子植物で少なくとも四回は生じた。そして、そのいずれかのときに種子が進化したのだ。

完全な化石と同様に、イワヒバは過去を垣間見せてくれる。生きる化石といえるイワヒバの大きさが異なる雌雄の胞子は、種子進化の決定的な段階を示しているのだ。[3] 性が分かれると、後の話はずっとイメージしやすくなる。時が経つと、初期の種子植物は雌性胞子を外へ放出せずに、葉の上で卵を発達させるようになった。一方、雄性胞子は放出され続けていたが、その過程でいくつか小さな変化が生じて、風で運ばれる花粉に進化した。その花粉が卵に付着したとき、植物は種子の基本的な要素をすべて手に入れたのである。すなわち、この受精した赤ん坊は保護と栄養が与えられて、外に送り出されればそのまますぐに次世代に育つことができるのだ。この生殖システムは、気候が乾燥化するたびに種子植物を有利にした。胞子の生殖には、精子が遊泳するにも、湿気を好む配偶体のためにも水が必要だったが、種子植物は一陣の風に乗って生殖することができる。耐久性と栄養を備えた子孫は土に落ちた後、発芽と成長に適した条件が揃うまで待つ準備が整っているのだ。

種子の進化を示す化石記録は断片的であるが、イワヒバと同様に他の現生植物が隙間を埋める手助けをしてくれる。イチョウは園芸植物や、記憶力や血行を良くする万能薬として人気を博しているが、初期の種子植物の唯一の生き残りでもあり、花粉が作る精子は遊泳するという胞子時代の名残をとどめている。ソテツというヤシに似た木の仲間にもこの形質が残っていて、中には精子が裸眼でも見えるほど大きいものもある（たとえば、コロンビアの沿岸地方に分布するザミア科のチグアの精子には数千に及ぶ鞭毛が生えていて、それをうねらせて泳ぐが、他のどんな植物や動物のものよりも大きい）。針葉樹や他のあまり知られていない少数の種と共に、イチョウやソテツは「裸子植物」という分類群を形成している。裸子植物と呼ばれるのは、種子が葉の表面や松かさの上で何も身にまとわずに成熟するからだ(4)。

裸子植物は石炭紀の乾燥した時期から恐竜の時代まで世界の植物相を支配し、現代でもどこででも見られる。バジリコソースでマツの実を賞味したことがある人なら誰でも、裸子植物の種子には馴染みがあるはずだし、温帯林地帯に住んでいる数十億人の人たちもお馴染みだろう。温帯林ではマツ、モミ、ツガ、トウヒ、ヒマラヤスギ、イトスギ、カウリマツなどの針葉樹が多く生えているからだ。しかし、こうした由緒ある裸子植物は、分布域は確かに広いかもしれないが、後から登場した革新的な種子植物に多様性の王座を譲って久しくなった。

一部の裸子植物が種子を覆い隠すことを覚えたときに、種子進化の最後の大きな一歩が踏み出された。裸子植物が覆いを作ったのは、人間が入浴後にするのと同じような理由からそうしたのだ。息子のノアは三歳になってもまだ、赤ん坊のときに買ってやった青いプラスチックの風呂桶を使っている。今では自分で風呂桶から出られるが、ノアが出てきたら、すぐに毛足の長いバスタオルで包んでやる。裸はしたないと上品ぶってそうしているわけではない。息子の小さな体を見ていると、いかにも危なっかしくて、守ってやりたいという親心が本能的に刺激されるのだ。植物は種子をタオルで包んでやろうと追いかけまわすわけではないが、同じような進化的動因に突き動かされて、裸子植物の一系統で、下の葉を巻いて発生中の卵を包み込むものが出てきて、それで裸の種子が覆われるようになったのだ。この葉でできた房は「心皮」と呼ばれ、それを備えた植物は「被子植物」と呼ばれている。ちなみに、被子植物という英語（アンジオスペルム）は「容器に入った種子」を意味するギリシャ語から来ている。

ニューメキシコの発掘現場には被子植物の化石は一つもなかった。参加した研究者の一人が「お門違いの学会だったね」と、ぶっきらぼうに言った。そこの岩石も大きな地質時代で何代かずれた時代のものだった。種子を葉で巻いて保護するのは単純でありふれた手段のように思われるだろうが、被子植物がそれを実現したのは白亜紀に入ってからなのだ。それまでは裸子植物の時代が一億六〇〇〇万年以上にわたり続いていたのである。大局的に捉えると、齧歯類やコウモリ類からクジラやツチブタ、サルに至るすべての有胎盤類の哺乳類が出揃うのに要した時間は、この三分の一にも満たないのだ。どうしてこれほど長い時間を要したのか、植物学者はいまだに頭を悩ませているが、種子を容器に入れるのは名案だったことに異論を唱える者はいない。被子植物は種子の保護手段を確立すると、瞬く間に分布域を広げたので、ダーウィンは被子植物の台頭を、進化はゆっくり漸進的に起きるという自身の進化論を脅かす「忌まわしい謎」だと考えた。[5] 今では、被子植物が植物の大部分を占めており、本書の主題もその種子である。

進化的観点から見ると、胞子植物から裸子植物への飛躍は種子にとってきわめて大きな意味を持っていた。ビル・ディミケルは被子植物ばかりが重視されがちなことを嘆いていた。「そのために全体が見通せないのさ。被子植物が優占しているのは偶然にすぎないのだ」と話していた。しかし、裸の種子を包むことで、生殖システムが洗練され、さまざまな可能性が開けたのは間違いない。結局、タオルは序の口にすぎなかったのだ。息子は縞柄のパジャマのことが多いが、人間は裸を覆うために好きなものを利用することができる。パンツやアロハシャツ、カクテルドレス、鎧だって構わない。種子の覆いは単純な葉の組織からじきに果実と総称されるありとあらゆる形の機構に進化した。衣服と同様に、果実は保護するだけでなく、魅了する役割も果たしている。その結果、被子植物は動物をだまして種子を散布させるきわめて有効な手段を手にしたのだ。なお、果実と種子と人を含めた動物を結びつけている絆は第12章で取り上げる。

しかし、果実の進化よりも重要なのは、種子の覆いが受粉に与えた影響だ。卵が容器に隠されてしまったために、風は花粉を届ける手段として、あまり当てにならなくなった。そこで被子植物は、花から花へ花粉を移すために動物、特に昆虫に頼るようになった。花の魅力として私たちが思い浮かべる色とりどりの花弁や蜜、香りは、被子植物がこの昆虫を惹きつける必要性から生み出したのだが、そうすることによって、被子植物は風任せだった受粉方法を、遺伝子を混ぜ合わせる自然界屈指の正確で美しい方法に変えたのである。被子植物がダーウィンを悩ませたほど急速に多様化を遂げられたのはこの生殖システムのおかげだ。また、「顕花植物」という被子植物のもう一つの名もここから生まれた。[6]

顕花植物は自然界で有性生殖、種子やその散布方法をきわめて多様に展開することになり、自身の進化だけでなく、深く関わり合うようになった動物や昆虫の進化も促した。多くの場合、散布者、消費者、寄生者、そして特に花粉媒介者は、依存している植物と共に多様化を遂げてきた。しかし、花による有性生殖は、人間にとってもなくてはならないものとなった。受粉を操作し、その結果を耐久性のある種子として保存する能力がなかったら、私たちの祖先が農業を発達させることができたとは考えにくい。食問題の活動家で作家でもあるマイケル・ポーランはこうした事実をもう一歩進めて、植物の生殖のことを、植物と人間の両方を永遠に変えてしまった「共進化という実験」と呼んでいる。[7]ポーランの主張によれば、人間は甘味や栄養、酩酊や美に対する欲望を満たすために、品種改良によって穀物の遺伝的性質を変えてきたという。こうした特性を選択して栽培することは私たちに喜びをもたらし、その一方で植物は自然の生息地から世界中の庭や畑に律義に散布してもらえるという利益を得ている。しかし、人間が種子植物と親密になれば、腹が膨れるだけではなく、想像力も豊かになるのだ。私たちは長年にわたり、このような関係を通して知識を得てきたが、そうした知識は自然の仕組みについての洞察を得られる豊かな宝庫なのかもしれない。それがなければ、史上最も有名な実験も行なわれなかったかもしれない。

第5章　メンデルの胞子

交配のために選んださまざまなエンドウの品種は、茎の長さや色、葉の大きさや形、花の位置や色、大きさ、花茎の長さ、豆の莢の色や形、大きさ、種子の形や大きさが異なっていた。

グレゴール・メンデル『植物の交配実験』（一八六六年）

庭いじりが大好きな妻のおかげで、「エンドウは大統領の日に植えること」〔大統領の日とはワシントンの誕生日を記念する日で二月の第三月曜日〕という一節は、私にとって呪文とも命令ともとれる馴染み深い格言だ。妻にとっては、種まきは待ちに待った新しい季節の到来を告げるものなので、毎年、庭の畑の土をだいぶ前に鋤き起こして、種まきを心待ちにしているのだ。今年は私も豆を植えるつもりだったが、ラクーン・シャックの花壇は草が生い茂り、その草を引っこ抜かねばならなかったので、私の方の種まきが遅れることは明らかだった。種子の注文はいうまでもなく、新しい土を入れて、鶏対策も講じなければならないことを考えると、棕櫚の聖日（パームサンデー）〔復活祭直前の日曜日で、三月下旬〜五月上旬〕までに準備が整えば、御の字だろう。しかし、その方がモラヴィアのブリュン（現在のチェコ共和国のブルノ）で種が植えられた時期に近いかもしれない。私が再現したいと思っている有名な庭は、まだ雪に閉ざされていたと思われるからだ。

グレゴール・メンデルが最初のエンドウを芽生えさせるのに成功したのは一八五六年の春で、天候は別としてその頃は恵まれた状況にあった。[1] メンデルが所属していた聖アウグスチノ修道会の聖トマス修道院はシリル・ナップが修道院長を務めていたが、修道僧に対して植物学や天文学から民俗音楽や言語学、哲学に至る諸々の学問を奨励していたので、修道院というよりは、研究中心の大学に近かった。修道僧は十分な食事と立派な図書館に恵まれ、研究をする時間もたっぷりあった。院長はメンデルに修道院のオレンジ栽培温室や広い庭の使用を許可してくれただけでなく、専用の温室まで作ってくれた。しかし、若きメンデルは何百万年にもわたる種子の進化の恩恵も被っている。種子が比類のない特性を進化させていなかったなら、有名な発見は不可能だったとはいわないまでも、困難を極めただろうと思われるからだ。

実験に用いたのが種子植物ではなく、胞子植物だったとしたら、現代遺伝学の父はどうしただろうか？　毎日、泥に這いつくばって、小さな配偶体を捜しては、精子と卵を集めるという絶望的な作業に取り組んでいただろう。目に見えない土の中で、自由に泳ぐ微小な精子が行なう植物の生殖をどうやって制御できるだろうか？[2] 胞子植物は操作実験に向いていないのだ。シダやコケの中にも園芸品種化されたものがわずかにあるが、そうした品種が野生の祖先種とほとんど変わらないでいるのはそのためである（ちなみに、胞子植物には人間にとって有用になるのを妨げてきた形質がもう一つある。幼植物のための「弁当」を作らないという特性だ。そのために、胞子には栄養価がまったくないのだ。

胞子植物の葉をかじる人間はたまにはいるかもしれないが、少数の例外を除いて、胞子そのものでパンや粥などを作ることはできない(3)。

メンデルはシダやコケで研究を行なおうとは考えなかった。農家に生まれたメンデルには、偶然に左右される胞子のような配偶方式では遺伝に関する知識が得られないことぐらいはわかっていたからだ。しかし、ネズミは試してみたようだ。伝えられるところによれば、修道僧が自室でたくさんのケージにネズミを飼育して、ネズミ算式に増やしているということを耳にした地元の司教が眉をひそめたので、ようやく飼育をやめたらしい。最終的にエンドウを使うことに決めたが、メンデルは理想的な実験対象を見つけたのだ。人工授粉を行なうことで、メンデルは仲人のように、交配させたい相手を正確に選び出して、形質が受け継がれる過程を観察することができた。胞子とは異なり、両親の遺伝子を人工的に結合させた種子から育った豆の形質は、定量的な分析を行ないやすかった。また、ネズミとも異なり、野外で栽培でき、香りも芳しい上に、余りは修道院の台所で美味しい食材として利用してもらえた。

注文した種子が届くと、私はすぐに包みを開けて、それぞれの品種を数個ずつ台所のテーブルの上に出した。種子はすべて同じ種なのだが、緑色、茶色、斑点のあるもの、しわのあるもの、しわのないものなど、メンデルが実験に使ったものと同じように変化に富んでいた(4)。一九世紀のモラヴィアでは、地元の種子業者から三四品種のエンドウを購入するのは容易なことだった。うちの畑には二品種しか植えるスペースはなかったが、少し調べてみたところ、メンデル自身も育てていたと思われる品種を突き止めることができた。現在のドイツ南部にあった王国に因んで名づけられた「ヴュルテンベルク・ウィンター・ピー」という品種だ。ヴュルテンベルクと近くのモラヴィアは鉄道で結ばれていて、メンデルがエンドウを購入していた頃は、両地域は友好関係にあった。メンデルが研究結果を発表した一八六六年に起こった普墺戦争では、両者は同じ側で戦ったくらいだ。修道院で庭いじりをしている修道僧は長閑（のどか）なイメージそのものだが、メンデルが生きていたのは激動の時代だった。ヨーロッパの老い衰えた帝国は民衆の暴動や不安定な政治的同盟関係の重圧に苦しんでいたし、学者たちも同様に、「自然選択による進化論」という知的大変動に迫られて格闘していた。

一八五九年に出版されたチャールズ・ダーウィンの『種の起源』の初版は一日で売り切れてしまい、一年しないうちにドイツ語の翻訳が出た。修道院が所蔵しているドイツ語版の『種の起源』にはメンデルのおびただしい書き込みが残されていて、メンデルはエンドウの研究に打ち込みつつ、『種の起源』の内容にも精通していたことがわかる。しかし、メンデルが自分の研究結果の重要性を十分に認識していたかどうかについては、意見が分かれている。今にして思えばメンデルは天才だったといえるが、生存中に名声を得ることはなかったし、何を考えていたかは今となっては知る由もない[5]（歴史上最も不運な遺品整理に数えられるに違いないが、後任の修道院長がメンデルのメモ帳や書類をすべて焼却処分してしまったのだ）。しかし、メンデルが面白半分にエンドウで実験を行なっていたのではなかったことは確かだ。メンデルの綿密な実験方法や統計手法は時代を何十年も先取りしていた。こうした科学的な手法を用いてエンドウだけではなく、アザミやヤナギタンポポ、ミツバチでも実験を行なっているので、遺伝の法則に興味を持っていたことがわかる。また、重要なことを発見したという感触を得ていたことも明らかだ。メンデルの論文はあまり知られていないモラヴィアの科学誌に載ったのだが、本人は四〇部の別刷りを請求し、それを当時の著名な研究者に送っているからだ。そのとき送られた未開封の別刷りが数冊再発見されている。[6]

サンセット社の『ウェスタン・ガーデン・ブック』には、エンドウは約二・五センチの深さに、五〜一〇センチ間隔で植えるのが望ましいと書いてある。「あまり詰めて植えると、ナメクジにやられてしまうのよ」と妻が教えてくれた。モラヴィアでも、菜園はナメクジやカタツムリ、ゾウムシ、アブラムシをはじめとするさまざまな害虫や、時にはスズメの食害に遭っている。メンデルは全部で「一万株以上のエンドウ」を調べたと報告しているが、それだけのエンドウを育てるためには途方もない数の種をまいたはずだから、メンデルのエンドウも過密だったに違いない。私のささやかな試みはメンデルの足元にも及ばないが、豆を「摘むこと」に関しては、メンデルより私の方が知識が豊富だとわかって慰められた。実は、ひと夏だけだが、農業の現場で豆を収穫する一七トンのコンバインの運転を体験したことがある。高校を卒業した年の夏に、毎晩、夕方の六時から翌朝の六時まで、豆を次から次へとダンプカーに積み込むアルバイトをしたのだ。コンバインの動きはゆっくりだったので、大部分の時間は懐中電灯をつけて、小説を読んで過ごしていた。しかし、私にメンデル並みの忍耐力とやる気があったら、ホッパーに乗って、豆の数を数えて、微妙な色合いや形、大きさの違いを記録しただろう。

メンデルの研究論文を読み返して、一畝(うね)に植える豆の数以外にもさまざまなことを学んだ。メンデルの実験が示しているのは、種子が、そして種子と人間との密接な関係が、私たちの自然の理解の仕方に多大な影響を与えてきたということだ。メンデルの説はチャールズ・ダーウィンの進化論と同じ

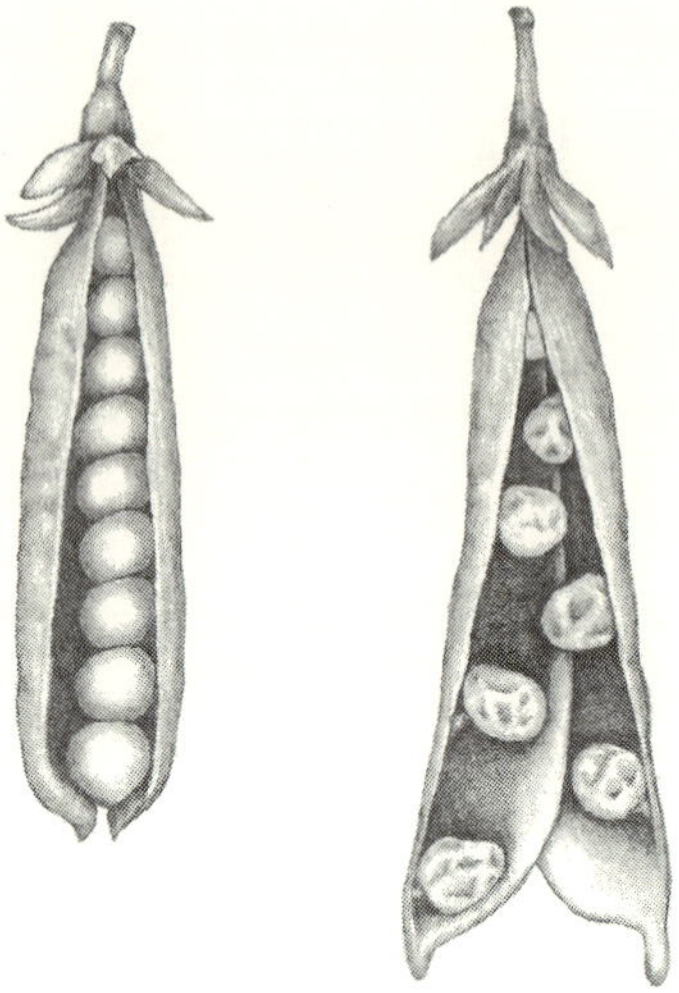

図5.1　エンドウ（*Pisum sativum*）。グレゴール・メンデルにとってエンドウは理想的な研究材料となった。しわのあるものとないものという2種類の形態など、人為的操作が容易な特徴を数多く備えているからだ。
（Illustration © 2014 by Suzanne Olive）

くらい重要性がある一方、まったく異なる進化の過程について洞察をもたらすきっかけになった。

チャールズ・ダーウィンとアルフレッド・ラッセル・ウォレスは共に自然選択説を提唱した人物だが、二人とも本国を遠く離れた地で（ダーウィンはビーグル号の航海中に、ウォレスはマレー諸島で）、その説に思い至ったのは偶然ではない。自然のこれほど包括的な法則を洞察するためには、広い観点から自然を見ることが必要になる。見慣れぬ景観の中で風変わりな生き物を観察する非日常的な体験が、見慣れた生物を見ていたのでは気づかない生物のパターンを見抜くことに役に立ったのだ。自宅の庭で見たら、フィンチ（ヒワ類）はただのフィンチだろう。しかし、各形質が世代から世代へ受け継がれていく進化の仕組みを解明するには、身近なものに焦点を絞り込むことが必要だ。メンデルは自然体系のうち人に一番馴染み深い農作物を再検討したことで、洞察を得たのだ。メンデル自身は農業に就いたことはなかったが、先人の庭師や農民が長い年月をかけて洗練してきた技術を用いて、農業の一番基本的な洞察を遺伝の科学的法則に変えたのだ。

考古学者は初期の集落跡で土をふるいにかけて、農業が始まった時期の特定につながる種子を探す。野生種よりも大きな穀類やナッツが急に現れたら、好ましい形質を備えた植物を誰かが選択し始めたことがわかるからだ。農家にとっては一番自然なことだ。私はある日の午後、息子と一緒に乾燥させたトウモロコシの粒を芯から取って、金属ボウルに入れる作業をしたことがある。ポリン、ポルン、ポロン。そのときは、全部挽き割り粉にしてマッシュを作るつもりだったが、種まき用の種子を取りのけておくつもりだったら、選び出されるものは誰の目にも明らかだっただろう。硬くて古いトウモロコシの中に、穂軸からすぐに取れる大きな粒がついているものが一本あった。粒が大きくて処理しやすいことが選び出される形質なのだ。

メンデルの時代には、作物の品種改良はかなり進んでおり、豆類、レタス、イチゴ、ニンジン、小麦、トマトをはじめとする数十種類の作物はいうまでもなく、エンドウも土地ごとに数十を数えるほど品種ができていた。当時の人々は遺伝学の知識はなかったかもしれないが、動植物は選択的に交配させると劇的に変えることができることを理解していた。(7) たとえば、ヨーロッパの馴染み深い野菜には、沿岸地方に自生していたカラシナから品種改良されたものが何種類もある。この野生種を選択的に交配して、葉の味がよいものからはキャベツやケール、カラードグリーン（キャベツに似た葉野菜）が、食用に適した副芽や花芽を備えたものからは芽キャベツやカリフラワー、ブロッコリーが、茎が肥大したものからはコールラビが作り出されたのだ。作物の改良は単純に最大の種子を選び出していくだけの場合もあったが、かなりの洗練を要する場合もあった。たとえば、アッシリアでは四〇〇〇年以上も前にナツメヤシの入念な人工授粉が行なわれていたし、古代中国では殷（商）王朝（紀元前一七六六〜紀元前一一二二年）の時代にすでに、酒造家がキビの一品種を品種改良していたので、交雑を防ぐ必要があった。(8) シエラレオネのメンデ族の文化ほど、植物の栽培と研究の直感的なつながりを如実に表している文化は他にはないだろう。一例を挙げると、「実験する」という動詞は「新しい米を試す」という句に由来するのだ。

メンデルはそれ以前の育種家とは違って、自分で理解できない仕組みを操作するだけでは満足できなかった。その非凡さは好奇心、我慢強さ、粘り強さ、数学の才能に裏打ちされていた。メンデルは八年にわたりエンドウを慎重に交配して、エンドウマメの特定の形質の運命を幾世代もたどっていった。特に有名なのは種子のしわの有無だが、その他にも茎の長さ、莢の色、花の位置といった形質を観察した。どの両親からどのような子孫が生まれたかを丹念に記録することによって、形質は予測したとおりに振る舞うことを発見した。ダーウィンも含めて、当時の人々は繁殖すると両親の特性が混ざり合うと信じていたが、メンデルは各形質が別々に受け継がれることに気づいた。ある個体は一つの形質について二つずつ変異型を持っており、それぞれの親から一つずつ無作為に受け継いだものだということをメンデルはエンドウマメに教えてもらったのだ。(9) 現代の遺伝学用語を使えば、各個体は遺伝子ごとに「対立形質」を二つ持っていると言い換えることができる。二つの形質の一方、たとえば、しわのない豆は常に発現するので、「優性（顕性）」な形質と呼ばれる。一方で、豆にしわができる状態は、その形質の遺伝子が一つだけのときは発現しないので、「劣性（潜性）」な形質である。しわのある豆は、劣性形質の遺伝子が二つ揃って「二重劣性（潜性）」の状態になったときだけ発現する。基礎生物学の授業で、「パネット・スクエア」という遺伝子型を示す表を使ったことのある人ならば、なんとなく覚えているのではないだろうか。事実、生物の教科書にはたいていメンデルのエンドウが事例として載っている。しわのある系統とない系統の純系同士を掛け合わせると、一代目はしわのない豆ができるが、二代目はしわのない豆とある豆が三対一の割合で現れる。現代では学校の授業で扱われている問題だが、一八六五年にこのことを理解していたのは、世界広しといえども、グレゴール・メンデル一人だけだった。最後のエンドウマメを莢から取り出すと、メンデルはこの画期的な研究結果を論文にまとめた。その論文は比類のない知名度と影響力をほしいままにしてしかるべきだったが、今日に至るまで、それを読んだ人はほとんどいないのだ。

　数週間のうちに、ラクーン・シャックの脇に植えたエンドウは芽生えて順調に育ち、ナメクジにも手が届かない高さになった。六月までには、ポーチに持たせかけた間に合わせの格子垣（トレリス）に絡みついて一・八メートルほどの高さのところまで登り、初めて咲いた紫色の花が机の後ろの窓から見えた。メンデルは、エンドウの花は大事な部分を二枚の細い花弁の間に隠しているので「奇妙だ」と言っていたが、受粉の制御には理想的な構造なのだ。私はメンデルの詳しい説明に従って、自分で選んだ花粉を柱頭に振りかける前に、若い雄しべを取り除いた。メンデルがこの作業を行なったのは、綿棒が発明される前のことだったが、メンデルと同じやり方でやってみるとじきに、切り取った雄しべの花粉嚢を逆さまにして花粉を出すと、別の花の柱頭に花粉をうまくつけることができることがわかった。また、メンデルは修道院の庭で心の安らぎを覚えていただろうと思われるが、私も多少その感覚を味わうことができた。かの有名な授粉作業を行なっていたのは、私の場合と同様に、涼しい春の朝、鳥の声と花に囲まれた中だったからだ。

授粉作業の締めくくりは、花粉汚染（他の花粉で汚染されること）を防止するために花に小さな袋を被せることだった。私はキャラコの代わりに紙で袋を作ったが、それ以外はうちのエンドウの畑も有名なモラヴィアの庭を忠実に模していると思った。この作業をしていると、中央アメリカでアルメンドロを研究していた頃が思い出された。アルメンドロの木は四五メートルの高さにまで育つ熱帯の植物だが、エンドウと同じマメ科に属し、紫色の花をつけるからだ。私はアルメンドロの人工授粉を行なったわけではないが、博士論文はメンデルの実験に直接触発されたものだ。メンデルが種子の系統を知る手段を考え出してくれたおかげで、私が一五〇年後に遺伝子の型（ＤＮＡ）から、どの木が生殖しているか、花粉はどこまで分散したか、種子の散布を担っている主は誰かといった個体群に関する理解を深められるようになったのだ。現代の遺伝学で用いられている手段は昔とは異なっているかもしれないが、私が熱帯雨林で行なっていたこととその意義をメンデルは理解してくれるだろうと確信している。しかし、後にたいそう失望することになるのを知っていたら、メンデルはあれほど粘り強く人工授粉を行なうことはなかったのではないかと思う。

メンデルの論文は空砲を放った程度の注目しか集めなかった、という言い方は不適切だろう。この比喩には大きな音を出したという意味合いも含まれているからだ。一八六六年に出版されてから世紀の変わり目まで、『植物の交配実験』が科学論文で引用されたのはわずか一〇回程度にすぎなかった。それに対して、ダーウィンの『種の起源』は何千回にも上った。ブリュン自然科学協会でメンデルが研究結果を発表したとき、質問は一つも出なかった（ちなみに、地元の新聞にメンデルと聴衆の間で「活発な」質疑応答が行なわれたと報じられているが、その記事を書いたのは友人か、もしくはメンデル自身だったのではないかと考えられている）。メンデルの研究について知っていた人は少数ながらいたが、そうした人たちはメンデルの研究を疑問視していたか、あるいは理解していなかったかのどちらかだったので、メンデルはその意義について満足のいく会話をしたことは生涯に一度もなかったのではないか。さらに悪いことに、メンデルはヤナギタンポポというキク科の野草を使ってエンドウの交配実験を再現しようとしたが、首尾よく行かなかった。メンデルは知らなかったのだが、この草本は受粉などという面倒なことはしないのだ[10]。その代わりに、クローンのような奇妙な種子を作るので、メンデルがエンドウで丹念に記録した両親の遺伝形質が現れない。メンデルは不運にも選択を誤ってしまったのだが、その結果、落胆して自信もやる気も失ってしまった。メンデルの伝記には、若い頃は気さくで学生にも人気があり、悪ふざけを好んだと記されている。しかし、晩年は、次第に研究だけでなく、社会とも没交渉の生活を送るようになった。一八七八年に種子の行商人がメンデルに会ったとき、年老いたメンデルは遺伝の話をしようとはしなかった。「エンドウの研究について尋ねたところ、不思議なことに、メンデルは話題を変えてしまった」と行商人は述べている[11]。

メンデルの気持ちは知る由もないが、自分の研究結果に自信を失わず、いずれ社会に衝撃を与えると思っていたことをうかがわせる逸話が一つ残っている。メンデルが一八八四年に死去してしばらくしてから、修道院の同僚がメンデルを偲び、「私の時代が必ず来る」というのが口癖だったと述べている。

夏も終わりに近づき、私の豆畑は収穫の時期を迎えていた。ツルは暑さにうなだれ、黄色く色づいた莢の中では、豆が熟して乾いてきた。メンデルはたいてい一人でエンドウの世話をしていたが、訓練を積んだ助手の他に、見習い修道僧の助けを借りることもあった。私の助手は三歳の息子一人だけだが、種子が大好きな息子はタネに関することなら何でも熱心に手伝ってくれた。息子と一緒にエンドウのツルを引き抜き、玄関の日陰に腰を下ろして、莢から豆を取り出し始めた。しかし、息子は取り出した豆を手づかみにすると、アッという間に口の中に放り込んでしまったのだ。何年も前のことだが、私は同じようなしくじりをしたことがあったのを思い出した。研究のために哺乳類をトラップで捕獲する必要があって、トラップの見回りをするときに犬を一緒に連れていった。ところが、最初のデータとなるはずだった獲物を見たとたん、その犬は獲物に飛びかかり、アッという間に平らげてしまったのだ。幸い今回はデータをなんとか確保できた。息子がタネをペッと吐き出したからだ。ママの畑でできる柔らかくて甘いエンドウマメとは違って、この畑の豆は熟成させたので、レンズマメのように乾いて硬かったのだ。息子は何も言わなかったが、嫌な顔つきをしていたので、息子が言葉を覚え始めた頃に言った言葉を思い出した。ある朝、私が朝食を作ってやったところ、「ママのマンマおいちい、パパのマンマばっちい」と、言葉を選ぶように言ったのだ。

莢の山を前にして作業を進めながら、大量の豆を数えたメンデルの辛抱強さとその作業量に改めて胸を打たれた。私の畑の収穫量はもともと大して多くはない上に、第8章で取り上げるが、意外な被害にあって減ってしまっていたけれども、最後の豆を莢から取り出したときには、単調な作業に飽きが来ていた。しかし、この代わり映えのなさは魅力的でもあるのだ。それどころか、実をいえば最も重要な点なのだ。私は、異なる二品種の純系同士を掛け合わせて第一世代を作るメンデルの実験を再現したのだ。私は丸く滑らかな「ヴュルテンベルク」と、しわがある「ビル・ジャンプ」というアメリカの古い品種を掛け合わせた。メンデルが正しければ、丸い形質を示す優性遺伝子の働きで、ビル・ジャンプのしわのある劣性形質はまったく発現しないはずだ。今、予想どおりの結果が出て、何か月も世話してきた甲斐があった。滑らかな丸いエンドウマメが小瓶いっぱいとれたのだ。まるで、ビル・ジャンプの遺伝子はすべて消えてしまったかのようだ。私はひとつかみの豆を手に取ると、指の間からパラパラとこぼしながら、ある仕組みを予測できるほど十分に理解した満足感を味わっていた。メンデルもこの満足感に浸っていたに違いない。

いったんわかってしまったものはもう謎とは思えないものだが、メンデルが遺伝の法則を発見してから数十年もの間、遺伝の謎をメンデルと同じように垣間見た者はいなかった。メンデルは晩年をブリュンで過ごし、無名の生涯を終えたが、その間に世界中の研究者が親から子孫へと形質が伝わる遺伝の仕組みを解き明かそうと奮闘していた。一八九九年にある植物学者が業を煮やして、「進化について、これ以上一般論はいらない。特定の生き物の進化について具体的な知識が必要なのだ」と述べている。[12] この要望に応じるかのように、その翌年、三人の研究者によりメンデルが提唱した遺伝法則が「再発見」され、現代遺伝学という分野が誕生した。三人の研究者はそれぞれ別個にメンデルが論文で発表した研究結果の追試を行ない、同じような結論に達した。つまり、メンデルの実験方法に従って受粉を制御し、植物の形質を検証したのだ。使われたのは、トウモロコシ、ケシ、ニオイアラセイトウ、マツヨイグサの種子、それにエンドウのしわのある種子とない種子だった。

自然界において、胞子による生殖は行き当たりばったりで、自家受精の可能性もあるが、種子は着実に遺伝子が混合されるので、進化上の可能性が大いに高められる。種子植物は両親の遺伝子を定期的に直接結びつけることができ、その戦略は花をつけるようになるとさらに複雑化を増した。種子植物が多様化を遂げて、地上のほぼすべての環境で優占できるようになったのは、こうした特性のおかげだが、それだけではなく、本書で述べるようなその他の特性の発達も速まったのである。一方、人間はそのおかげで、サヤインゲンからスターフルーツに至る多種多様な品種の改良にとどまらず、進化の過程をこれまでにないほど深く洞察することができるようになった。しかし、種子は、私たちが当たり前と思いがちなもう一つの特性がなければ、これほど役には立たないだろう。

しわのないエンドウの世代を作り出したことで、私もメンデルの見事な実験に一歩近づいたが、もう一年続けて、かの有名な三対一の比率をこの目で確かめてみたかった。[13] パネット・スクエアが正しければ、今年収穫した雑種をまくと、純粋なビル・ジャンプと同じしわのある二重劣性のエンドウマメが予測した数だけとれるはずである。乾燥させたマメは、また「大統領の日」が巡ってくるまでラクーン・シャックの棚に上に保管しておけるので、来年、この比率を確かめることができるはずだ。乾燥させたエンドウマメは特殊な仮死状態で休眠しているので、実際には二年か三年、あるいはもっと長くもつと思われる。園芸家や育種家ばかりでなく、エンドウから熱帯雨林の樹木や高山植物に至るさまざまな植物がこの特性を利用しているのである。しかし、発芽するまでに、どうすれば何年も、時には何百年も休眠していられるのか、そのメカニズムの解明は緒に就いたばかりである。

タネは耐える

このような市場が他にもあるだろうか？
一株のバラで、
何百ものバラ園が買えるような、

一粒の種で、
荒野を丸ごと手に入れられるような市場が？

ルーミー『種市場』（一二七三年頃）

第6章　メトセラのような長寿

長期にわたり包囲されても籠城できるように、ワインや油だけでなく、小麦も大量に蓄えられていた。また、ありとあらゆる豆類やナツメヤシも一緒に山積みされていた。

フラウィウス・ヨセフス『ユダヤ戦記』（七五年頃）
マサダの貯蔵庫の様子

ローマの将軍フラウィウス・シルウァは正規の軍団の他に数千人に上る奴隷や随員も引き連れて、紀元七二～七三年の冬にマサダ砦の麓に到着した。そのとき将軍がどう思ったか、歴史書には記されていないものの、マサダ砦を見たことのある人ならきっと想像がつくだろう。「何てこった！」と思ったに違いない。

砦は四方を見渡せる切り立った三二〇メートルの岩山の上にあり、砲台で防備を固めた城壁、監視塔、大量の武器を備えていた。しかも、砦に至る唯一の通路は「蛇の道」という不気味な異名を持つ曲がりくねった険しい山道だけだった。さらに、マサダ砦に立てこもったユダヤ人の集団はとりわけ過激なシカリ派に属していた。ちなみに、シカリという呼び名はその一派が敵を殺すのに使っていた

図6.1　エドワード・リアが1858年に描いた『死海を望むマサダ要塞』。マサダ砦に至る険しい山道が見える。ローマ軍が築いた道は右側から尾根に沿って上っている。（Wikimedia Commons）

恐ろしい短剣に由来する。砦を包囲するローマ軍は過酷な岩石砂漠で野営せざるをえないが、反逆者たちはマサダを改築したヘロデ大王好みの宮殿や離宮を自由に使えることに、将軍は気づいていたはずだ。

ローマ軍は長期の攻囲戦に取りかかった。シカリ派は「ユダヤ戦争」として知られる大規模なユダヤ人の反乱で最後まで抵抗した集団で、シルウァ将軍はその集団を殲滅するように命じられていたのだ。現在でも岩山の西側に大きな波のように盛り上がっている土塁がはっきりと見えるが、ローマ軍の工兵は数か月かけてこの土塁を築いた。土塁が完成すると、シルウァ将軍は軍を岩山の頂上へ進め、破城槌で城壁をぶちこわして、砦を制圧した。このときの勝利によって、シルウァ将軍は階級が大いに上がった。ユダヤ属州（古代パレスチナの南部）の総督を八年間務めた後、ローマへ凱旋し、皇帝に次ぐ地位である執政官に就いた。しかし、後から考えてみると、マサダ砦の包囲戦はむしろ、ユダヤ人の民族意識の高揚や、コインの収集家、種子の休眠に関する知識の進歩にとって役に立ったのである。

ローマ軍はマサダ砦に入ったとき、戦士たちが短剣を振りかざして襲いかかってくるものと思っていた。しかし、実際には不気味な静けさが漂っていた。籠城していた一〇〇〇人近いシカリ派は、降伏したり、捕虜になることを嫌って、女子供も含めて集団自決していたのだ。シカリ派の抵抗と犠牲は、ユダヤ人にとって伝説的といえる忍耐の象徴となった。[1] 後に、イスラエルの指導者は国家建設の準備段階で、マサダの闘いを民族の結束と決意を示す象徴とした。「蛇の道」を歩いてマサダに登ることがボーイスカウトや兵士の通過儀礼になってから数十年になるが、今やマサダはイスラエルで最も人気のある観光地になっている。シルウァ将軍が現代のマサダを訪れたら、頂上までケーブルカーで登り、「マサダは二度と陥落しない」と書かれたTシャツやコーヒーカップを目にすることだろう。

コインの収集家と種子の専門家にとっては、マサダに立てこもったユダヤ人たちは、ローマ軍に対して抵抗したことよりも、後に残したものによって記憶に残ることになった。シカリ派は自決する前に、ローマ軍に金目のものを持っていかれないように、持ちものと食料を中央倉庫に移して、建物に火を放った。[2] 建物の梁や垂木が燃えたとき、石壁が内側へ崩れ落ちたために、その下敷きになった倉庫内の品物は二〇〇〇年近くの間、手つかずのまま残されることになった。一九六〇年代にマサダ遺跡を調査していた考古学者はシェケル銀貨を発掘して、ずっと謎の解明ができずにいた古代ユダヤの貨幣について、その疑問の一部を解決することができた。[3] 驚くまでもないが、コインの多くには、優雅にカーブを描いたユダヤ地方のナツメヤシの葉が刻まれていた。このヤシの実は地元の主要食品だっただけではなく、重要な交易品でもあったからだ。ローマ帝国の初代皇帝アウグストゥスはこの実を好んだといわれており、広大なナツメヤシ園がガリラヤ湖から南の死海沿岸までヨルダン川沿いに続いていたそうだ。さらに発掘を進めると、塩、穀物、オリーブ油、ワイン、ザクロ、大量のナツメヤシといった食料品が出土した。ナツメヤシは保存状態が良好だったので、果肉の断片が種子にまだついていた。

シカリ派が自国の最も有名な産物を貯蔵しておいたのは少しも不思議ではないが、マサダ遺跡でナツメヤシが発見されたのは大きな出来事だった。聖書やコーランにも登場し、テオフラストスから大プリニウスに至るまで、誰もがその甘美さを賞賛しているが、ユダヤ地方で栽培されていた品種は気候の変化や人々の居住地の変遷によって、とうの昔に姿を消してしまっていたからだ[4]。ヘロデ王の主な財源と考えられていた果実を何世紀も経って現代人が初めて目の当たりにすることができただけでも特筆に値するが、さらに驚くべき出来事が待っていた。マサダ遺跡から出土したナツメヤシは、博物館の専門家による一連の洗浄・分類作業を経て目録が作られたのだが、それから四〇年して、そのヤシの種子を植えてみようと思いついた人が現れたのだ。

「胸が高鳴ったなんてものではなかったわ」と、エレイン・ソロウェイは二〇〇五年の春に植木鉢の土の中から一本の芽が出ているのに気づいたときのことを思い出しながら話してくれた。イスラエル南部にあるネゲブ砂漠のキブツで農業の研究をしているソロウェイ博士は、マサダのナツメヤシを植えるまでにも、研究の一環として「何十万本にも上る樹木」を植えてきた。「実をいうと、芽が出て

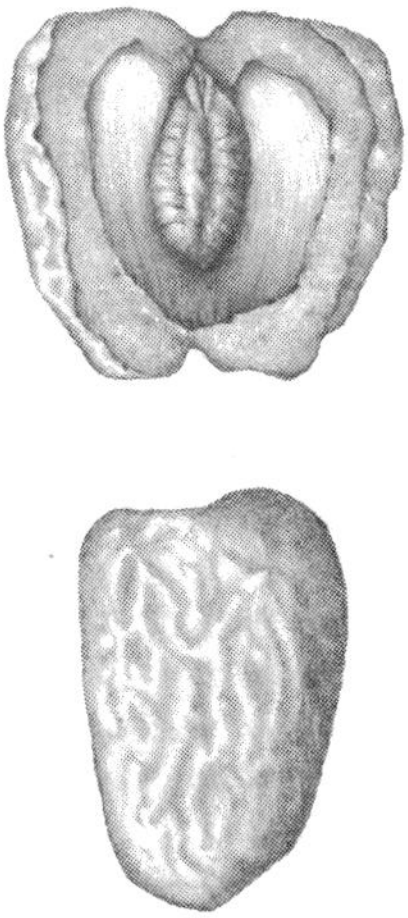

図6.2　ナツメヤシ（*Phoenix dactylifera*）の実。甘い果実のために古代から栽培されてきたナツメヤシは、種子の長寿記録の保持者でもある。マサダ遺跡で発見された種子の一つが2000年近く休眠していた後で発芽したのだ。（Illustration © 2014 by Suzanne Olive）

くるとは予想もしていなかったわ。あそこの種子が生きている可能性は万に一つどころか、絶対にないと思っていたからよ」と博士は正直に認め、ヤシの種子を植えることを思いついたのはサラ・サロンだと共同研究者に花を持たせた。

「芽が出るべき運命だったようね。実をいうと、芽を出すのではないかと思っていたの」と、サロンは電話で話した。私が電話を入れたとき、エルサレムは夜の一〇時で、サロンは遅くまで仕事をしていたのだが、疲れも感じさせずに熱心に話してくれた。隣の部屋に息子がいたようだったが、同時に息子とのやり取りもこなしながら、食事の用意までしたのだ。サロンの溢れるばかりのエネルギーに圧倒された私は、ナツメヤシが息を吹き返したのはサロンが手を触れたからではないかと思ってしまった。小児科医のサロンは自然薬、とりわけイスラエルの自生植物を原料とする医薬品の世界的な権威でもある。サロンの実験チームはソロウェイ博士の野外研究チームと一緒に、薬草を何十種類も栽培して試験している。「かつてこの地に生えていたけれども、今は姿を消してしまった植物にも興味を持つようになったの」とサロンは話を続けた。古代の先達はユダヤのナツメヤシの実を、うつ病や結核から一般的な痛みまで、あらゆるものを治す薬として利用していた。「ナツメヤシを現代に甦らせることができたら、いろいろな役に立つだろうと思ったの」と、サロンは感慨深げに言った。

サロンは驚かなかったが、ソロウェイ博士をあれほど驚かせたナツメヤシは、旧約聖書に登場する最も長生きした人物に因んでメトセラと名づけられ、今では高さが三メートルにもなった。この人物は九六九歳まで生きたが、それでもこのヤシの木が生きてきた年数の半分にも満たない。マサダ遺跡から出土したナツメヤシの種子は落城の時期より数十年前から貯蔵されていたことが、放射性炭素年代測定法によって推定されている。メトセラは若い木のように見えるが、これまで二〇〇〇年近く生きてきたので、世界最高齢の生き物に数えられるのだ。「この木のために、フェンスで囲まれた庭を設え、散水装置や盗難警報器、監視カメラも備えつけてあるのよ。至れり尽くせりの待遇を受けていることは間違いないわね」と、ソロウェイ博士は笑いながら言った。この年齢まで生きたのであるから、多少の贅沢に目くじらを立てる者はいないだろう。

博士はこの木に対して男性を示す代名詞を使ったが、それはナツメヤシが雌雄異株で、この木が二〇一二年に初めて開花したとき、花粉をたくさん持つ雄花をつけたからである。ユダヤのナツメヤシを真の意味で絶滅から甦らせるためには、雌の種子も発芽させてやる必要がある。サロンはその話をしたくて我慢ができないような様子だった。私がその作業はしているのかと尋ねると、「もちろんよ！でも、今はまだその話はできないの」と、興奮した口調で返事をしたからだ。科学の世界では、データを解析し、見直しを行なってから発表するのだが、発表の前に内容を漏らすのは賢明なことではないのだ。しかし、本書が出版される頃には、ソロウェイ博士とサロン医師は研究結果を公表しているかもしれない。運がよければ、ユダヤ産ナツメヤシの長寿の秘密だけでなく、風味や甘味の成分、鎮痛作用の有無についてもわかるかもしれない。

自然に発芽した種子の事例として、メトセラは長寿記録を打ち立てた。[5] マサダ砦に立て籠ったシカリ派は壮烈な最期を遂げたが、この事例は信じがたい試練に耐えた生き物の心休まる物語であるし、さらにヨルダン川流域にユダヤのナツメヤシが復活する可能性も示している。[6] しかし、大昔の種子が突然発芽したのは、これが唯一の事例というわけではない。一九四〇年に大英博物館の植物部門にドイツ軍の爆弾が落ちたとき、種子の寿命研究は大きな衝撃を受けた。消防隊が火を消し止めて瓦礫を排除した後、博物館員たちが戻ってみると、標本の中に芽を出しているものがあったのだ。中国で一七九三年に収集されたネムノキの種子が熱と湿気に反応して発芽を始め、まったく正常に見える新芽を出していたのだ(そのうちの三本は近くのチェルシー薬草園に植えられたが、一九四一年に再び爆撃を受けてしまった)。それ以来、意欲的な植物学者は種子の長寿記録を更新している。たとえば、私掠船の略奪品の中にあったピンクッションなどのアフリカ産の珍しい種子は二〇〇年、アメリカ先住民のがらがら(赤ん坊の玩具)の中に入れられていたカンナの種子は六〇〇年、干上がった湖底で見つかったハスの種子は一三〇〇年の時を経て発芽している。最も有望な新事例は、研究チームが極北地方で三万年以上前にジリスが巣穴に蓄えたスガワラビランジの凍った種子を発見し、種子の生きていた組織を培養したことだろう。この種子は自らの力で芽を出すことはできなかったが、一部とはいえ、これほど長い年月の間、生存していられたことは、メトセラの長寿記録はいずれ破られることを示している。

休眠期間の限界について尋ねると、サロンは「無限に近い寿命を持っている種子もあるわね」と答えた。ソロウェイ博士の説明はもっと無味乾燥で、「どんな種子もいずれは死ぬもので、たいていは数年か数十年で死を迎える」というものだったが、こちらの方が真実に近いと思われる。しかし、メトセラは「理想的な状況」に置かれていたのだ。極端に乾燥した環境で、崩壊した建物の下に埋もれていたので、昆虫やネズミ、湿気、有害な太陽光線から守られていたのである。一九世紀に欧米でエジプト学がブームになっていた頃、ファラオと共に埋められた穀物や豆は、メトセラと同じような環境下に置かれていたので、傷まずに保存されていたといわれていた。無節操な地元のガイドは「ミイラの小麦」を旅行者に売りつけて大儲けをしたし、「ハーパーズ」や「ガーデナーズ・クロニクル」などの著名な雑誌もその驚異的な収穫率や健康促進効果をもてはやした。今でも、種子のカタログには「ツタンカーメン王のエンドウマメ」が必ず載っている。ファラオの種子の謳い文句が本当だという証拠はないのだが、メトセラのことを考えると、まんざらあり得ない話でもなさそうだ。

古代の品種を甦らせる研究はマスコミに大きく取り上げられるが、これは種子のふつうの習性の極端な例にすぎない。広義の休眠は、種子が成熟してから発芽するまでの間に活動を休止している状態を指す。ちなみに、その継続時間は関係ない。市販されている袋詰めされた園芸用の種子も、芝生を設けるために庭にまく種子も休眠している。こうした種子は乾燥して硬いので、保存しやすい上に、湿った土にまけばすぐに発芽するのだ。種子に休眠する習性がなければ、農家や園芸家が将来の植えつけ用に種子を保存しておけないだけではなく、台所の戸棚に穀物、豆類やナッツ類を長い間置いておくこともできない。私たちは種子が何か月も、何年も休眠することを当たり前のように思っているが、それができなければ、私たちの食料生産体制は崩壊してしまうだろう。種子の耐久性は人間とその農業にとって不可欠な条件だが、植物自身にとってはさらに重要性の高いものなのだ。

タンポポの綿毛のような種子を吹いて飛ばしたことがあれば、空中に分散していく種子のイメージがつかめると思うが、種子は休眠のおかげで、まさしく時を超えて分散することもできるのだ。いわば、種子は発芽に適した条件が揃った将来の時点に向けて時間を旅することができるのである。種子の寿命が長い植物は、生育に適した時期が巡ってくるまで厳しい冬や干ばつのような障害を乗り越えていける子孫を残せる。また、ある年に芽生えた実生を全滅させてしまうような洪水や山火事といった偶然に起きる出来事に対しても危険を分散できる。土の中で休眠していることで、次の機会をうかがうことができるからだ。気候が厳しい地域や不安定な地域、季節変化が大きい地域では、休眠できる種子植物は進化上、有利になるのは明らかだ。種子は石炭紀の乾燥した荒れた丘陵地で進化したというビル・ディミケルの説を裏付けている。環境の厳しい丘陵地では、休眠できる種子の方が短命な胞子よりも生存競争で有利になるのは明らかだからだ。また、熱帯雨林以外の環境で、休眠が種子の主要な戦略になっている理由の説明もつく。発芽に適した気候が一年中続く熱帯雨林では、種子にとっては休眠すると腐敗や病害虫、捕食者の危険の方が大きいので、そうした危険を避けるために一日でも早く発芽する方が望ましいのだ。

休眠を最初に進化させた植物は、種子を早めに落としただけだったかもしれない。こうした成熟する前に落とされた種子は、発芽の準備が整うまでもう少し時間が必要だっただけで、特別な適応をしたわけではなかったのだろう。パセリを栽培したことのある人ならわかると思うが、これに類する戦略をいまだにとっている種もある。パセリは発芽するまでに途方もない日数がかかるが、パセリの胚はとても小さいので、根を出せる大きさになるまでに、種子の中で何日も成長しなければならないからだ。しだいに、多くの植物が種子を保持している時間を伸ばすと共に、種子を乾燥させて、水分を九五%も減らす習性を発達させた。乾燥化という手段はそれだけで種子の代謝を遅くすることができ、最も重要な役割を果たしている。代謝については次の章で詳しく取り上げるので、ここでは、乾燥化が原点となって、種子の休眠が短期間で神秘的といえるほど複雑を極めるさまざまな戦略へと進化したと考えてほしい。休眠は、時間の長さにかかわらず、種子が成熟してから発芽するまでの間に活動を休止している状態と一般に定義されており、本書でもこの定義に従うことにする。しかし、キャロル・バスキンのような専門家は、単に活動を休止している種子と厳密な意味で休眠している種子を峻別している。

「種子が真の意味で休眠している場合は、発芽に適した温度の下で湿り気のある培地の上に置いても、発芽はしない」とキャロルは説明した。つまり、休眠中の種子は何もしないでただ雨と陽光を待っているのではないのだ。キャロルの定義に従うと、休眠している種子は発芽の時期を先送りにするために、さまざまな手を尽くして積極的に発芽を抑えていることになる。この定義は直感に反するように思えるかもしれない。「種子の目標は発芽することではないのか?」というのが大方の見方だろう。しかし、休眠のおかげで、種子は天候、日光、土壌条件など諸々の環境要因に反応する洗練された方法を身につけたのだ。温帯地方では気温の差を有効に活用するのが最も一般的な戦略で、種子は長い冬の寒冷効果を経て、後に気温が上昇したときに初めて発芽する準備が整う。この戦略は光の要件と連動していることが多い。必要となる光の条件は驚くほど明確に決まっていることもある。野生のカラシナの種子には、一・八メートルの積雪の下で、日光の角度と日長の変化に反応するものがある。一方、発芽に適した十分な日光と、発芽には暗すぎる遠赤外線の波長域の木洩れ日を識別できる森林の樹木種も多い。いずれにしても、休眠している種子は特定の条件が満たされない限り、発芽できないし、発芽しないのだ。

「休眠の進化を推し進めているのは種子ではなく、実生なのよ」とキャロルは説明した。湿気があれば発芽はできるかもしれないが、本当に重要なのはその次の段階なのだ。母植物が手塩にかけて種子を育て、散布しても、種子が発芽の時期を誤り、寒さや暑さ、渇水、日照不足のためにすぐに死んでしまっては元も子もない。そこで、休眠している種子を適切な時期に目覚めさせるために、特定の手がかりをつかむ必要が進化の過程で出てきた。精緻を極めた事例は野火の起こりやすい地域に見られる。そうした地域では、野火が起きるたびに植生が焼き払われ、栄養分が灰の形で一気に放出されるので、野火の後は実生の生育に最適な環境になる。アカシア、ヌルデ、ハンニチバナ、ハリエニシダといったこうした生態系に適応した植物の種子はまったく水を通さないので、炎の熱で殻に亀裂が入るか、水分を通す小さな栓が外れるかしないと、水分を吸収できないようになっている。また、煙に含まれる高温のガスにさらされる必要がある種子や、焦げた木材から放出される特定の化学物質に反応する種子もある。発芽の研究者は実験室で野火を再現するために、種子を短時間熱したり、煙を吹きつけたりするのだ。砂漠の植物にとって、突発的な豪雨と渇いた種子を育んでくれる恵みの長雨を識別するのは至難の技だろう。両者を識別するメカニズムについてはまだ異論が多いが、適量の水分によって溶け出すまで発芽を抑制している化学物質が種皮に備わっていて、それがいわば「雨量計」の役目を果たしていると考える研究者もいる。

種子の生態でバスキン夫妻が最も興味を惹かれているのが、休眠と休眠から覚めるメカニズムだ。「興味をそそられるのよ」とキャロルは言った。これまでに夫妻が発見した種子の休眠のタイプと段階は一五種類に及び、そのそれぞれにさらに多数の変異が見られるのだそうだ。ちなみに、休眠を引き起こす要因（不浸透性の種皮、未発達の胚、環境的・化学的な制約）や、休眠の「深さ」（休眠を破る難易度）によって、変異はさまざまである。ケンタッキーの自宅の庭でだけでなく、ハワイ諸島の山々や中国北東部の寒冷な砂漠地帯でも、夫妻は新しい変異を発見し続けている。二人が常に休眠の問題に立ち返るのは、そのメカニズムそのものがほとんど解明されていないからだ。乾燥化が重要な役割を果たしていることに異論を唱える研究者はいないし、休眠に関わっている化学物質や遺伝子の多くも明らかになっている。しかし、それでも、生きているようには見えない種子が霜や煙、熱、日長、太陽光の波長比といったさまざまな環境要因をどのようにして認識しているのか、そのメカニズムは依然、謎に包まれたままなのだ。休眠の終わりと発芽の開始の基本的な区別でさえはっきりしていない。科学では（人生でもそうだが）、メカニズムはわからなくても、現象に関する理解を深めることはできる。たとえば、私はコンピューターを立ち上げれば、何が起こるかはわかっている。文字の打ち込みやネット検索もできるし、息子の最近のいたずらを写真つきのEメールで息子の祖父母に送って楽しませることができる。しかし、しょっちゅうサポートセンターに助けを求めていることからも明らかなように、私にはコンピューターの仕組みはさっぱりわからない。種子の休眠に関する知見はコンピューターに関する私の知識よりも進んでいるが、まだ学ぶべきことがたくさんあり、だからこそ興味をそそられるのである。

最後に、休眠はSFに出てくる人工冬眠での仮死状態のようなものだろうかとキャロルに尋ねてみた（科学が完璧な答えを出してくれない場合、サイエンス・フィクションに頼るのは当然なことだ）。「ちょっと違うわね。ああ見えても、種子は活動しているのだから」とキャロルは答えた。その答えに私は思わず微笑んだ。休眠中の乾燥して硬い不活発な小さな種子を「活動している」というのは、種子の研究者ぐらいだろうと思ったからだ。しかし、休眠中の種子の代謝は極端にゆっくりなだけで、他の生き物と同様に代謝を止めてはいないというのはキャロルを含めて多くの科学者の考えだ。

H・G・ウェルズの『眠れる者が目覚めるとき』という名作小説では、主人公が目を覚ますと世界が一変していた。二〇〇年の時が過ぎ、知人はみな死去していた。しかし、明るい面もあった。銀行の預金が複利で増え、史上で最も裕福な男になっていたのだ。休眠している種子はこの小説を地で行くようなものかもしれない。メトセラにしても、目覚めてみたら世界が一変していて、自分だけの庭にいた。メトセラは例外としても、種子はたいてい一シーズンとか、あるいは数年から数十年の間休眠しているが、その見返りは大きい。成長に適した条件だけでなく、運がよければ場所にも恵まれるかもしれない。ウェルズの小説では、目覚めた主人公はじきに見慣れないローブを着た人たちに出会い、預金を下ろさないように画策される。種子も目覚めたときに、見知らぬ相手と競合することになる。周囲の土壌には同じように目覚める機会を待っていた他のさまざまな種類の種子がいるからだ。

埋土種子（土壌中に保存されている種子）の集団のことを土壌シードバンクと呼ぶが、それに匹敵するものは、自然界では土壌以外の場所では見つからないだろう。休眠が仮死状態にたとえられるとすれば、埋土種子となって休眠していることはさしずめ競争停止状態といえる。目を覚ませば手ごわい競争相手になるさまざまな種や世代の種子が、何百何千と一緒に眠っているのだ。野火などの環境撹乱が発生した後に見られることだが、突然望ましい状況が生まれると、休眠していた種子は一斉に目を覚まし、激しい生存競争を始める。近隣の間でくり広げられる熾烈な競争が種子の進化を押し進める原動力の役目を果たし、種子の大きさや発芽の速度から種子に蓄えられる栄養の質や量に至るまで、さまざまな形質に影響を及ぼしてきた。埋土種子によって、植物の個体群に新しい遺伝的変異がもたらされることさえあると考える種子の研究者もいる。古い種子のＤＮＡは次第に劣化し始め、突然変異した塩基を溜め込むからだ。埋土種子の研究者の中には、そこで見られる種子の多様性と長寿に対する驚異の念から、科学の世界ではごく稀にしか使われることのない感嘆符を使う者さえいる。かつて、大さじ三杯分の池の泥から五三七個の種子を発芽させたチャールズ・ダーウィンは、「モーニングカップたった一杯の泥の中にこんなに入っていた！」と感嘆符を使った。

埋土種子はとても長持ちするので、過去を垣間見る魅力的な手段になっている。メトセラの場合は、「バンク」（保存場所）は古代の倉庫だったが、自然界においても、土壌に保存されている種子には地上から絶滅した種が含まれていることがよくある。生態学者は、どこにどの植物が生えていたかという歴史的な生息環境について手がかりが欲しいときに、埋土種子に頼るのだ。ダーウィンが種子に興味を持ったのは、うっそうと茂った森を切り拓いて道路を建設している現場で、アメリカフヨウという畑や庭に生える植物が芽を出しているのを見たときだった。そのあたりが森に返る以前の開けた農耕地だった時代に土壌に落ちた種子が「長い間、邪魔されず」埋もれていたに違いないとダーウィンは考えたのだ。劇的な再発見の極めつきの事例は、土壌が掘り返されて、時には思いがけない場所で、姿を消して久しい休眠中の種子が見つかった場合だ。ロンドン市民は一六六七年の春、カラシナなどの野草が突然咲き始め、そのお花畑がテムズ川から北へ広がっていくのを目の当たりにして仰天した。半年前の九月にロンドンで大火災が発生して、何千軒にも上る家屋が消失し、裸地が出現したところへ、何十年もの間埋まっていた大量の種子が一斉に芽吹いたのだ。

埋土種子は私たちに過去を垣間見せてくれるかもしれないが、植物にとっては、休眠の目指すところはあくまでも未来である。子孫を未来に散布する手段だからだ。毎年くり返し同じ場所から雑草の芽を引き抜いている庭師や農家の人たちには、身に沁みてよくわかっていることだろう。実は、ウィリアム・ジェームズ・ビール教授が史上最も長期にわたる科学実験に取り組むきっかけを作ったのは、雑草に業を煮やした農家の人々だったのだ。ミシガン農業大学（現ミシガン州立大学）の植物学教授だったビールは、地元の農家からの要請に応じて、一八七九年の秋にこの実験計画を開始した。農家は、何年間畑の雑草を抜いて耕せば、雑草の種子を完全に取り除くことができるのか調べてほしかったのだ。その答えを出すために、ビール教授は二〇本のガラス瓶にそれぞれ地元産の二三種の種子を五〇粒ずつ入れると、研究室の近くにある丘に埋めた。二三種の雑草は「将来の異なる時期に検証するために」選び出したもので、それから三〇年の間に、教授は五年ごとに瓶を一本ずつ掘り出すと、中の種子を植えて、発芽した種子の数を記録した。教授は（種子の入った瓶を埋めた秘密の場所を示す「宝の地図」と一緒に）その実験を若い同僚に委ねて退職したが、実験を引き継いだ研究者たちは「教授の瓶」を掘り出す最後の年が二一〇〇年になるように、掘り出す時期の間隔を広げた。調査を依頼した農家の子孫が今でも同じ畑を耕しているかどうかはわからないが、まだ耕している人がいたら、モウズイカやゼニバアオイのような雑草を今でも引っこ抜いていることだろう。二〇〇〇年に掘り出された瓶から取り出されて植えられると、この雑草の種子は一二〇年間土壌中に埋まっていたにもかかわらず、すぐに芽を出したからだ。

今日では、ビール教授の実験は偉大な博物学者が活躍した一九世紀の魅力的な遺物で、斬新な実験だと多くの人に思われている。教授の単純なアイディアによる実験は、種子が長期にわたって生きられることを今でも数年ごとに思い出させてくれる。もちろん現代の研究方法はより複雑になったが、ビール教授の研究は種子研究における大きな発展を予示するものだった。それまでは、将来のために何千種もの種子を何十億個も研究者が貯め込んだことはなかった。しかし今では、教授が使ったガラス瓶ではなく、厳重に警備された貯蔵庫や厳寒の北極の洞穴に種子が貯蔵されている。こうした現代の種子貯蔵施設でも種子をときおり取り出して発芽させているが、ビール教授とは異なり、埋土種子という昔ながらのシードバンクの状態について調べているのではなく、種子銀行という新しいシードバンクを作り出しているのだ。

第7章　種子銀行

その仕事はヴァヴィロフ教授の手に委ねられている。……教授はトルキスタンやアフガニスタン、その周辺諸国を巡ると共に、盛んに書簡をやり取りして、コムギ、オオムギ、ライムギ、キビ、アマなどの種子を大量に収集してきた。中央施設はレニングラードにあるとても大きな建物を占めており、実用植物の種子のまさに生きた博物館である。
ウィリアム・ベイトソン「ロシアの科学」（一九二五年）

ホーストゥース貯水池はコロラド州フォート・コリンズの真西にある一〇・四キロの峡谷を満たしている。水を堰き止めているダムは四か所あり、市街地のそこかしこからその高い土壁を望むことができた。万が一ダムのいずれかが決壊したら、三〇分以内に洪水の水が街の中心部にまで押し寄せるだろうから、組織的な避難は間に合わない。州政府による調査では、フォート・コリンズ市の一部または全域だけでなく、下流の町も「甚大な被害または壊滅的な被害を被り」、復興費用は六〇億ドルを超えるだろうと推定している。

しかし、そうした中で被害を受けずにすむと思われている建物が一つある。コロラド州立大学の敷地の外れにある、予備役将校訓練センターと陸上競技場に挟まれた施設だ。入口には「国立遺伝資源保存センター」と表示されているが、一般には、「国立種子銀行」という昔の名称の方が通りがよい。

しかし、この建物は一見しただけでは、何の変哲もない軽量コンクリート造りのように見えるので、その中に地震や暴風雪、長期間の停電、大火災に耐えられるように造られた研究室や低温貯蔵室が入っているとは思わないだろう。さらに、万が一ホーストゥースダムが決壊したときには、建物全体が水に浮くように設計されているのだ。

私を案内してくれたクリスティナ・ウォルターズは内側のドアを通りながら、「土台が二重になっているのよ。建物の中にもう一つ建物があるようなものね」と説明した。種子はその中心部に収納されているので、三メートルもの洪水が起きても心配ないそうだ。「竜巻に遭っても大丈夫なように、壁は鉄筋コンクリートでできているの。キャデラックが時速一二〇キロで突っ込んできてもびくともしないわ」と付け加えた。

キャデラックに乗って国立種子銀行を襲撃する人がいるかどうかは定かでないが、そのたとえには笑ってしまった。クリス・ウォルターズはエネルギッシュな中年の女性で、ユーモアを交えながら熱心に説明してくれた。クリスのジョークには、大いに笑わせられた。ジョークを言った後は、話題が変わってもしばらくの間、クリスの目に笑いが浮かんでいた。クリスが「中に入りましょう」と言うと、もう一つのドアがシューッという音と共に開いた。中に入ると、歩くにつれて照明が自動的に点灯して、図書館でよく見かける可動式の本棚のような棚がずらりと並んでいるのが目に入った。国立種子銀行には二〇億を超える種子の標本が保存されているので、空間は貴重なのだ。

「ここは農務省の施設なので、保管されている種子は農作物に関連したものよ」とクリスは説明を続けた。ここには考えつく限りすべての食用植物とその野生の近縁種が集められている。人気のある作物の種子だけでなく、風味や栄養に微妙な違いをもたらす遺伝子から、干ばつや病気に対する耐性を高める遺伝子に至るまで、役に立つさまざまな遺伝子も保存することが目的なのである。種子銀行がそれぞれ何千にも上る品種を保存しているのは、多様性そのものを保存し、その理解を深めるという、さらに大きな目標があるからなのだ。クリスは目の前の棚から銀色のアルミ袋を取り上げると、「これは何かしら？　ああ、モロコシね。大好きだわ」と言った。

クリスはモロコシよりもこの仕事を気に入っているといっても間違いはないだろう。一九八六年にポスドク（博士研究員）として種子銀行で仕事を始め、今では発芽から遺伝学まで、研究計画全体を監督するまでになった。デレク・ビューリイ教授と同様に、クリスも植物が好きになったのは、農家をしていた祖父のおかげだそうだ。クリスの家庭は引っ越しが多かったので、庭いじりをしたことはなかったが、スーパーで売っていた小さな観賞用植物を母親にねだったことを覚えている。「紫色の葉をしたただのコリウスだったけどね」と言って笑った。大学では、次第に種子の研究に傾倒していったが、必ずしも順風満帆だったわけではなかった。ある教授には「本物の植物」を研究した方がよいと言われたこともあったそうだ。しかし、クリスは種子の乾燥化や寿命、生理機能の研究を諦めなかった。それから三〇年経ち、休眠中の種子の内部で起きていることや起きていないことにクリスほど精通している研究者は数少ないだろう。

「だいぶ長いこと中にいたわね」と言うと、クリスはモロコシの袋を棚に戻し、ドアの方へ向かった。私も喜んで後に従った。種子は低温の方が長く保存できるので、保存室は巨大な冷却装置で常に摂氏零下一八度に保たれている。私たちは震えながら、部屋の外へ出た。足元では冷気が渦巻いていた。外にあるコート掛けにパーカや冬用の上着が掛けてあった理由がこれでわかった。今度はその部屋の下にある貯蔵室へ案内された。種子は液体窒素が入ったスチール製の容器に入れられ、さらに低い温度で保存されていた。「種子にも個性があるのよ」と言うと、クリスは温度と湿度という貯蔵に重要な二大要因を調節することで、最良の状態で保存することができると説明した。適切に調節できれば、劇的な結果が得られる。イネの種子の寿命は通常三〜五年程度だが、種子銀行で適切に保管すれば、寿命が二〇〇年に延びるのだ。ここに保存されているコムギの標本はさらに成績がよく、その倍は生きられそうである。「でも、不死なんてものはないわ。いつまでも生き続けることはできないのよ」とクリスは付け加えた。しかし、国立種子銀行のような施設に保管されている種子はその域にかなり迫っている。

クリスの研究室に案内されたとき、活動を停止しているように見える種子がどうすればそれほど長生きできるのか、そのメカニズムを尋ねた。私が話を聞いた他の専門家と同様に、クリスも種子にはわかっていないことが山ほどあることを指摘して予防線を張ったが、二つある椅子に座れるように本や書類の山をどかすと、わかっていることをすぐに話してくれた。「種子が乾燥すると、酵素の触媒作用が徐々に低下して、止まってしまうの。つまり、代謝が止まるのよ」と説明を始め、乾燥した種子の細胞の構造図やイラスト、さらには電子顕微鏡写真も見せてくれた。乾燥した種子の細胞は、無造作にいろいろな塊が詰め込まれたしわくちゃのビニール袋のように見えた。三歳児に食料品をビニール袋に入れさせると、このような感じになるかもしれない。「中はごちゃごちゃで、見分けがつかないから、調べるのが大変だわ」とクリスは愚痴をこぼしたが、その研究で、植物細胞が機能するための反応には水が不可欠である、つまり、代謝には水が不可欠であることがわかったのだ。水を取り除くとすべてが止まり、与えると種子は動き出すのだ。

　インスタントスープにたとえられるかと私は尋ねてみた。インスタントスープは、乾燥時には粉末と具が雑多に入っているだけだが、お湯を注ぐと美味しいスープができあがる。クリスは「そう言えなくもないわね」と言いかけたが、眉間にしわを寄せると、「でも、水を入れた後が大きく違うわね。インスタントスープの場合は、さまざまな具がバラバラに浮かんでいるスープができあがるだけだけれど、種子に水を加えると、有機的に機能する細胞になるわ。とにかく、種子の細胞は乾燥してしまっても、元の構造を覚えていて、復元する能力を持っているの。こんな芸当ができる細胞は他にはないわね」と付け加えた。そこで私の方を見ると、「あなたの細胞を乾燥させて、水を加えたら、スープができるわね」と言って、目に笑いを浮かべた。

　私を含め、大方の動物にとって幸いなことに、生きて生殖するために乾燥状態を生き抜く必要はないが、この芸当を学んだ動物も多少は存在する。線虫、ワムシ、緩歩動物（クマムシ類）、それにマンガを愛読した世代にはお馴染みの小さな甲殻類だ。「シーモンキー」という名で販売されているブラインシュリンプ（アルテミア・サリーナ）は、コミック誌の最終ページによく載っていた有名な広告のイラストのように王冠を被ったり口紅をつけたりしてはいないが、それでも注目に値する生き物なのだ。種子と同じように、このエビの卵は乾燥した状態で、野生でも通販のパッケージの中でも何年も生きていられる。しかも、卵の細胞は金魚鉢の中に入れたとたんに、元の姿を復元する方法を思い出すのである。乾燥した種子とシーモンキーには共通点がたくさんあり、細胞内でガラスのような状態になって、その中に重要な機能を保持していると専門家は考えている。最近、医学研究者はこの仕組みを模倣して、冷蔵設備のない場所で使える安定した乾燥ワクチンの製造に初めて成功した。「乾燥化からヒントを得たのです」と、はしかの専門家が話してくれた。ブラインシュリンプを用いて研究を始めたが、ミオイノシトールという米やナッツ類から抽出した糖の中に生きたワクチンを閉じ込めて活動を停止させると、最もよい結果を得ることができたのだそうだ[1]。

休眠の生物学的研究は、医薬品から宇宙探査までさまざまな分野に幅広い影響を及ぼしている。NASA（米国航空宇宙局）の科学者は、長期ミッションに対応できる新しい貯蔵技術や生存戦略を開発するために、種子の研究を行なっている。宇宙飛行士が国際宇宙ステーションの外側にバジルの種子を入れた箱を取りつけて、一年以上宇宙空間にさらしておいたが、休眠中の小さな種子は正常に発芽した。しかし、種子銀行で行なわれている研究には、急激に変化している世界で人類の食糧を確保するという、もっと切実な目的がある。種子銀行は農家や育種家が特定の形質を備えた作物が必要になったときに頼れるよう、さまざまな品種を保存する巨大な図書館の役目を果たしているのだ。二〇〇四年にインドネシアからスリランカの沿岸地帯の水田が大津波に見舞われたとき、各地の種子銀行はいち早く、植え替え用に耐塩性の品種を用意した。また、一九八〇年代にアメリカの穀物がロシアコムギアブラムシに脅かされたとき、研究者は自然耐性を持つ系統を見つけ出すために、種子銀行に保存されている三万以上の品種を審査した。商品作物は大量生産された少数の品種に集中する傾向が強まっているので、種子銀行は世界中で、病虫害の発生や自然災害、食物植物の多様性の減少に備え

図 7.1　ブラインシュリンプ（*Artemia salina*）。この小さなエビは、乾燥下で休眠するという種子のような生活環を持つ珍しい動物である。
（Photo © by Hans Hillewaert/ CC-BY-SA-3.0. Wikimedia Commons）

図 7.2　国際宇宙ステーションで行なわれたこの実験では、300 万個のバジルの種子を寒冷で真空の宇宙空間に 1 年以上さらした。後に研究者や学校に配布して植えてもらったところ、種子は正常に発芽した。（Photo NASA MISSE 3, courtesy of NASA）

て重要な防護策を提供する存在となっている。さらに、この先数年の間に、もう一つの世界的な傾向に適応する上で重要な役割を果たすことも期待されている。

私がフォート・コリンズを訪れたのは五月中旬だったが、八月のようだった。気温は摂氏三二度前後に上り、平年の気温を一一度も上回る記録的な暑さが数日続いていたのだ。しかし、記録的だったのは暑さだけではない。その二週間前には観測史上最も遅い雪が降ったのだ。こうした天候不順に見舞われて、私たちの話も自然と気候変動のことに及んだ。「もう種子の収集方法や種類に影響が出ているのよ」とクリスは言った。具体的に例を挙げて説明してくれるように頼むと、「イネ科草本のモロコシは、どこでも引っ張りだこになるでしょう」とクリスはすぐに答えた。アフリカ原産のモロコシは当然のことながら、温暖な気候に適応しているからだと説明し、「気温の高い乾燥した地域の穀物なので、これからはますますモロコシが栽培されるようになると思うわ」と言った。そうした将来に備えて、この種子銀行には四万点に上る、異なるモロコシの標本が集められているのだそうだ。

クリスの言うことが正しければ、気候変動の時代を迎え、温暖な気候に適した代替作物への転換を促進する際に、種子銀行は重要な役割を果たすことになるだろう。しかし、それだけではなく、農業の営み全体を頓挫(とんざ)させてしまう恐れのある戦争や自然災害、政変のような大事件からも農業を守る。二〇〇八年にノルウェーの北極圏に建設された世界種子貯蔵庫が公開された。スヴァールバル群島の山腹に深い洞窟を掘って作られた貯蔵庫は、地上に冷却装置などの補助設備を設けなくても、低温で暗く乾燥した状態で種子を保存できるのだ。「外の世界で何か大きな問題が起きたとしても、ここは大丈夫です」と、初代の管理責任者が述べている。[2]「ドゥームズデー・ヴォールト(終末地下貯蔵

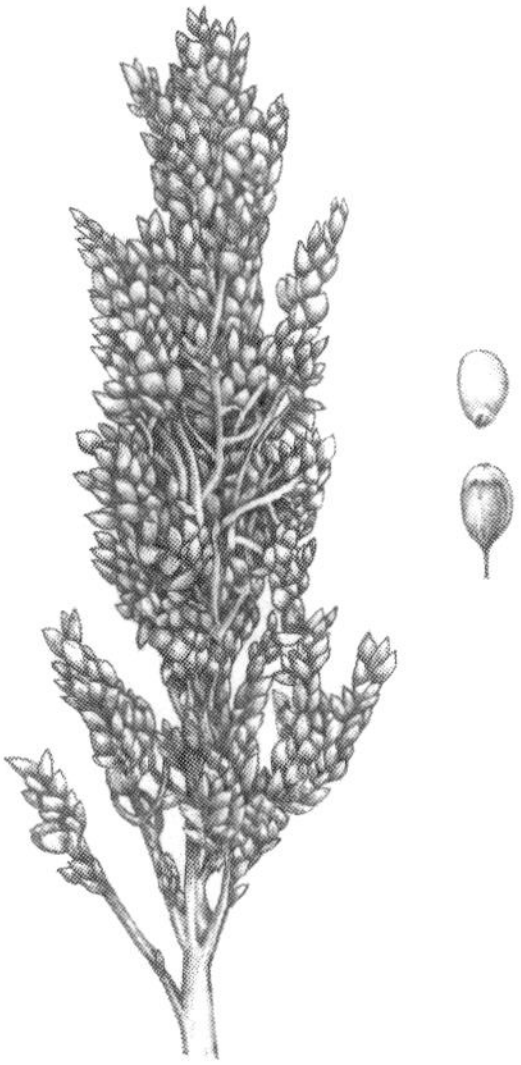

図7.3　モロコシ（*Sorghum bicolor*）。エチオピア原産で暑い気候に適したモロコシは、地球の温暖化が進むにつれて重要性が増していくと予想されている。穀粒を粉に挽いて発酵させればビール、パフ加工で膨らませればポップコーンの代替品になる。（Illustration © 2014 by Suzanne Olive）

室）」とあだ名されたこの施設の公開は世界中で大きく報道された。

私がスヴァールバル計画に言及すると、クリスは「恐怖をあおる商法だわね」と皮肉ったが、種子の研究者は世間の注目を集めたことは喜んでいるとすぐに言い添えた。種子研究に対する世間の関心が高まり、研究資金の調達にいつも苦労している研究者にとって追い風の役目を果たしたからだ。種子銀行の運営は実に金がかかる。「貯蔵庫」や「銀行」という言葉から、集めた種子は鍵をかけてしまっておくだけでよいように思われがちだが、実際には管理の手を休めることはできないのだ。低温で貯蔵しても、標本は徐々に劣化していくので、種子に生育能力があることを絶えず確認する必要がある。「当初の計画では七年ごとに確認作業を行なうはずだったけど、そんなに予算がないのよね。それで、今は一〇年に一度よ。でも、それだって予算が足りているわけではないわ！」と、クリスは発芽研究室を案内しながら言った。見学中に技師が豆の実生が載っているトレーを見せてくれたが、新芽は一つ一つ湿らせたペーパータオルに丁寧に包まれていた。

定期的に発芽試験を行なわないと、標本の種子は気づかないうちに息を引き取ってしまうかもしれない。「種子は障害が蓄積して死ぬのよ」とクリスは説明した。私たちも歳をとるとあちこちに痛みが出たりするが、それと同じように小さな問題が積み重なるのだ。それぞれの問題は深刻でなくても、ある閾値を超えると、種子の生存能力が突然失われてしまう。対応策は、標本の種子がそうなる前に、その種子を植えて、成長させ、種子をとり、標本としてまた保管することだ。古くなった標本を世代交代させることで、貯蔵種子の生育能力を永久に保つことができるが、種子銀行には熱帯原産のカシューから寒さに強いケールまで幅広い品種が貯蔵されているので、どの施設でも一か所だけではすべての品種に対処することは無理である。

「ここでは植えつけは行なっていないわ」と、クリスはほっとしたように言った。その代わりに、クリスのチームはノースダコタ、テキサス、カリフォルニア、ハワイ、プエルトリコといった気候の異なるさまざまな地域の二〇か所を超える種子銀行や研究施設と提携すると共に、スヴァールバル種子貯蔵庫や、英国のキュー王立植物園が管理している野生種の貯蔵施設とも共同研究を行なっている(3)。実は、政府や大学、民間の団体が作物の多様性の減少や在来種の絶滅に危機感を抱くにつれて、種子銀行の数が世界的に激増しているのだ。「種子銀行はもう一〇〇〇か所を超えて、一つの運動になりつつあるわ」と、クリスは施設の案内も終わりに近づいたときに言った。運動の例に漏れず、種子銀行の設立にも、悪役とヒーローがいる。種子銀行をめぐる悪役は、生息環境の大規模な減少や農業のグローバル化などのように顔が見えないことが多い。しかし、「種子の敵役」を演じたのがよく知られた歴史上の人物だった事例が一つある。ヨシフ・スターリンだ。スターリンはソビエトの科学界を目の敵にして、学者や知識人を投獄し始めた。その中に、種子銀行にとっての最初で永遠のヒーローと呼ぶべき植物学者も含まれていた。この卓越した植物学者の研究は、何世代にもわたって作物の品種改良に影響を与えただけでなく、後に続くすべての種子銀行設立への道を拓いた。

植物学以外の分野ではほとんど知られていないが、ニコライ・ヴァヴィロフは二〇世紀の偉大な科学者に数えられることが多い。裕福な実業家の息子として生まれ、専門知識のおかげで十月革命を生き延びることができた。V・I・レーニンは学歴の高い「インテリゲンチャ（知識階級）」を嫌っていたかもしれないが、ソビエトの農業を近代化するためには科学に基づいた方法が必要であることも認識していた。深刻な穀物不足に見舞われた一九二〇年に、レーニンは応用植物学研究所を設立するために、救援活動から乏しい資金を転用した。有名な話だが、レーニンは「防ぐべき飢饉は次に来る飢饉だ。そして、それに取りかかるのは今である」と同志に語っている。[4]

研究所の初代所長として、ヴァヴィロフは育種研究、ひいては種子に対する情熱に対して惜しみない支援を得た。ヴァヴィロフはさまざまな地域を訪れて、大量に標本を採集し、小麦や大麦、トウモロコシ、豆などの霜や病虫害に対する耐性や成熟に要する時間が地域によって異なることに気づいた。[5]こうした形質が種子という形でいつまでも保存でき、新しい品種を生み出すのに使えることを同時代の誰よりも理解していたヴァヴィロフは、祖国を常に脅かしている深刻な食糧不足を解消できるような、ロシアの厳しい気候に適した作物品種を創り出すのを夢見ていた。そして、数年のうちに、レニングラードの中心街にある帝政時代の宮殿を、各地の付属農園で働くスタッフを何百人も擁する世界最大の種子銀行と研究施設に変えた。

残念なことに、スターリンはレーニンと異なり、科学に基づく作物の品種改良の必要性を認識していなかっただけでなく、ヴァヴィロフが行なっていた時間のかかる方法に理解も示さなかった。レーニンが死去するとまもなく、ヴァヴィロフの種子銀行計画と、さらにその計画の根拠となっていたメンデルの遺伝学も顧みられなくなってしまった。一九三二年に再び飢饉に見舞われると、スターリンは「裸足の科学者」、つまり、すぐに結果を出せると口先だけで請け合う、専門教育を受けていないプロレタリアートの農学者の一派を支援するようになった。[6] ヴァヴィロフの研究には次第に横槍が入るようになり、結局はソビエトの農業への妨害工作（サボタージュ）をしたというでっち上げられた容疑で投獄されてしまう。それでも、ヴァヴィロフは獄中で力の続く限り、種子や作物に関する著述を続けた。最後には看守にも見捨てられ、飢えから人々を救うことに情熱を傾けた植物学者は、皮肉なことに自身が餓死したのだ。

しかし、ヴァヴィロフが獄中で惨めな生活を強いられている間に、彼の考えは根づいていた。ロシアのモデルに基づく種子銀行が世界中に生まれ始めたのである。人工衛星「スプートニク」の打ち上げにショックを受けて、ソビエトの科学に「追いつく」必要性を実感したアメリカでは、冷戦の最中にフォート・コリンズの種子銀行が着工された。第二次世界大戦中、ナチス・ドイツはもっと直截的な方法をとった。レニングラードを包囲した際、ヒトラーは特殊部隊を派遣して、ヴァヴィロフの種子銀行に集められたコレクションをなんとしてもベルリンへ持ち帰るよう厳命した。レニングラードはドイツの手には落ちなかったが、種子銀行は飢えた市民に強奪される危険に常にさらされていた。米やトウモロコシ、小麦などの貴重な穀物を大量に管理していた献身的な職員のうち、こうした穀物に手をつけることなく餓死した者が少なくとも四人はいた。[7]

こうした種子にまつわる英雄的な行為は現在に至るまで事欠かない。二〇〇三年にイラクのバグダードに米軍が進駐した際、イラクの植物学者は必死になって重要な種子の標本を梱包して、シリアのアレッポにある施設に運び出し、後に残されたものはすべて破壊した。それから一〇年後、今度はシリア人が同じことを行なった。シリアで内戦が勃発し、戦火がアレッポに及ぶわずか数日前に収集された種子をすべて避難させたのだ。しかし、残念ながら、いかに勇敢な行動をとっても、収集した種子を救えなかった例もある。たとえば、ソマリアでは一九九〇年代に種子銀行が二か所失われた。ニカラグアでは、国立種子銀行がサンディニスタ反乱軍の略奪を受けた。また、エチオピアでは、ハイレ・セラシエ皇帝が失脚した一九七四年の革命で、種子銀行に保存されていた小麦、大麦、モロコシの貴重な系統が失われてしまった。

このような歴史に照らしてみると、キャデラックの衝突にも耐えるフォート・コリンズの頑丈な壁や厳重な警備の重要性が理解できるようになる。種子の保存に異議を唱える人はほとんどいないが、種子銀行設立運動の根底にある皮肉な点に、クリス・ウォルターズを含め、誰かが言及するのを聞いたことがない。つい最近まで、作物の多様性はそれぞれの作物を最初に創り出した農家や園芸家、庭いじりの好きな人たちの手で維持されていた。農家はどこでも地元の品種を毎年栽培しながら改良していたので、畑がいわば種子銀行になっていたのだ。その多様性の維持が問題になったのは、収穫量の多い少数の品種を大規模に栽培する工業型農業が登場してからのことである。[8] 種子銀行は目覚ましいアイディアで不可欠なものになったが、いろいろな点で自ら招いた問題に対する苦心の末の解決策である。

私がこのジレンマを持ち出すと、「そのとおりだわ。本来の場所で保全するのが一番いいことはわかっているけど、いつもそうできるとは限らないのよね」とクリスは言った。作物は畑で、野生種は健全な自然の生息地で保全するのが理想的なことを認めた上で、あっさりとした口調で「種子銀行で保存することは私たちにできることなので、やるべきだし、時間稼ぎになるわ」と、クリスは優秀な科学者ならではの現実的な意見を述べた。

低温で保存すると休眠の効果が高まるので、種子銀行は大いに時間を稼ぐことができる。しかし、種子銀行が植物の研究や育種に欠かせないことは変わらないだろうが、何のための時間稼ぎかという問題は残る。クリスが話していた「本来の場所での保全」のためには、人間はどのような活動をするようにしたらよいのだろうか？　この問いに対する答えの一部は、実験室や低温貯蔵タンクの中ではなく、アイオワ州の人口八一二一人のデコラ町郊外にある小さな農園で見つかった。熱心な園芸家のグループが四〇年近くも、自分たちの畑だけでなく、世界中の自家菜園でさまざまな野菜の品種を育てているのだ。

「私たちのコレクションは生きたコレクションよ。先祖伝来の野菜は、先祖伝来の家具や宝石とはわけが違うわ。たまに取り出して埃を払ってやればよいというものではないの。こうした種子を保存する一番よい方法は植えることよ」とダイアン・オット・ホィーリーは話した。

私がホィーリーに話を聞いたのは農場にある事務所だったが、落ち着いて話を聞くにはせわしない場所だった。会議の予定を立てるためにホィーリーの都合が聞かれたり、問い合わせが入ったりして、話はたびたび中断させられたからだ。フォート・コリンズと同様に、デコラの施設にも温度と湿度が制御された部屋があり、種子が大量に貯蔵されていた。しかし、政府の施設とは異なり、ホィーリーのグループは三六〇ヘクタールほどの農園と種子の通販会社を経営すると共に、家庭菜園で自家採種する人々の世界的ネットワークも運営している。クリス・ウォルターズは一〇〇〇か所の種子銀行のことを「運動」と形容したが、一万三〇〇〇人の会員を擁する「シード・セイバーズ・エクスチェンジ」は「革命」に相当するだろう。「私たちのグループは先祖伝来の野菜を識別して、保存し、分散させることを目指している一般人の種子銀行よ」と、ダイアンはこともなげに言った。しかし、このグループが在来の手法で種子を貯蔵している（種子のサンプルはフォート・コリンズやスヴァールバルとも重複する）のは確かだが、最大の目的は、人々と種子を再び結びつけ、農家や園芸家が先祖伝来の種子の収集や交換、そして最も重要なことだが、毎年の「植えつけ」をするのを手助けすることだ。

ダイアンとケント・ホィーリー（当時の夫）はシード・セイバーズ・エクスチェンジを一九七五年に設立した。そのきっかけとなったのは、ダイアンが祖父から受け継いだ一風変わった紫色の朝顔の種子だった（「あの朝顔はとても個性的で、おじいちゃんのようだったわ」とダイアンは話していた）。居間の小テーブルの話題から始まったこのプロジェクトは、瞬く間に熱心な種子収集家の世界的なネットワークに発展した。「みんな、種子には深い思い入れがあるのよ。当初は、ここに送られてくる標本には料理のレシピが同封されていることが多かったわ。品種を保存してもらいたいと思っていたのは確かだけど、それだけではないのよね。育てて、収穫して、食べてほしいとも思っていたのね。つまり、食物としての価値を認めてもらいたいと思っていたのよ！」とダイアンは説明した。設立当初から、シード・セイバーズに入会した人々の目的は、他の種子収集家に会うことでもあった。毎年催されるピクニックは三日間にわたる会合とイベントに発展し、最初は一七ページほどだったニュースレターは電話帳のような大冊になり、売買や交換を目的にした六〇〇〇以上の品種が掲載されている。ちなみに、掲載されている品種は他では手に入らないものが多い。

生物学的見地からすると、シード・セイバーズはフォート・コリンズの種子銀行を補う形で重要な役割を果たしている。規模の大きなフォート・コリンズの施設には実にさまざまな品種の種子が保存されているが、そうした種子はほとんど変化することはない。植物を育てるのは、棚で古くなった種子の若返りを図るために、植えつけるときだけだ。「毎年、種子を植えつけなければ、品種は適応し続けることはできないわ。気候の変動がなくても、植物は地元の環境に適応する必要があるの」とダイアンは説明した。シード・セイバーズの会員は絶えず種子を栽培して、単に品種の多様性を維持しているだけではない。植物に進化をもたらし、将来、菜園や種子銀行に補充されることになる新しい品種を生み出す手助けもしているのである。

種子銀行の必要性がなくなるほど十分な品種が栽培されるようになり、シード・セイバーズが用済みになるときのことを想像できるかと、最後にダイアンに聞いてみた。「できないわね。シード・セイバーズの役割は終わっていません。私たちはいつまでも種子売りから足を洗えないでしょうね」とダイアンは笑ったが、その微笑みには天職を見出した人のゆとりが感じられた。

シード・セイバーズ・エクスチェンジの成功は、会員の情熱的とさえいえるやる気の賜物である。園芸家やその家族ならば、植えつけと収穫は園芸作業のほんの一過程にすぎないことを知っている。我が家では、年間の庭仕事で一番ワクワクする時期は、真冬に種子のカタログやシード・セイバーズの分厚い年鑑が届いたときである。妻にとっては、新しい季節の正式な幕開けなのだ。戸外では冬の嵐が吹き荒れていても、妻はカタログのページを満足そうにめくりながら、数千に上る野菜や花の品種の中から春に植える作物を選ぶのだ。息子もこうしたカタログが大好きで、『おやすみなさい おつきさま』や『かもさんおとおり』といった古典的な絵本に混じって、手垢がついたカタログが数冊ベッドの脇に置いてあることがよくある。

種子に関することなら何でも好きだが、私自身は園芸家ではなく、園芸の「手伝い」をする人間である。妻にとっては(今では息子にとっても)、園芸は情熱を傾ける楽しみである。私もこのような実り多い趣味には協力を惜しまない。私が薪割りや草刈りなどの雑用を引き受ければ、二人が年々広がっている庭で過ごす時間を増やすことができるだろう。家族みんなで、野菜や果実などの美味しい収穫物に与る(あずか)ことができるので、この役割分担はうまくいっている。しかし、毎年、私が耕すのを手伝う庭が一か所あるのだ。

妻と同様、私の母も庭仕事が大好きだった。私と同様に、父も水やりや草取りをして収穫に一役買う一方で、収穫物を食べるときには大きな役割を果たしていた。しかし、母が亡くなった後は、毎年春に私と息子が父を訪ねて、母の庭の一部に苗を植え替える手伝いをしている。父も私も、母が生前耕していたその土を耕して種まきをすると何か慰められたような気持ちになり、また息子がこうした作業に飽くなき情熱を見せてくれるのも嬉しくなる。それは、休眠という種子の不思議な特性と、まったく生命がないように見えるものから命を呼び起こしたいという願望で強められた追悼の儀式だ。種子の休眠はいまだに謎に包まれているので、種子について真面目に議論していると、科学と哲学が交差する地点に行き着いてしまうことがよくある。

フォート・コリンズを去る前に、休眠している種子の代謝についてもう一度説明してほしいとクリスにお願いした。キャロル・バスキンは、休眠中の細胞は活動をしてはいるが、きわめて不活発だと話していたが、クリスは別の見方をしていた。休眠中の種子が時を経るにつれて変化することはクリスも認めていたが、それは従来の意味で細胞活性を示しているとは必ずしもいえないと述べた。「私たちが見ているのは有機化合物の自然な分解にすぎないと思うの。処方された薬の有効期限のようなものだわ。薬の成分は徐々に劣化して、最後には効かなくなるけど、種子も同じなのではないかしら」とクリスは説明した。長年、化学的な研究に携わっているクリスの面目躍如たる見方だ。

クリスの話が経験に基づいていることはわかっていた。種子のまわりの空気を測定して、種子が出す化学的痕跡の経年変化を記録するという研究にずっと携わってきたからだ。しかし、それでもまだ腑に落ちなかった。代謝の有無が特定できないような状態で、種子はどうやって生きていられるのだろうか？

「その問いかけには、質問で答えるわね。代謝は生命の不可欠な条件かしら？　もし、種子が生きているけれど代謝していないとしたら、生命の従来の定義を見直す必要があるかもしれないわね」と、クリスは即座に言った。

種子は研究が始まって数十年、食料として利用されるようになって数千年経つが、いまだに私たちの最も基本的な概念に挑戦状を突きつけている。研究対象としてだけでなく、生命や再生の隠喩としても興味を掻き立てられるのはそのためだ。「種子」にあたる「シード」という英単語が三〇〇を超える単語や語句に使われているのは偶然ではない。種子という意味が一目瞭然のシード・コーン（植えつけ用のトウモロコシ）から、わかりにくいハグ・シード（魔女の子供）まで、実にさまざまだ。クリスが私に残してくれたものも「ソート・シード」、つまり、やがて芽を出して、花が咲き、実をつけるかもしれない「思考の種」といえるだろう。私は今でもクリスの質問に答えを見出せずにいる。なぜなら、種子が生きているかどうかは、国立種子銀行であっても、植えてみなければわからないからだ。

種子に宿っている命についてはさまざまな推測ができるかもしれないが、種子を生み出す草花や草本、低木や高木に命があることは疑う余地はない。こうした信念は進化に裏打ちされた確固たるものだ。次章で取り上げる話題ほど、植物が種子を守る不可思議で、信じがたいほど有効な方法を如実に物語っているものはない。休眠中のかすかな命の証は目に見えず、測定も困難かもしれないが、母植物はそれを守るためにありとあらゆる手を尽くすのである。

タネは身を守る

獅子の母子の間には割り込むな

ことわざ

第8章　かじる者とかじられる者

ネズミたちよ、喜ぶがいい！
世界は一大乾物屋になったぞ！
ムシャムシャ、バリバリ、食べまくれ！
朝食も昼食も夕食も夜食も、食べ放題だ！
ロバート・ブラウニング『ハーメルンの笛吹き男』（一八四二年）

国際建築基準の付録Fには、住居用建築物にネズミ類が侵入するのを防ぐ要件が明記されている。その要件では、土台は厚さ五センチのスラブ、蹴板はスチール製にし、地上の開口部には強化ワイヤー、もしくは金属板の格子などで塞ぐようにと記されている。穀物貯蔵庫や産業用施設の建築条件はさらに厳しい場合があり、コンクリートの厚みや金属の使用量を増やしたり、帳壁を地下約六〇センチまで埋め込んだりすることが必要になる。それにもかかわらず、ネズミの仲間は世界の穀物収穫量の五〜二五％に食害や汚染の被害を及ぼしているだけでなく、各種の重要な構造物の中に入り込んでもいる。二〇一一年に津波に見舞われた日本の福島原子力発電所はメルトダウンを起こしたが、二〇一三年にはネズミに入り込まれた配電盤がショートして、冷却タンクの温度が上昇し、またもやメルトダウンの大惨事を引き起こしそうになった。この事故は世界中で大きく報道されて、ジャーナリストやブロガー、テレビの解説者の間で、ネズミがなぜこれほど電線に惹きつけられるのか、盛んに取り沙汰された。しかし、真の問題はネズミの好む食べ物が何かということではなく、ネズミの侵入を防止することがいかに難しいかということだ。そもそも、ネズミはなぜコンクリート壁をかじって穴を開けることができるのか？

ネズミの仲間を意味する英語の「ローデント」はラテン語の「ローデーレ（かじる）」という動詞に由来する。つまり、「ローデント」はネズミ類のかじり方とかじるのに適した丈夫な門歯の両方に関連しているのだ。この門歯は、およそ六〇〇〇万年前にネズミかリスに似た小さな生き物が進化させたものだ。ということは、この門歯は、現在のネズミがかじっているコンクリートやアクリル樹脂、板金などの人工素材が発明される六〇〇〇万年前に生まれているのだ。齧歯類の起源についてはまだ専門家の間で意見の一致が見られていないが、大きな門歯が果たす役割については異論を唱える者はいない。齧歯類の系統樹には、木材をかじるビーバーや穴を掘るために歯を使うハダカデバネズミのような変わり者もいるが、ほとんどの齧歯類は昔ながらの暮らし方をしている。つまり、種子をかじって食べているのだ。[1]

齧歯類が現れる前は、コナラやクリ、クルミのような樹木の祖先はかじられることから種子を守る必要がほとんどなかったので、小さな翼を持った種子で問題はなかった。こうした種子の化石は小さく、太めの籾殻のように見える。落ちるときに、多少ひらひらと舞うような作りになっていたのだ。しかし、かじられるようになると、こうした樹木と齧歯類の祖先は軍拡競争に突入し、門歯が強くなると、それに対抗して種子の外皮は硬くなるということがくり返された結果、現在の私たちに馴染み深いドングリや硬い殻を持つ堅果が進化したのだ（ちなみに、丸呑みされるか、または無視されることを期待して、種子を小さくすることで対応した植物もある）。樹木は、種子をすべて失ってしまう危険性と種子を散布する可能性の間で釣り合いをとらなければならないという進化のジレンマを齧歯類によって突きつけられたのだ。齧歯類にとっては、種子に蓄えられた栄養分を手に入れられるようになったことは、進化の金鉱を掘り当てたようなものだった。齧歯類はじきに地球上で最も個体数と種数の多い哺乳類のグループになった。

ある生き物の変化が別の生き物に変化をもたらす場合、両者は共進化を遂げているといえる。たとえば、レイヨウの足が速くなれば、それを捕まえるためにチーターの足も速くなる。伝統的な説明では、共進化は息の合ったパートナー同士が優雅にステップを踏みながら踊るタンゴにたとえられている。しかし、進化の舞台になる自然界のダンスフロアはたいていもっと混雑している。齧歯類と種子のような関係が進化する舞台で踊られるのは、タンゴよりも、回転したり輪になったり背中合わせになったりしながら常にパートナーが入れ替わるスクエアダンスに近い。最終的な結果は、両者間の相互作用から生じたように見えるかもしれないが、おそらく他の多数の踊り手もリードしたりフォローしたり、途中で足を踏みつけたりして、結果に影響を与えただろう。しかし、現在見られるような強い顎を持った齧歯類と分厚い殻を備えた種子がたどった進化過程の正確なところは知る由もない。はるか昔に起きた出来事で、化石記録に大まかな手がかりが残されているだけだからだ。しかし、齧歯類と堅果が時を同じくして突然現れたのは偶然だと考えている研究者はほとんどいない。

齧歯類は種子のごちそうに与れるし、その過程で種子の一部は散布されることになるので、こうした関係は相互に利益をもたらすことが多い。こうした状況では、齧歯類側は腹を満たしたい欲求だけで進化を遂げるが、植物の方は危ない橋を渡っているようなものだ。種子は齧歯類を惹きつける魅力と共に、その場で簡単に食べられてしまわないように頑丈な殻を備える必要がある。殻が硬ければ、齧歯類は種子を安全な巣穴へ持ち帰り、後でかじって穴を開け、中身を食べざるを得なくなる。齧歯類が隠した場所を忘れるか、食べる前に死んでしまうと理想的だ。ビアトリクス・ポターの作品に『りすのナトキンのおはなし』という有名な童話がある。この作品は英国の階級制度を批判したものと考える研究者もいるが、種子の話でもある。フクロウ島では、リスがナッツを貯め込んでいたが、フクロウのブラウンじいさまがときおりリスを襲うので、ナッツの中には食べられずに、次世代のカシやハシバミに育つものがあるだろう（ちなみに、ナトキンは尻尾を失いながらも、なんとか逃れることができた。しかし、ブラウンじいさまは失敗ばかりしているわけではないだろう）。

この物語の舞台は英国の湖水地方だが、ポターが中米に住んでいたら、私が博士課程で研究を行なった枝を広げたアルメンドロの大木の下でこの話を展開しただろう。その場所には、ナトキンの仲間はリスだけでなく、小型犬くらいの大きさでモルモットに似たパカやアグーチの他にも、ポケットネズミ、コメネズミ、キノボリネズミ、アメリカトゲネズミなどさまざまな齧歯類がいるのに気づくだろう。私と同様に、こうした齧歯類も種子を探しにアルメンドロの木にやってきた。私と異なる点は、齧歯類が数百万年とはいわないまでも、数千年もの間、種子探しを行なっていることだ（博士論文の場合は、書き上げるまでにそのくらいの時間がかかったと感じるだけだ）。これほどたくさんの齧歯類がうろついていることを考えると、アルメンドロが大学院生を当惑させるほど硬い種子を進化させたのは少しも不思議ではない。しかし、種子の防衛策は物理的な保護だけにとどまらない。アルメンドロの生態を知れば、多くの種子が石のように硬い理由や、空腹なネズミを阻止するにはコンクリートでは役に立たない理由がわかる。

アルメンドロの種子は長径が五センチ、短径が二・五センチ強あり、表面が滑らかで両端が細くなっているので、大きな咳止めのトローチのように見える。モモやプラムの種と同様に、アルメンドロの種子も分厚く硬い殻（核）の層が中の柔らかいナッツを守っている。[2] 殻を取り巻く茶色味を帯びた

図.8.1　ビアトリクス・ポターの有名な『りすのナトキンのおはなし』（1903年）に登場するリスは、フクロウ島で忙しくドングリやヘーゼルナッツを集めて（散布）している。

緑色の果肉は薄いが、甘いのでさまざまな種類のサルや鳥、コウモリが集まってくる。旬を迎える頃になると、数十に及ぶ動物種がアルメンドロの木にやってきて、樹冠で採食したり、地上に落ちた実に舌鼓を打ったりする。しかし、こうした果実食者の中で、木から実を持ち去るのは一種類の大型コウモリだけなので、アルメンドロが子孫を分散させたいと思ったら、それ以外の種子を食べてしまう動物にも注意を払わざるを得ない。少なくともJ・R・R・トールキンの物語を除いては、樹木に知性があるとは考えがたいが、アルメンドロが開発した種子散布システムは、綿密な計算に基づいた非の打ちどころがないものに思える。

植物の観点からすれば、種子を散布してくれそうな生物はどれも同等なわけではない。たとえば、私がアルメンドロの種子を集めたとき、大量に種子を持ち帰り、長距離を運んだが、研究のために計画的に種子をすべて壊してしまった。たとえ種子を発芽させるつもりだったとしても、アイダホ州の北部にあった大学の研究室が熱帯雨林の樹木にふさわしい生育環境でないことは明らかだ。一方、コメネズミやポケットネズミのような小型の齧歯類では、アルメンドロの種子を六〇センチ以上動かすことは無理だろう。こうした齧歯類を宴会に招いても、アルメンドロの子孫は親元を離れることもできずに、死んでしまうだろう。小型で効率の悪い齧歯類を排除すると共に、大型の齧歯類が種子を食べてしまう被害を抑えるためには、種子に適切な防御力、つまり、生態学で「ハンドリングタイム」と呼ばれる食物の処理時間が最適になるような殻を備えさせる必要がある。

アルメンドロにとって理想的な種子の殻は、最大幅の部分で厚さが七ミリ以上の木質の外皮である。ちなみに、アルメンドロの種子の殻はスモモやモモの種子の二倍ある。コンクリート壁にネズミの穴

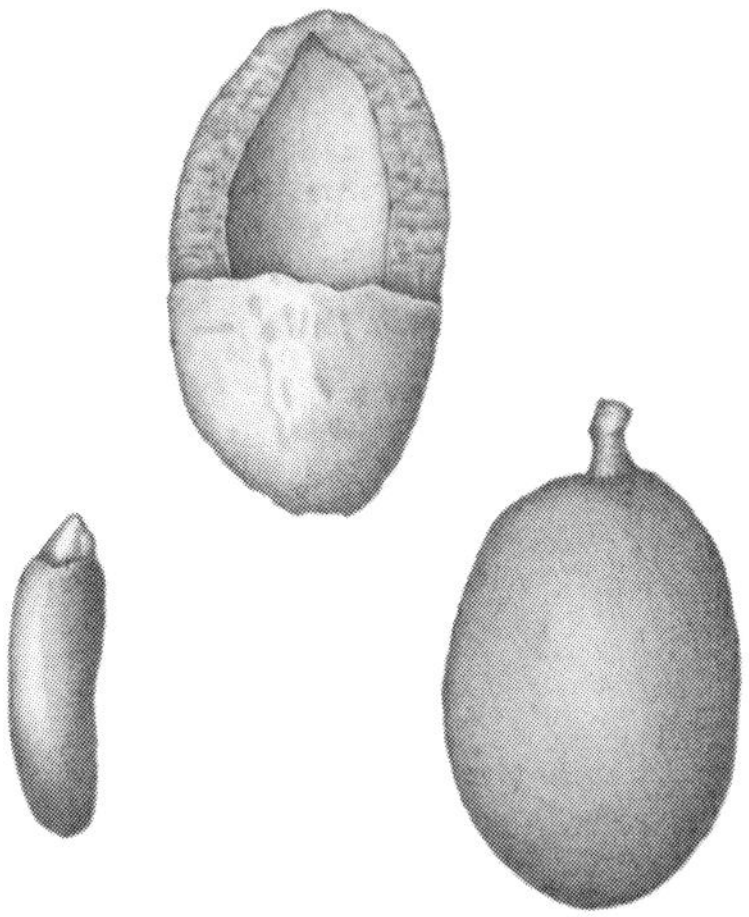

図.8.2　アルメンドロ（*Dipteryx panamensis*）。巨大なアルメンドロの木の種子は齧歯類の強力な歯に対する防御策として、自然界屈指の硬い殻を備えている。殻の一部を縦半分に割った断面図（上）、取り出した種子（左）、果実（右）。（Illustration © 2014 by Suzanne Olive）

が見つかったとき、駆除業者はそこに粉ガラスを充填するが、アルメンドロの種子の殻壁にはその粉ガラスによく似た樹脂の結晶の層が付け加えられている。しかし、アルメンドロの場合はまったくかじらせないようにしているのではなく、かじる速度を抑えようとしているのだ。平均的な大きさのリスが樹脂の結晶が詰まったアルメンドロの殻をかじって穴を開けるまでに、短くても八分、時には三〇分もかかる。毎日、生存するためだけに、体重の一〇～二五％の食物を見つけて食べなければならない動物にとって、これは大きな時間の投資だ。アルメンドロの種子はその投資に値するとはいえ、ぎりぎりのところである。トゲネズミなどのもっと小さい齧歯類はアルメンドロの種子をわざわざかじろうとはしない。かじれないわけではないが、見合わないのだ。つまり、大きなナッツを食べることができるとしても、それだけの時間と労力をかけると疲労困憊してしまい、元が取れないのである。そうした観点からすれば、アルメンドロの種子の殻の厚さと強度は、リスやアグーチ、パカのような種子を持ち去ることができる大型の齧歯類に食べてもらうことに申し分なく適応しているように思える。しかし、こうした大型の齧歯類に実際に種子を持ち去らせることはアルメンドロだけではできないのだ。一緒にダンスをしている他の踊り手の協力が必要なのである。

私は、木槌とノミを使う方法をマスターしたら、アルメンドロの種子を一分とかからずに割って、中の仁をきれいに取り出すことができるようになった。これならリスよりもずっと速いと誇れるが、ワニのいる水たまりや腹を空かしたオオカミの群れがいる囲いの中のような危険な場所で種子を割っているとしたら、とても速いとはいえない。こうした状況が、齧歯類が直面しているジレンマなのだ。アルメンドロの木は種子食の動物を惹きつけるが、同時にその動物を食べる捕食者も集めるからだ。ヤジリハブがアルメンドロの木のまわりをうろついていることはこの目で見て知っていたが、ブッシュマスターやボア・コンストリクターのような齧歯類を好むヘビも集まってくる。また、セアオノスリが白昼、何か小さな毛の生えたものをさらっていくところを目撃したこともある。暗くなるまで待っていれば、数種のフクロウやオセロットやマーゲイ、ジャガランディなどのヤマネコ類も見られたかもしれない。こうした捕食者はアルメンドロに集まる美味しい獲物に惹きつけられるからだ。森林性の哺乳類群集を研究していた友人が、林内のあちらこちらに仕掛けたカメラが捉えた写真を見せてくれたことがあったが、フラッシュを浴びて驚いた顔をしたジャガー、ピューマ、大型のイタチなどさまざまな動物が写っていた。猟犬を連れたハンターの姿もあった。友人に見慣れたものはないかと尋ねられたので、よく見てみると、背景にアルメンドロの幹と地面に散らばっている種子が写っている写真が何枚もあった。中米の熱帯雨林では、枝もたわわに実るアルメンドロに惹きつけられる動物群集は、果実食者や種子食者、捕食者にとどまらない。科学者やハンター、バードウォッチャーなど、こうした動物を求めてやってくる人間も含まれるのである。

このような「食うか食われるか」の状況に直面しているリスなどの齧歯類は、アルメンドロの木をいわばドライブスルーのレストランのように扱っている。アルメンドロの実を見つけると、その場では食べずに、一二～一五メートル、時にはもっと遠くまで持ち去るのだ。特にアグーチは分散役としてきわめて重要だ。アグーチは種子を遠くまで運ぶだけでなく、行動圏内のあちらこちらに几帳面に小さな穴を掘って、そこに貯蔵しておくのだ。ちなみに、この習性には「分散貯蔵」という的を射た名前がついている。アルメンドロにとっては、願ったり叶ったりの習性だ。こうした種子散布者は種子を運んで植えてくれた後で、近所に潜んでいる捕食者の餌食になる可能性が高いからだ。

こうした現象はさまざまな齧歯類と植物の間で世界的に見られるので、ナッツのような種子に丈夫で分厚い殻を進化させるのに十分な誘因になっただろう。事実、ハンドリングタイムを長引かせるような特性は利点になる可能性がある。クルミはそっくり取り出すのが腹立たしいほど難しい脳のような入り組んだ形をしているが、それはこのためかもしれない。齧歯類も強力な歯を発達させることでそれに応じただけではない。病虫害にやられた実を嗅ぎ分け、手をつけない驚くべき能力と共に、一度にたくさんの種子を運べる大きな頬袋も進化させたのだ。共進化の例に漏れず、齧歯類が種子の防衛戦略に及ぼした影響は二者間の軍拡競争にとどまらない。さまざまな関係や種を巻き込み、それぞれが妥協せざるを得ないのだ。アルメンドロの場合、この共進化系がきわめて複雑になり得るだけでなく、短期間で崩壊し得ることも、私が行なった研究でわかった。

健全な熱帯雨林では、アルメンドロの大木の周辺には、かじられたり割られたりして捨てられた殻がたくさん転がっているので、でこぼこした砂利道を歩いているような感じがする。落ちている種子は数千個に上ったが、若木はいうまでもなく、無傷の種子はほとんど見つからなかった。これだけ齧歯類が集まってくると、芽を出して、実生に育つことができたのは、親木から遠く離れた場所に散布された種子だけだった。しかし、分断された森林では、狩猟などの撹乱によって大型の齧歯類は激減してしまうので、かじられた跡のある種子や分散貯蔵の形跡はほとんど見られない。種子は落ちた場所で芽を出すので、子供の若木が親木の周囲に茂みを作る。こうした状況は短期的には、次世代にとって望ましいことではない。若木は親木の日陰ではよく育たないからだ。[3] 一方、進化的見地からすると、アルメンドロは窮地に陥ることになる。ダンスのパートナーを失ったアルメンドロは、硬い種子をかじれる動物がいなくなった森に取り残されてしまうからだ。

アルメンドロを研究したおかげで、植物による種子の防衛戦略は実に複雑で、保護はその一戦術にすぎないことがわかった。一方、アルメンドロの種子の殻はどのくらい硬いのか、コンクリートよりも硬いのかというもっともな疑問はまだ未解決なままだった。しかし、この章を執筆しているときに、その答えを見つけた。

私は博士論文を何年も前に書き上げたが、このような時間がかかる課題に取り組んだときには、何かの土産を持ち帰るものだ。もう乾ききって飴色に変わってしまっているが、机の上に置いてあるアルメンドロの種子には、一方の端に齧歯類の噛み痕だとすぐにわかる溝が残っている。コンクリートとどちらが硬いかを試すために、部屋を出ると、ポーチの下に潜り込んだ。ラクーン・シャックの土台は金具つきの四角いコンクリートブロックで、どこのホームセンターでも売っている標準的なものだ。私はコンクリートブロックを鑿に見立てて、その端にアルメンドロの殻の端をあてがい、ハンマーで力いっぱいに殻を叩いた。亀裂が入ったのはコンクリートブロックの方だったが、少しも驚きはしなかった。齧歯類がかじる能力を進化させ、アルメンドロが自然界屈指の硬い種子で応じたのなら、アルメンドロの種子の殻はネズミの歯に負けないくらい丈夫なはずだからだ。さらに数回叩くと、かなり大きなコンクリートの破片が飛び散って、下の土に落ちた。ポーチの下に散らばっている鶏の糞やボロボロになった羽や、ネズミ捕りに触らないように気をつけて、その破片を手に取った。数個仕掛けておいたネズミ捕りは空っぽだった。それを見てムッとした私は、夕方戻ってきて、ナッツバターをもう一度仕掛けようと肝に銘じた。

ラクーン・シャックの床下で起きていたことを話すと、妻は「誰も信じてくれないでしょうね」と、笑いながら言った。しかし、オスカー・ワイルドが言ったように、「芸術が人生を模倣するよりもはるかに、人生が芸術を模倣する」。そして実際、私が机に向かって齧歯類の歯と種子について原稿を書いていたとき、まさにその足下で、そのドラマを地でいくような出来事が現実に起きていたのだ。そばにある鶏小屋の穀類に惹かれて、ドブネズミの一家がラクーン・シャックの床下に引っ越してきた。亜鉛メッキをした二三番ワイヤーの金網をかじって見事に穴を開け、そこから入り込んだのだ。一度中に入ると、そこを居心地のいい活動拠点にして、近くにある食べられるものを片っ端から漁り始めた。ネズミはまもなく私がメンデルの実験のために栽培していたエンドウ畑を見つけた。愚かにも豆をすべてツルにつけたまま乾燥させておいたので、ネズミに気づいた頃には、ビル・ジャンプ種の豆は大打撃を受け、ヴュルテンベルク・ウィンター・ピーも少なからず被害を被っていた。息子と一緒に残っていた豆を摘み取ったが、カップ三杯分にしかならなかった。幸いにも交配実験を続けられるだけの量は確保できたが、来年はネズミ対策を講じる必要がある。

オスカー・ワイルドは、「経験とは自分が犯した失敗につけた名前にすぎない」とも述べているが、ネズミにエンドウマメを食われてしまったことは貴重な教訓になった。まず、慎重なメンデルの実験方法に対する新たな洞察が得られた。聖トマス修道院にネコ軍団でも飼っていない限り、メンデルは収穫した豆を乾燥させる安全な場所をしつらえたに違いない。メンデルの失われた日記や文書にネズミ対策を施した穀物倉庫の詳細な計画が記されていたとしても、驚くには当たらない。もっと大事なことには、私のエンドウ畑という人工的な環境で、栽培用の野菜と移入種の齧歯類という組み合わせの場合でも、種子と齧歯類に見られる同じ原則が当てはまることを学んだ。私のエンドウマメの匂いを嗅ぎつけたネズミたちは、齧歯類と種子の相互作用に一般的に見られる論理に従って、自分たちの役割を完璧に果たしたのだ。ビル・ジャンプはゆっくり成熟する品種で、まだ十分に乾燥していなかったので、比較的かじりやすく、その場で食われてしまった。しかし、ヴュルテンベルクの方は私が一度噛んでみたところ、硬くて危うく臼歯を欠くところだった。ハンドリングタイムはもっと必要になるだろうから、理論的には安全な場所まで運んでからかじるはずである。ラクーン・シャックの床下を覗いてみると、案の定、空の莢とヴュルテンベルクの種皮の山を見つけた（ちなみに、ドブネズ

図8.3　ラクーン・シャックの床下にあったドブネズミ一家の集中貯蔵庫。私がメンデルの実験のために栽培したエンドウマメの大部分はここが永眠の地となった。（Photo © 2013 by Thor Hanson）

ミは「分散貯蔵」ではなく、その反対の「集中貯蔵」を行なう。つまり、一か所に種子をまとめて貯蔵するのだ）。

ラクーン・シャックの床下にネズミ捕りを仕掛けていた数週間の間、ネズミなんか進化してこなければよかったのにと願っている自分に気がついた。しかし、齧歯類がいなくても、私のエンドウマメを狙うものは現れていただろう。母植物が子供のために弁当を用意し始めると、恐竜から菌類に至るまで誰もが味見をしたくなり、その結果、必然的に種子の防衛戦略が進化したのである。両者の関係は調和がとれることもあるが、いつもそうなるとは限らない。アルメンドロは齧歯類の問題には対応したようだが、大きな臼歯で種子を簡単に噛み砕いてしまう気の荒いペッカリーは想定していなかったに違いない。さらに問題なのは、

図8.4　ジョン・グールドの描いた著名なイラスト。ガラパゴスフィンチ類に見られる多様な嘴の形の一部を示している。チャールズ・ダーウィン『ビーグル号航海記』（1839年）より。（Wikimedia Commons）

アルメンドロに特化したヒワコンゴウインコだ。アルメンドロの木に営巣し、アルメンドロの種子を割るのに適応した嘴(くちばし)で簡単に種子の殻を割って、片っ端から食べてしまうからだ。種子食者の中では、鳥類が一、二を争う長い進化の歴史を持っている。鳥類は恐竜から進化したが、祖先の恐竜の中には一億六〇〇〇万年以上も前に、種子を砕く器官を発達させているものがいたことが知られている。「胃石」と呼ばれる砂嚢(さのう)の中にある独特な小石がたくさん含まれた恐竜の化石が発見されたのだ。現生の鳥類も食物をすりつぶすのに砂や小石を利用し、最も丈夫な砂嚢を持つのは種子食の鳥で、ニワトリ、カナリア、イスカ、カケスのほか、おそらく世界で最も有名なフィンチ類が当てはまるだろう。

　チャールズ・ダーウィンは、ガラパゴス諸島のフィンチ類は類縁関係のない鳥種の集まりのように思えたので、注目に値するのはなんといっても人怖じしないことくらいだと思った。「小鳥が……人の肩にとまり、手に持ったボウルから水を飲んだ」と、ダーウィンは現地で記している。ガラパゴスフィンチの仲間が互いに近縁であることに初めて気づいたのは、ダーウィンが収集したフィンチの標本を手にした鳥類学者のジョン・グールドである。オウムの研究をしていたグールドは種子を割る嘴に造詣が深かったからだ。ジョナサン・ワイナーの『フィンチの嘴』に記されているのでご存じかと思うが、種子がとれる量の季節変動によって、フィンチの嘴に測定できるほどの進化的変化が引き起こされることが明らかになってきた。[4] ○・五ミリにも満たないわずかな嘴の長さの差が、一番硬い種子を砕くことができる鳥とできない鳥を分けている。種子不足の年は、この差が生死を分けることになり、その結果、個体群全体の嘴が「一世代で」変化することがあり得るのだ。自然選択がこれほど速く働くこともあるという事実を考えると、ガラパゴスフィンチの元となった一種が、種子を砕く嘴を持つもの、花蜜を吸うもの、果実や昆虫を食べるものなど、一三に上る種に分化したのもうなずける。この他にも、サボテンの花を探るものやキツツキのように木の皮を叩くことができる嘴を備えたものもいる。ガラパゴス諸島で見られる進化の筋書きを世界に当てはめてみれば、種子など一つの食物に専門化することで進化にこのような影響を及ぼすことがあり得るということを理解できるだろう。一説によると、硬い種子を食べるという身体的な課題を克服するために、人類の頭骨が現在のような形になった可能性があるそうだ。

子供の頃、私も他の子供と同じように、頭骨をさまざまなスポーツにさらした。結局は水泳に落ち着いたが、サッカーや野球を数年、短い間ながら小さな体でアメリカンフットボールもやった。こうしたスポーツの共通点は、練習や試合の合間に櫛形に切った新鮮なオレンジが出されることだ。この健康的なおやつが配られると、若い選手たちは皮を外側へ向けて口に挟み、チンパンジーのように「ホーホー」と叫びながら走りまわったものだ。読者もご自分で試してみればわかると思うが、こうするといかにもサルっぽい顔つきになる。それは、オレンジを挟んだ口元が笑っているように見えるからではない。私はウガンダで二年間マウンテンゴリラの研究を行ない、ゴリラのさまざまな表情を観察したが、ニヤリとするのはほとんど見たことがなかった。オレンジの切り身をくわえるとサルっぽく見えるのは、犬のように鼻先が前に突き出た顎になり、そのせいで頭骨が類人猿に似た形に見えるからだ。このように前方に突き出た顎は他の類人猿や大半の化石人類に見られる特徴である。現生人類の祖先になると、顔が平たくなり始めるが、それに一役買っているのが種子なのだ。

「四〇〇万年ほど前に根本的な変化が生じた」と、ニューヨーク州立大学のデイヴィッド・ストレート人類学教授は説明した。現代人の顔が平たく見えるのは骨が小さいからだが、おそらく調理された柔らかい食物を食べるようになった結果だろう。しかし、人類の顔の変化を促したのは、食物に関するもう一つの変化だという。「顔を補強している組織、大きな頬骨や筋肉の付着部、歯の大きさや形はすべて、咀嚼時に大きな負荷を加えたり、それに耐えたりできることを示している」と教授は述べた。ちなみに、この「大きな負荷」は、硬い種子やナッツの殻を噛み砕くときに生じるものだ。

この一〇年近くストレート教授の研究チームは、化石人類の頭骨に変化が生じたのはナッツのような大きな硬いものを日常的に噛んでいたからだと主張してきた。教授の研究チームはアウストラロピテクス（「ルーシー」と名づけられた標本で有名な絶滅した人類）の顔の骨をデジタル化し、それが幸せそうに物を食べる様子をコンピューターモデルで表した。そのモデルでは、一口噛むごとに特定の歯に力がかかっていたが、これは今でも人間に見られる癖である。またスポーツのたとえ話に戻ると、試合の観客は櫛形のオレンジを食べないが、ホットドッグの包み紙や紙コップ、そしてまず間違いなくピーナッツの殻で観客席を散らかす。今度、ピーナッツを食べるときに、硬い殻をどの歯で割るか確認してほしい。犬歯のすぐ後ろにある小臼歯の間に殻を挟んで噛むのではないだろうか。そこは頭骨が噛む力を一番よく吸収できる場所だからだ。ストレート教授が正しければ、ナッツの殻を割るためにこの歯を使うのは進化に深く根ざした本能なのだ。

「私の説を信じてくれない研究者仲間はたくさんいるよ。気にはしてないけどね」と、ストレート教授は笑った。教授の「硬い食物説」を疑問視する研究者は、化学的な分析結果と歯の摩耗パターンに基づいて、主な食糧はイネ科の草本やスゲ類だったと主張する。しかし、教授はこの点は問題にならないと考えている。化石人類は食糧が豊富なときは何でも食べただろうが、ガラパゴスフィンチの例と同様に、問題なのは食糧が不足した厳しい時期だ。「ナッツはいざというときに頼る食べ物だったのだ」とストレート教授は言う。万一のときの代替食とはいえ、命がかかっているとなると進化を促す可能性がある。「柔らかい食べ物や果実は甘くて美味しいが、それがなくなったときに取り得る道は、移動するか、別のものを食べるか、座して死を待つかのいずれかだ」と、教授は自分の主張が正しいことを示すのに長けた者らしく、わかりやすく説明した。このように考えれば、小臼歯でナッツを噛み砕くのに応じて、化石人類の顔つきが変わったという説は筋が通っている。

硬い種子を食べる習性がフィンチの嘴や齧歯類の顎の場合と同様に、人類の頭骨の形に影響を及ぼしたのであれば、種子は人間の咀嚼からどのような影響を受けたのだろうか？　最後に、ストレート教授はその答えを示唆してくれた。種子の殻の微細構造が歯のエナメル質のそれによく似ていることが最近の研究でわかったそうだ。どちらも、桿状や繊維状の細胞が放射状にぎっしりと並び、まるでお互いの影響に抗するために同じ構造設計に至ったかのように思える。発芽できそうにないほど硬い東南アジア産の種子に関する論文も進呈してくれた。その種子は二つに割れる高密度の殻を持っており、内部で成長する芽がかろうじてこじ開けられる限界の強度でぴったりとくっついているのだ。しかし、それでも、甲虫やリス、時にはオランウータンの犠牲になってしまう。物理的防衛の限界を気づかせてくれる事例だ。アルメンドロからピーナッツまで、状況は同じである。どんなに種子の殻を硬くしても、それを打ち砕く方法を進化させるネズミやインコ、スポーツの観客が必ず現れるのである。殻が防衛戦略の氷山の一角にすぎないのはそういうわけだ。植物が箱を丈夫にするだけで赤ん坊を守ることができたのなら、コーヒーを嗜む意味もなくなり、タバスコソースも辛くなくなり、クリストファー・コロンブスもアメリカを目指す航海に出なかっただろう。

第9章　香辛料という富

辛いよ！　辛いよ！
ペッパーポットだよ！　ペッパーポット！
体にいいよ
長生きの元だよ
辛いよ！　ペッパーポット！[1]

昔、フィラデルフィアの街角でよく聞かれた屋台の売り子のかけ声

「遠くから来なさったの。海の向こう側からじゃろう」と、その老人は言った。老人がまたがっていた斑毛の灰色のポニーは、手編みの手綱から下がった青、赤、緑の革で三つ編みに編んだ飾り輪を落ち着きなく揺らしていた。私は老人と目を合わせようとしたが、老人は私たちの頭上の空間をじっと見つめたまま目をそらさなかった。私はバカらしいとは思いつつ、仕方なく馬に微笑みかけた。老人は私たちの行く手に立ちはだかっているのだが、よそ者の私たちは地元の部族の土地を通る許可を得なくてはならない。会話はうまく行っているようには思えなかった。

「お前さんたちがここへ来てから、わしらはひどい目にあわされてきたがの」と老人は言ったが、そう言われても、私にはまったく心当たりがなかった。私たちは到着したばかりで、お目当てのアルメ

ンドロがこの森に生えているのかどうかさえ定かではなかったのだ。すると、老人は当惑している私に「お前さんとコロンブスだよ」と言って、意味をはっきりさせた。

生物学では調査地を探しているとき、期待の持てそうな野原や森を許可なく覗いてみることがあるのは否定しないが、この言葉で私は一つの大陸全体に無断で立ち入っているのだということを思い知らされた。私と同行していたコスタリカ人も地元の人間とみなされていなかった。一五〇二年にプエルト・リモン近くに碇を下ろしたコロンブスが切り拓いた道をたどって、スペインからやってきた人たちの末裔だからだ。しかし、老人は言いたいことを言うと、ポニーを道の脇に寄せ、私たちを丁重に迎えてくれた。その日はアルメンドロを見つけることができず、その場所を再び訪れることもなかったが、老人の言葉はいつまでも耳に残った。コロンブスの時代から数百年の年月が過ぎたが、今でも人は地の果てまで探索に出かける。後で気がついたことだが、クリストファー・コロンブスと私には共通点が一つあった。コロンブスも私も種子を探しにやってきたのである。

「渚に佇んでいるだけで……スパイスの痕跡や手がかりに気づくのだから、そのうちにもっと見つかるだろうと考えてよい」とコロンブスは記している。最初の航海の日誌には、カリブ海地域で出会った二五〇種類にも及ぶ植物が記載されているが、そこには作物、樹木、果実、花の詳細な記述が数多く見られる。しかし、列挙した植物リストにはトウモロコシやピーナッツ、タバコなど、後にヨーロッパの料理や商業を一変させてしまうような植物（やその種子）が含まれていたにもかかわらず、コロンブスは最初の一週間が過ぎる頃には失望の色を見せ始めていた。イサベラ島（現クルッキド島）の草本や低木を調べた後で、「残念ながら、識別できない」と記している。それから数日後、その島

図9.1　クリストファー・コロンブスは新世界に着くと、アジアの香辛料を探し求めた。最初の航海日誌には250種ほどの植物が記載されている。ナツメグやメース、コショウは見つけられなかったが、オールスパイスとトウガラシの種子は持ち帰った。(『新世界の占有を宣言するコロンブス』L. Prang & Company, 1893. Library of Congress)

の植物相に「ひどくがっかりさせられた」コロンブスは、「知らない樹木ばかりで悲しくなる」とも記して、香りはよいが見たことのない樹木が茂る森を嘆いている。コロンブスは気をもんでいたのである。コロンブスの船団は途中で新世界に行き当たったのかもしれないが、提督が後援者たちに約束したことはそんなことではなかったからだ。イサベル女王やフェルナンド王をはじめとしてコロンブスを援助した王侯貴族は新大陸の発見を期待していたわけではなく、富を手に入れたかったのである。アジアに至る新しい通商路を開き、金や真珠、絹、とりわけ他では手に入らない珍しい香辛料といったアジアの産物を持ち帰ることを期待していたのだ。しかし、不運なことに、コロンブスも同行した者たちもスパイスの木がどのような姿をしているのか皆目見当がつかなかった。

一五世紀には、香辛料はアジアやアラブの複雑な通商路を経由し、その間におびただしい数の仲介業者の手を経てヨーロッパにもたらされたので、完成品だけしか目にしていなかったヨーロッパ人には、香辛料がどこにどのように生えているのか、知る由もなかった。俗説では、大蛇に守られた炎の木を探すことや、アラブの鳥の巣の小枝を調べること、エデンの園から小枝や漿果（ベリー）をとってくることが提唱されていたが、少なくともマルコ・ポーロは、香辛料はインドやモルッカ諸島という実在する地に生えている実在する植物に由来すると考えていた。しかし、当時のヨーロッパの人々にとって、インドやモルッカ諸島は物語に出てくる地名にすぎなかったし、植物相はいうまでもなく、場所すらわかっていなかった。コロンブスは新しい植物に出会うたびに、シナモンの香りがしないかと木の皮の匂いを嗅いだり、クローブの味がしないかと花のつぼみを味見したり、ショウガの香りがしないかと草の根をひっかいたりしたに違いない。それから、当時のヨーロッパで最も貴重なスパイスだったナツメグやメース、コショウなどがないかと、そうした植物の種子に注意を向けただろう。[*]

かつての香辛料に対する渇望を現代の石油需要になぞらえる研究者は数多い。限られた供給と天井知らずの需要が結びつき、世界経済の拠りどころとなる商品を生み出したという両者の状況が似ているからだ。しかし、石油の埋蔵量はすでに減少する気配を見せているが、香辛料の収穫量は増加することはあっても減少することはなかったので、その支配は何世紀にも及んだ。香辛料の歴史は、交易や探検、文明そのものの歴史のように読み取ることができる。たとえば古代エジプトでは、インド南西部のマラバル海岸からもたらされたコショウの実は、なぜかファラオのミイラの鼻の穴に詰められた。コショウは王家のミイラ職人が最も珍重する防腐剤だったのである。四〇八年に西ゴート族がローマを包囲した際に、包囲を解く代償の一部としてコショウを三〇〇〇ポンド〔約一三六〇キロ〕要求した。七九五年にはカール大帝が布告を出して、クミン、キャラウェイ、コリアンダー、辛子などの風味豊かな種子をフランク王国全域の庭で栽培するよう命じた。中世のヨーロッパでは十分の一税を香辛料で支払うことが一般的になったが、現代でもその慣習は残っている。プリンス・オブ・ウェールズ、つまり、英国のチャールズ皇太子が一九七三年に現在のコーンウォール公として地代を受け取ったときに、コショウとクミンを一ポンド〔約四五四グラム〕ずつ受け取っている。

香辛料について最も如実に物語る記録とは、結局のところ、経済的統計の数値だ。実際、香辛料にまつわる統計を見ると、株式上場の目論見書のようだ。オランダ東インド会社は最初の五〇年間はナツメグ、メース、コショウ、クローブの世界貿易を支配し、商業史上類を見ない利益をあげた。粗利益率は三〇〇％を下回ることはなく、高配当を現金と香辛料で支払っていた。元からの株主は四六年間にわたり、配当利回りが年平均二七％を超えていたのである。これはわずか五〇〇〇ドルの投資で、二五〇億ドルを超える財産を築くことができる率だ[2]（ちなみに、現在世界で最も収益をあげている企

＊ナツメグとメースはいずれもマレーシア原産の同じ樹木からとれる。ナツメグは種子そのもので、メースは種子を覆っている肉質の赤い「仮種皮」である。コショウは熱帯雨林のツル植物で、インド西岸が原産である。黒胡椒（ブラックペッパー）はコショウの実を乾燥させたもので、種子としなびた薄い果肉層が含まれる。白胡椒（ホワイトペッパー）は果肉を取り除いたものである。

業はエクソンモービル社だが、そのエクソンでも総利回りは年に八％前後なのだ）。これほどの金額が絡んでいたことを考えると、一六七四年にオランダがナツメグを産するマレーシアの小島と引き換えに、マンハッタンを喜んでイギリスに譲渡したのは少しも不思議ではない。また、回収された海賊の宝箱の中にあったのが金銀の財宝ではなくて、意匠を凝らした布が数反とナツメグとクローブが一梱だったのも驚くには当たらない。ちなみに、海賊の隠した宝箱が回収された例は後にも先にもこれだけで、ウィリアム・キッドという海賊の船長が一六九九年に埋めたものである。

しかし、探検という観点からすると、知名度ではコロンブス自身の功績よりもやや劣るが、マゼランの航海の結果を見れば、コロンブスがなぜあれほど香辛料を入手しようと気をもんでいたのか、その理由がよくわかる。フェルディナンド・マゼランはコロンブスよりも四半世紀遅れて航海に出たが、コロンブスと同様に、香料諸島と呼ばれたモルッカ諸島に至る西回り航路の開拓を支援者に約束していた。三年後、マゼランの船団は五隻のうち四隻を失い、マゼラン自身を含めた指揮官五人と乗組員の二〇〇名以上が命を落とした。しかし、生き残った一八名が残る一隻で一五二二年にセビリアにやっとのことで帰港したとき、世界一周の航海を成し遂げた以上の成果を持ち帰ったのだ。積荷の中にモルッカ諸島のテルナテ島産のナツメグ、メース、クローブ、シナモンが入っていたからだ。その香辛料を売却したことで、失った四隻の船と亡くなった船員の遺族に対して賠償金を支払っても十分すぎる現金が手に入り、その航海は航路の発見だけでなく、利益ももたらす結果になった。香辛料を入手できない限り、コロンブスはこのような手柄を得られないだろう。

コロンブスは大西洋を横断した画期的な第一回目の航海を成し遂げ、探検と征服の新時代を開くのに一役買ったことで知られている。しかし、コロンブスが香辛料や金などの高価な産物をむなしく追い求めて、それ以後三回も新世界に向かったことは見過ごされている。二度目の航海では、イスパニョーラ島に設立した植民地の住民が原住民によって皆殺しにされていたのを発見し、三度目の航海では、横暴な行為のかどで逮捕され、鎖につながれて帰ってきた。さらに、四度目の航海では、ジャマイカで難破して一年以上も足止めを食らってしまう。「船と必需品のために金は出ていくばかりなのに、見返りはどこにあるのか？……香辛料の国はどうしたのだ？……公平な目で見ると、コロンブスはペテン師かバカのどちらかだと思われるようになった」と、ある伝記作家は記している。[3] コロンブスは新しい土地を発見したのではないかと考える人もいたが、コロンブス自身はカリブ海諸島と周辺の沿岸域はアジアの一部で、日本や中国、インドはいうまでもなく、香辛料もいずれ見つかるという主張を変えなかった。[4] コロンブスは自分が発見した大陸がアメリカだということは知らずにこの世を去ったかもしれないが、これだけは断言できる。自分が発見した辛いスパイスが探し求めていたコショウとは違うことは、確実に知っていた。

「アヒーと呼ばれる辛い実も豊富にある。これが彼らのペッパーであり、我々のペッパーよりも価値がある」と、コロンブスはイスパニョーラで地元民と食事した後で書き残している。コロンブスはコショウ（ブラックペッパー）という植物を見たことがなかったが、種子や果実の形や色はいうまでもなく、香りや辛味の違いから、アヒーと呼ばれている香辛料は別物であることがわかった。価値に関する主張は、昔風の情報操作だと考えられる。一回目の航海が終わりに近づく頃には、掻き集めて船に積み込んだ種子や植物や小さな黄金の屑片ならどんなものでも、非常に価値があるようなふりをせざるを得ない状況だった。しかし、今になって思えば、コロンブスが言ったことは将来を予言していたように思える。コロンブスが新大陸から持ち帰ったのはトウガラシ（チリペッパー）であり、やがて世界で最も人気のある香辛料になったからだ。

現在では、トウガラシ属のトウガラシは、果実や種子を乾燥させて粉に挽いたり、丸ごと加えたりして、タイカレーからハンガリーのグヤーシュやアフリカのピーナッツシチューまで、ありとあらゆる料理に風味を添えている。新世界原産の四つの野生種を元にして、甘口のパプリカから激辛のハバネロまで二〇〇〇を超えるさまざまな辛さの栽培品種が作り出されている（ちなみに、ピーマンもこうした野生種に由来するが、辛さではなく、甘さと大きさが増すように品種改良されたものである）。世界で毎日トウガラシを食べている人は四人に一人に上る。そして皮肉なことに、失意にあったコロンブスが知ったら喜んだに違いないが、インドや東南アジアではコショウを上回る人気を博しているのだ。コロンブスは香料諸島に到達することには失敗したにしても、ついには香料諸島に暮らす人々の香辛料を変えてしまったのだ。

コロンブスが持ち帰ったトウガラシは、香辛料産業全体を一変させてしまった。コロンブスはトウガラシの種子を海の彼方から持ち帰ったことで、トウガラシが他の作物と同じであることを証明したのだ。条件を整えてやれば、本来の生息域以外でも栽培ができるのである。適切な環境ならば香辛料は栽培できるとわかると、香辛料の栽培は燎原（りょうげん）の火のように広まった。一八世紀末までには、ナツメグは西インド諸島のグレナダで栽培され、クローブやシナモンはインド洋のザンジバルで見られるようになり、熱帯産のツル植物が木の切り株をよじ登れるような環境にはどこでもコショウが栽培さ

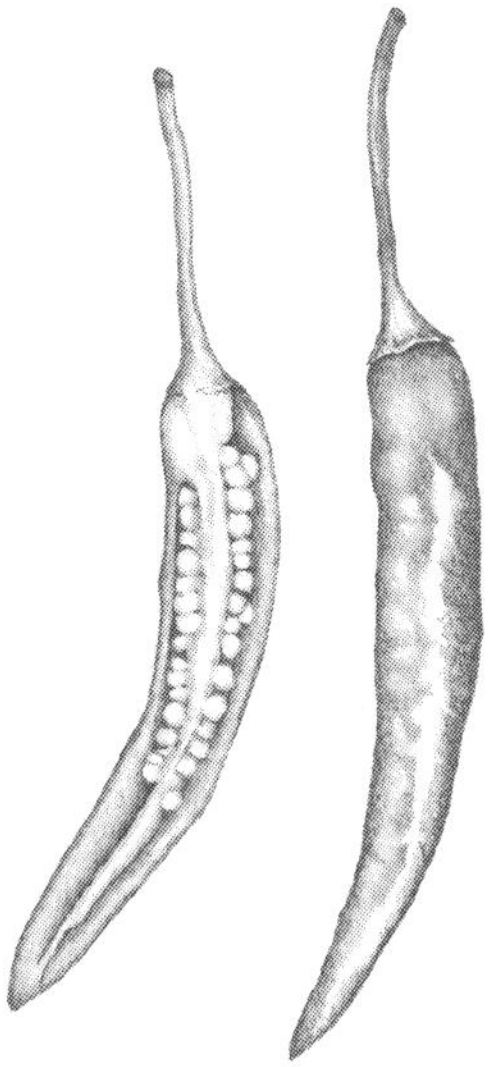

図 9.2　トウガラシ（*Capsicum* spp.）。数千に上るトウガラシの栽培品種は南米原産の４種から品種改良された。野生種はその辛味で齧歯類などの哺乳類だけでなく、種子に有害な菌類も退けている。
（Illustration © 2014 by Suzanne Olive）

れるようになった。安い産物が市場に溢れるようになると、香辛料は稀少価値を失い、価格が暴落した。香辛料産業は重要性を失ったわけではないが、香辛料の交易が戦争の口火を切ったり、帝国を建設したり、新発見を求める大航海のきっかけになることは二度となかった。とはいえ、香辛料に対する需要は何世紀にもわたって歴史の形成に大きな影響を及ぼし、その中核をなしていたのは種子だった。現在でも、食料品店の香辛料売り場はたいてい種子製品が大部分を占めている。しかし、誰でも毎日それを一つまみ入れたり、挽いたり、振りかけたりして料理に使っているにもかかわらず、香辛料を利用する生物学的な理由を考える人はほとんどいない。香辛料はなぜピリリと辛いのか？　実は、トウガラシというコロンブスが持ち帰った香辛料にまつわる話ほど、この問いに明快な答えを出してくれるものはない。

「結局、種子生産の問題に行き着くわ」と、トウガラシに詳しいノエル・マクニッキは話してくれた。トウガラシについて長いこと考察してきて、「トウガラシが辛くなった理由」という博士論文を書いた著者なので、詳しいはずである。私が連絡をとったとき、彼女は博士論文の審査に通ったばかりで、別の都市にある二つの大学で掛け持ちの仕事をこなすのに忙しい状態だった。「今は、いわば二重生活を送っているのよ」と、大きなカップでコーヒーを啜りながら、疲れたような顔で言った。黒髪に黒い眉毛のノエルは、慎重な顔つきから好意的な顔へ瞬時に変われる表情豊かな人だ。話題がトウガラシのことになると、疲れた様子はどこかへ吹き飛び、秘密を話したくて仕方がない人のように熱心に話し始めた。ノエルの研究は、ワシントン大学のテュークスベリー研究室の「トウガラシチーム」で一五年にわたって行なわれた研究を締めくくるものだった。チームが生み出した数々の研究論文は、疑問が洞察をもたらし、その洞察が新たな疑問を生み出すという連鎖の結果、心躍るドラマが明かされていくという科学のあるべき姿を体現している。ノエルがこの研究を始めたのはキノコに対する興味がきっかけだった。

「もともとは菌類が専門なの」とノエルは言うと、雨の多い太平洋側北西部に多く見られる毒キノコのテングタケの仲間に惹かれて、出身地のシカゴ近辺からこちらに来たのだと説明した。森に囲まれたワシントン州のエヴァーグリーン州立カレッジの森に囲まれたキャンパスでキノコの研究を行ない、さらに菌類の研究を深めるために大学院に進んだ。「菌類と植物の相互作用に興味があるのでね」とノエルは言うと、菌類がどのようにして土中で栄養分を根と交換したり、樹皮や花、葉の中など、植物のありとあらゆる場所に姿を現すのか、その仕組みを説明してくれた。生物学教授のジョシュア・

テュークスベリーから野生のトウガラシに生えている菌類の同定を依頼されたとき、ノエルは二つ返事で引き受けた。当時、テュークスベリー教授は米国南西部からボリビアのチャコ地方まで自生するトウガラシの研究を行ない、同じ種でありながら、乾燥した環境ではまったく辛くないのに、湿潤な環境ではノエルに言わせれば「タバスコよりも間違いなく辛い」トウガラシを発見していた。中間的な生息環境では、両者のトウガラシが混在していて、味見をする以外に見分ける方法がない。ちなみに、味見は一日に数百回に及ぶこともあるが、幸いなことに、教授は共同研究者に打ってつけの辛いもの好きな菌類学者を見つけたのだ。「ふつうの人よりもトウガラシに耐性があるのは確かね」とノエルは認めた。私が問い詰めると、ノエルは笑って、机の引き出しにトウガラシソースの瓶を置いてあると告白したが、「ジョシュもそうなのよ」と付け加えた。

ボリビアのトウガラシはまたとない機会をもたらした。辛味がちょうど進化している重要な瞬間をとどめているように思われた。「トウガラシは最初から辛かったわけではないのよ」とノエルは断言し、現生種はどんなに辛いものでも、すべて辛くない共通の祖先から進化したのだと説明した。あの独特な辛味を進化させた生態学的ジレンマが何であれ、ボリビアでは今でも続いているようだ。辛味を発達させた種とそうでない種が見られるからだ。何が起きているのかをノエルと研究チームの仲間が突き止めれば、トウガラシが辛味を進化させた理由とメカニズムがわかるだろう。化学的には答えはすでに見つかっている。

トウガラシの辛味成分が、種子を取り巻く白い海綿状組織で生産される「カプサイシン」という化合物であることは以前からわかっている。[5] これは「アルカロイド」と呼ばれる化学物質の一つで、一般に考えられているよりは身近なものだ。アルカロイドは植物が作る塩基物の総称で、どれも類似した窒素主体の構造を共有している。植物はその構造を基にして二万種類にも及ぶアルカロイドを生成したり、再編成したりしているのだ。窒素は植物の成長になくてはならない重要な栄養素なので、植物がアルカロイドを作るために窒素を使うのには目的がある。たいていは化学的防御のために使われるのだが、植物が身を守らなければならない相手はたいてい動物なので、アルカロイドが人間にも影響を及ぼすのは当然なのだ。アルカロイドにはカプサイシンのように辛いものもあるが、それは一部にすぎない。一般的なアルカロイドだけでも、カフェインやニコチン、モルヒネ、キニーネ、コカインなど、よく知られた刺激剤や麻薬、医薬品がある。しかし、ボリビアでは、たとえ辛くないものでも、トウガラシに興味を示す哺乳類はほとんどいない。そこで、ノエルはトウガラシの種子に生えている菌類が怪しいと思うようになったのだ。

「種子を侵す病原性の菌類は最強の選択圧として働くのよ。種子は子孫なので、適応度に直接結びつくわけだから」とノエルは説明した。トウガラシの種子が辛くないと菌類にやられてしまうならば、菌類から種子を守るために、トウガラシが辛い化学物質を発達させるのは少しも不思議なことではないだろう。なんといっても、進化の最重要課題は子孫を存続させることなのだ。ノエルは適切な実験を行ない、菌類に感染すると大部分の種子が死滅することと、刺激の強い種子は弱い種子よりも、菌類に対する耐性が有意に高いことを明らかにした。さらに、カプサイシンは野生下でも研究室のペトリ皿の上でも、さまざまな種類の菌類の成長を抑えたり止めたりしたので、トウガラシがカプサイシンを進化させたのはそのためだと思われた。しかし、ノエルの研究結果は新たな疑問も生み出した。

辛くないトウガラシがあるのはなぜだろうか？　カプサイシンがそれほど優れているのなら、リンゴのように口当たりよいトウガラシが存在するのはなぜだろうか？

この謎を解くためには、共進化のスクエアダンス、つまり、ネズミの歯が強くなり、ナッツの殻が分厚くなったような軍拡競争と同じ過程に立ち戻る必要がある。今度の場合は、両者の闘争は目には見えないが、負けず劣らず熾烈なものだった。菌類の耐性が高まるとトウガラシがカプサイシンの生産量を増やし、カプサイシンの量が増えると菌類は耐性を高めるという相互作用が、トウガラシと菌類の間にあることがノエルの研究で明らかになった。「この過程は軍拡競争による共進化だと思っているわ」とノエルは述べたが、この競争を勝ち抜くために、双方はきわめて大きな負担を強いられた。菌類はカプサイシンに耐えるために、速く成長する能力を犠牲にしなければならなかった。ちなみに、そうすることは辛いトウガラシの内部以外では明らかに不利になる。一方のトウガラシはカプサイシンを生産すると、水分保持の機能が低下する。水分を保持できないと、乾燥した気候の地域では、生産できる種子の数が減る。さらに、カプサイシンを生産していると種皮の木質部を十分に作るエネルギーがなくなるので、アリに捕食されやすくなってしまった。こうした深刻な不利益は特定の条件下でなければ生じないことなので、共進化の結果はダンスの相手だけでなく、ダンスの行なわれる場所にも影響を受けることに改めて気づかせてくれる。

ボリビアのグランチャコ地方は、乾燥したサバンナやサボテンの生える地帯からパラグアイとブラジルの国境付近の森林に覆われた湿潤な丘陵地帯にまで広がっている。その地域を三〇〇キロにわたり踏査して、トウガラシの標本を集めたノエルの研究チームは、すぐにある傾向に気がついた。「雨の多い地域ではトウガラシはみな辛かったけれど、雨量が少なくなるに従って、辛くなくなっていったのよ」とノエルは話した。湿潤な森林は菌類と菌類を果実から果実へ運びまわる昆虫が多いので、トウガラシが種子を辛くするのは明らかに利点があるが、菌類がさほど生えない乾燥した環境では、種子を辛くすると水分不足に陥り、種子生産に悪影響が出る可能性があるので、辛味の生成はトウガラシに不利に働く。雨量、昆虫、菌類、カプサイシンの生産に費やすエネルギーという各要因がバランスをとるなかで、利点と欠点の動的関係が生じ、その結果として辛味が進化したのだ。そう考えれば、現在栽培されているトウガラシの祖先は、気候や生息域、生息環境が変化したせいで、辛くない形態をすっかり失ったのだと説明することもできよう。生活空間が湿気を帯びて、カビが増えると、トウガラシは辛味で応酬したのだ。

トウガラシ以外の香辛料に関しては、ノエルの研究チームが行なったような詳細な調査がなされることはまずないだろうが、カプサイシンの話は辛味を発達させる一般的な過程を如実に物語っている。ナツメグとメースに含まれるミリスチシンや、コショウの辛味を生み出すピペリンに秘められた謎が解明される日が来るかもしれない。私たちが辛味と感じる物質は、植物と天敵の間でくり広げられる複雑な共進化のダンスを通して発達するのだ。こうした相互作用がなかったなら、世界の料理はどの地域でも味気ないものになっていただろう。このことから、重要な問題が浮かび上がってくる。私たちは種子や樹皮、根といった植物の一部を利用して、肉料理に味つけをするが、その逆でないのはなぜなのだろうか？

ペパロニソーセージやペッパーステーキからポークビンダルーカレーまで、人気のある肉料理の辛味は香辛料に由来するもので、肉に起因するのではない。これには根本的な生物学的理由があるのだ。肉にピリッとした風味がないのは、肉は動くことができるからである。牛や豚、鶏をはじめ、どんな動物にも動く能力が備わっているので、攻撃を受けたら走って逃げる、飛び立つ、木に登る、穴に逃げ込む、立ち向かうなど、さまざまな方法で対処することができる。しかし、植物は動くことができない。[6]根を生やした場所で一生を送るのが植物の宿命なのだが、一方、こうした植物の境遇は化学物質を進化させるのに打ってつけなのである。逃げることができず、たまに針やトゲで反撃する程度しかやり返せない植物が、アルカロイド、タンニン、テルペン、フェノールなどの化合物を作り出して、攻撃してくる相手を撃退するのは理に適っている。確かに昆虫もさまざまな化学的防衛手段を備えているが、そうした化学物質は食べた植物から手に入れていることが多いのだ。カエルやイモリの仲間にも毒を持っているものがいるし、鳥類でも少なくとも一種は毒を持っている。一方、動物の肉は刺激がないという原則にも一つだけ例外がある。コケムシ、海綿、イソギンチャクなど海底の岩に張りついて、植物と同じように動かない生活を送っている動物たちから、数千種類に上る海洋性アルカロイドが単離されているのだ。こうしたアルカロイドをファジータやスブラキ、チキンティッカなどに振りかけたら美味くなるかどうかは今のところまだわかっていない。

最後に、カプサイシンとトウガラシについてまだわかっていないことは何かとノエルに尋ねてみた。つまり、現在、ノエルの研究チームが取り組んでいることを聞いたのだ。ノエルはすぐにまったく新しい話題について話し始めたが、いずれもその博士論文と同じくらい革新的な研究になる可能性を秘めていた。たとえば、トウガラシを散布する鳥は辛味にまったく影響を受けないように見える。トウガラシの果実を喜んで食べているからだ。さらに、種子は無傷で鳥の体内を通り抜けるだけでなく、体内を通り抜けることによって菌類が取り除かれるようなので、恩恵も受けている。また、カプサイシンには鳥の消化を遅くする作用があるので、種子が運ばれる距離も伸びる。トウガラシの果実から果実へ菌類を運ぶ昆虫はトウガラシに特化した種である可能性があるとノエルは述べると、アリがどのように辛い種子と辛くない種子を見分けているのか、その方法を研究している学生のことを話してくれた。さらに、最近、自分でカプサイシンを作ることができる菌が見つかったことにも言及したが、その理由はまだ誰にもわからないそうだ。しかし、最も興味を惹かれる研究は、カプサイシンが哺乳類に及ぼす影響に関するものだろう。それこそ、コロンブスが船倉にトウガラシを詰め込んで持ち帰り、たちまち世界中で人気を博す香辛料になった理由だからだ。

カプサイシンが人間の舌や副鼻腔といった敏感な場所に触れると、化学者のいう「焼けるような耐えがたい感覚」を覚える。[7] 料理人や辛いソースの大好きな人はそうは言わないかもしれないが、いずれにしても、熱を感じる体の仕組みが化学的にごまかされていることに変わりはない。通常、皮膚の熱覚受容体は、細胞が物理的な損傷を受ける恐れの生じる摂氏四三度を超えないと活性化しない。たとえば、熱いスープを飲んで口を火傷した場合に感じる痛みはこの機構が正常に働いた結果である。しかし、辛いトウガラシを噛んだときには、温度に関係なく、同じ反応が引き起こされる。カプサイシンの分子はこの熱覚受容体に作用して、体をだまして灼熱痛を感じさせると共に、通常は大怪我をしたときに放出されるエンドルフィン〔モルヒネに似て、鎮痛作用を持つ神経伝達物質〕を大量に分泌させる。脳は口が火傷をしていると感じるのだ。この感覚は数秒から数分、大量に摂った場合はもっと長く続くかもしれないが、いずれカプサイシンは消えてなくなり、体は損傷を受けなかったことに気づくのである。

これは、怖さを感じるが実際には危険が及ぶことがない感覚なので、ちょうどジェットコースターやホラー映画を楽しむように、それを楽しむことができる。エンドルフィンがもたらす快感は、焼けるような痛みが消えた後になって初めて頂点に達するという研究結果も出ている。ということは、私たちがトウガラシを食べるのは、食べるのをやめると心地よいからだという逆説的な可能性が考えられる。ノエルは辛い料理が大好きなので、辛いソースを研究室にも置いて、いつも手放さないようにしている。しかし、人が辛味を好むようになったのは必要に迫られたからで、トウガラシが料理に使われるようになったのは別の目的からだと考えている。「食物に辛味を少し加えると、長持ちするのよね」とノエルは言うと、カプサイシンは菌類だけでなく、さまざまな細菌の発生を抑えると話した。トウガラシをはじめ、数多くの香辛料が、肉や野菜が腐りやすい湿潤な熱帯地方で栽培植物化されたというのは理に適っている。冷蔵庫が登場する以前の何千年もの間には、カビや有害な細菌の発生を抑えられるのなら、舌がヒリヒリするくらいなんでもないと思われていた。ノエルの説が正しければ、菌類や腐敗に侵されるのを防ぐためにカプサイシンが進化したのとまったく同じ理由で、人間もそれを食べ始めたことになる。

ミートシチューや豆料理の鍋を保存する必要がなかったので、人間以外の哺乳類はトウガラシを食べる習性を発達させなかった。他の哺乳類も私たちと同じ焼けるような痛みを感じるのだが、痛みはあくまでも痛みなのだ。したがって、カプサイシンは菌類に対抗する手段として作り出されたものかもしれないが、ネズミの仲間やペッカリー、アグーチなど、トウガラシが辛くなければ、その種子を喜んで食べると思われる哺乳類を撃退する手段としても大いに役に立っている。こうした種子をかじる動物が多いところでは、カプサイシンはトウガラシにとって重要な進化的利点になるので、数あるトウガラシの中で辛い種が優勢になるのに一役買ったことはまず間違いない。さらに、種子をかじって壊してしまう動物は撃退し、種子を傷つけない鳥には食べられるようにするという優れた種子散布の戦略も生み出した。そうした鳥の痛み受容体はカプサイシンに反応しないので、灼熱痛を感じないようになっているのだ。

ノエルにお礼の言葉を述べたときも、私の頭の中にはまだトウガラシに関する疑問が渦巻いていた。しかし、科学というのはそういうものだ。新しいことがわかると、好奇心がいっそう掻き立てられるのだ。トウガラシの話は込み入っているが、それで種子が辛くなる理由だけでなく、香辛料には味つけ以外にもさまざまな用途がある理由も説明がつく。香辛料に使われる植物が、細菌や菌類からリスまでありとあらゆる生物に対抗するために辛味を進化させたのであれば、人間にとって香辛料がさまざまな状況で役に立つのは少しも不思議ではない。コロンブスの時代に、香辛料が料理に使われていたのは確かだが、医薬品、催淫剤、保存料、供物としても広く利用されていたのだ(ちなみに、舶来の珍しい香辛料を使って腐りかけた肉の臭みを隠したという俗説があるが、実際にはそういうことはなかった。香辛料は高級品で、富を象徴するものだった。香辛料を買うことができた人は、容易に新鮮で質の高い食材を手に入れることができただろう)。現代でも、状況はさほど変わっていない。たとえば、トウガラシのカプサイシンだけでも、関節炎用のクリームやダイエット用の錠剤からコンドームの潤滑剤や船底の塗料、〈メース〉という名で売られている催涙スプレーまでありとあらゆるものに使用されている。オリンピックの馬術障害飛越競技で、馬の脚にカプサイシンを塗った選手が失格になったり、アフリカの野生生物保護監視員が密猟者からゾウの群れを引き離すために、ドローンからカプサイシンを発射したりもしている。しかし、中国では、ある用途にカプサイシンを利用している。その用途を聞くと、私たちの多くは、おそらくトウガラシよりもはるかに有名な、ある別の種子から精製される物質のことを連想する。

毛沢東主席は農民のような質素な生活様式を奨励したが、トウガラシを愛用していたのはよく知られている。洞窟に隠れ住んだときでも、トウガラシ入りのパンを焼かせて、夜遅くまで仕事をするときは、スタミナがつくように手にいっぱい抱えて食べていたそうだ。現在も、毛沢東の出身地である中国の湖南省では、居眠り運転による交通事故を減らすために、警察官がドライバーにトウガラシを配布している。しかし、夜更かしする人には、アフリカ原産の低木の種子から抽出され、液体の形で飲用する刺激物の方が人気がある。その物質は全盛期の香辛料と同様に、莫大な富を生み、世界の出来事に影響を及ぼした。また、その物質がきっかけとなって、少なくとも一度は冒険談を地で行くような航海が行なわれたのだ。

第10章 活力を生む豆

一日に三度コーヒーを飲めなければ、つらさのあまり干からびた山羊肉のようになっちゃうわ！

J・S・バッハ作曲、C・F・ヘンリーツィ作詞『お静かに、おしゃべりはおやめください』
別名『コーヒー・カンタータ』（一七三四年頃）

一七二三年、フランスの商船が大西洋の中程で凪に遭い、一か月以上も立ち往生した。船はその間、安定した風が吹くのを待ち望みながら、ゆるんだ帆を揺らして、流れのままにまに漂っていたのだ。コロンブスが最初の航海をしてから二〇〇年以上も経っていたので、大西洋横断航海はもう当たり前のことになっていた。しかし、それでもまだ、コロンブスの時代と同様、航海の運命と結果を種子が左右することがたまにあったのだ。その船はそれまでにも波乱に満ちた航海を乗り切ってきたという話もいくつか伝わっている。ジブラルタル沖で猛烈な嵐に追いつかれそうになったり、チュニジアで海賊に危うく捕まりそうになったりしたこともあったが、今度は赤道無風帯に入り込んでしまったのだ。水不足が深刻になったので、船長は乗組員と乗客を問わず、水の配給を厳しく制限したが、乗客の中に、この配給制限がとりわけこたえた紳士がいた。水が必要な熱帯の低木と、わずかな水の割り当てを分け合っていたからだ。

ようやく風が出て、船がカリブ海のマルティニク島に無事に入港した。それからずいぶん経って、その人物は「細かい話をしても詮ないことだが、この繊細な植物にはどれほど気を遣ったか計り知れない」と記している。それから長い年月が経ち、このひょろ長い苗木の子孫は中南米の経済を一変させるまでになった。その植物とはもちろんコーヒーノキであるが、ガブリエル＝マチュー・ド・クリューという若い海軍士官がその木を手に入れた経緯は定かでない。

一説によると、ド・クリューと覆面をした仲間がパリの植物園の壁をよじ登って温室に押し入り、コーヒーの若木を引き抜くと、夜陰に乗じて逃走したそうだ。この話を信じている歴史家はほとんどいないが、場所に関しては異論を唱える者はいない。一八世紀初めのフランス国内で、コーヒーノキがあったのは王立庭園（現パリ植物園）だけだったからだ。アムステルダム市からフランス王ルイ一四世に敬意を表して贈られた立派なコーヒーノキだった。ド・クリューは、自分のコーヒーノキは小さくて、「ナデシコの挿し穂ほどの大きさしかなかった」と記しているので、太陽王ルイ一四世の木からとった挿し木か、実生だったに違いない[1]。王室の庭師は稀少な園芸品種としてコーヒーの栽培を試みていたが、大きな経済的潜在力は認識していなかったかもしれない。広く旅をしたことのあるド・クリューは、ヨーロッパの人がコーヒーをトルコ人やアラブ人が飲む異国情緒溢れる目新しい飲料だとは考えなくなっていることを知っていた。ロンドンからウィーンや植民地まで、カフェやコーヒーハウスだけでなく、一般の家庭でも毎日飲まれる定番の飲料になりつつあったのだ。ジャワにあ

図 10.1　1723 年に大西洋横断航海の途中で凪に見舞われ、配給された水を小さなコーヒーノキと分け合っていたことがよく知られるフランス海軍士官のガブリエル＝マチュー・ド・クリュー。この 1 本の木からとった挿し木や種子から、カリブ海全域のド・クリューの農園と、おそらく中米やブラジルでもコーヒーが生産されるようになった。（作者不詳、19 世紀。Wikimedia Commons）

るオランダのコーヒー農園が世界市場を独占していたので、まもなく「ジャワ」がコーヒーを意味するようになった。ド・クリューはマルティニク島に広大な土地を所有していたので、島にコーヒーノキを持っていけば、オランダの独占を打ち破り、フランス帝国の威信を高め、ついでにド・クリュー本人は相当な利益を手に入れられる見込みがあった。

「マルティニク島に着くや否や、……私はその貴重な木を植えました。危険を共にかいくぐったので、この木に対して愛しさがひとしおつのっています」と、ド・クリューは後に書簡で回顧している。遭遇した危険は水不足だけではなかったのだ。乗船客の中にド・クリューをねたんで、コーヒーの苗木を何度も盗もうとし、実際に枝を一本もぎ取った者がいたことや、島に着いてからは、盗難を防止するために忍び返しのついた柵を巡らせ、四六時中番人を置いたことなどが詳しく述べられており、さらに、コーヒーノキは盗んだのではなく、宮廷の高位の女性を口説いて手に入れたのだとほのめかされている。それから何世紀も経った今となっては、真実のほどはもはや知る由もないが、いずれにしても、ド・クリューの偉業は一杯の美味しいコーヒーのためならば、人がいかに労を厭わないかということを如実に物語っている。[2] 貴重なコーヒーノキがやっと実をつけたとき、ド・クリューの苦労は見事に報われた。ド・クリューは近隣の農園にも種子や挿し木を分けたので、マルティニク島では数十年のうちに、実をたくさんつける二〇〇〇万本近いコーヒーノキが栽培されるようになった。

ド・クリューは人々の記憶にほとんど残っていないが(ウィキペディアに掲載されている紹介文は二五〇語足らずだ)、かつてはコーヒー好きの間ではかなり有名だったようだ。英国の詩人チャールズ・ラムは一八一〇年に、このような書き出しで始まる詩でド・クリューを追悼している。

香ばしいコーヒーを飲むごとに思い浮かべる
気高い不屈の精神で
マルティニコ島の浜辺へとその木を持ち帰った
寛大なフランス人のことを[3]

コーヒーを新大陸へ伝えたのはド・クリューだけではなかったが、ラムのような人たちは、世界のコーヒーの半分以上を生産するマルティニク島からメキシコやブラジルに至る地域で栽培されているコーヒーノキはどれもド・クリューがもたらしたものだと考えていた。[4] こうした人たちはド・クリューの役割を過大評価しているが、コーヒーの需要は伸びるという予測は正しかった。その後、コーヒーの消費量は世界中で急増していったからだ。一九四〇年にインクスポッツがヒットさせた「ジャワ・ジャイブ」という曲が示しているように、人々は「元気のもとのコーヒー豆」を喜んで買ったのだ。この人気で、アフリカ原産の低木の種子は一躍世界第二位の貿易品になった。歳入額がコーヒーを上回るのは石油先物取引だけである。私も含めて、一〇億から二〇億人の人が毎日コーヒーを買ったり淹れたりして飲んでいるが、その際に「どうしてわざわざコーヒーを飲むのか？」などと考える人はまずいないだろう。仮にいたとしても、すぐにその理由を思いつくだろう。コーヒー豆に豊富に含まれているカフェインという軽い習慣性の刺激物のためだ、と。しかし、この答えはさらなる疑問を生む。そもそも、どうしてコーヒーにはカフェインが含まれているのだろうか？

チャールズ・ラムが朝のコーヒーを本当にありがたいと思ったのであれば、さまざまな昆虫やナメクジ、カタツムリ、菌類を称える詩を書くべきだった。ラムは「島の人々はド・クリューを褒め称え、コーヒー農園は栄え」と記すのではなく、カフェインがカタツムリの心拍数を減らすことや、ある研究グループが「ぎこちない身もだえ」と呼んだ反応をナメクジに起こさせることを詠った方がよかっただろう。[5] また、ごくわずかなカフェインで、スズメガやキクイムシの幼虫が弱ることや、根腐れ病や天狗巣病を引き起こす有害な菌類の成長を遅らせることにも言及すべきだった。詩人に限らず、コーヒーを淹れるときに、幼虫や菌類のことなど考える人はいないものだ。しかし、こうした生き物がいなかったら、私たちがコーヒーを飲むようにはならなかっただろうというのは事実なのだ。

昆虫に及ぼすカフェインの影響に関する研究結果が発表されると、「カフェインは天然の殺虫剤」という見出しが「ニューヨークタイムズ」紙を飾った。短い記事だったが、特に影響を受けやすい昆虫としてカが取り上げられていた。実をいうと、カフェインはさまざまな有害生物に対してきわめて効果があるので、カフェインを含む植物はコーヒーだけではない。少なくともあと三種類の熱帯産樹木の種子にカフェインが含まれている。カカオとガラナにコラノキの実だ。コーヒー豆と同様に、こうした種子も粉に挽いて水と混ぜると飲料になる。ホットココアやブラジルのガラナソーダ、コーラとして市販されているさまざまな飲料（黎明期のコカ・コーラやペプシコーラを含む）がそうだ。[6] さらに、お茶の葉や南米産のマテというモチノキ科の木（マテ茶の木）にも含まれていて、私たちが好む刺激性飲料のほとんどを占める。自然界でカフェインが見つかると、じきにマグカップや瓢箪（ひょうたん）、サモワールを手にした人間が現れるようだ。

カプサイシンと同様に、カフェインもアルカロイドの一種である。カフェインを作り出すためには窒素が必要になるので、その分貴重な窒素を成長に回せなくなる。そこで、コーヒーノキはカフェインをリサイクルして最大限に活用している。カフェインは天敵に最も攻撃を受けやすい組織だけで生産され、後に最も重要な部位である種子へ移されるのだ。カフェインには天敵を寄せつけない働きがあるので、昆虫やカタツムリに狙われやすい柔らかい若葉で最初に作り出される。そして、若葉が成長して硬くなると、葉に含まれているカフェインの多くは花や果実、発育しつつある種子へ回される。コーヒーの果実（赤い漿果）でもカフェインを生産するが、その多くは中に収まっている一対の種子の中へ分散していく。種子はカフェインを受け取るだけでなく、自身でも生産するので、結果として濃度が高くなり、最強の敵以外は防ぐことができるようになる。[7] コーヒーノキは昆虫など合わせて九〇〇種を超える天敵に狙われるので、カフェインがこうした天敵対策として進化したと考えるのは理に適っている。しかし、ド・クリュ－の生涯に関して歴史家の意見が一致していないように、カフェインの進化についても研究者の間に異論がある。確かに天敵忌避剤として優れた効果を発揮するかもしれないが、カフェインの役割はそれだけではないのだ。

カフェインはコーヒーノキのさまざまな部位で生産されるが、いったん種子にたどり着くと、内胚乳の細胞と結びついて定着する。コーヒー好きにはいい話だが、種子にとっては善し悪しである。カフェインは天敵を撃退するだけでなく、発芽を阻害もするからだ。甲虫の幼虫を殺したり、ナメクジを身もだえさせたりする化学物質が、植物の細胞分裂に支障をきたしもするのだ。このジレンマについてはすでに述べたが、重要な事柄なのでもう一度述べておこう。首尾よく発芽するためには、豆の中にある小さな根と芽をカフェインから遠ざける必要がある。そのために、コーヒーノキは急速に水を吸い上げて、準備の整った芽や根の細胞に水を送り込んで膨張させ、先端の成長点を外側へ押し出す。豆から外へ出ることができて初めて、芽や根の細胞分裂が起こり、本当の成長も始まるのだ。いったん発芽が始まると、さらに興味深いことが起こる。芽が伸びるにつれて、縮みつつある内胚乳からカフェインが漏れ出して、まわりの土壌の中に広がっていくのだ。近くにある別の植物の根の成長を抑えたり、他の種子の発芽を妨げたりしているようだ。[8] つまり、コーヒー豆は競争を排除する方法を知っているのだ。自家製の除草剤を放出して邪魔者を片付け、自分のものと呼べる小さな領土を確保するのである。種子が発芽して根を張る生死をかけた闘争では、生息場所の確保は天敵の撃退に劣らず重要な進化的利点をもたらすからだ。

コーヒーノキが種子や葉を保護したり、実生が有利なスタートを切ることができるようにしたりする理由はわかりやすい。これから紹介するカフェインの進化に関する説はもっと驚くべきものだが、早朝のことを考えると多くの人が納得できる説だ。それは依存症と関連がある。カフェインはリサイクルされてコーヒーノキの中を巡るが、そのときに研究者が首をひねるような、花蜜という場所にも現れる。昆虫を誘引するためにできた蜜の中に殺虫剤を入れてどうするというのだろうか？　最近、ミツバチの研究でその答えが明らかになった。適切な分量であれば、カフェインは送粉者を追い払うのではなく、再訪を促すのだ。

「報酬経路のニューロン（神経細胞）の反応を増幅すると思われます」と、ジェラルディン・ライト教授は話した。ライトはニューカッスル大学の神経科学の教授で、ミツバチの思考を長年にわたり研究してきた。ミツバチのことを知り尽くしている教授は、イベントで胸から襟ぐりまで生きた働きバチの群れを集める「ミツバチ・ビキニ」を披露することもある。ミツバチの脳は単純かもしれないが、協力行動という離れ業をやってのける能力を持っている。教授の研究チームは同じ巣のミツバチに訪花実験を行ない、ミツバチはカフェインを入れた花を他の花より三倍もよく覚えていて、再訪することを明らかにした。[9]少なくとも、このミツバチたちの脳は私たちの脳と同じように働いている。つまり、カフェインを摂取すると、「報酬経路」が点灯するのだ。コーヒーノキはカフェイン入りの花蜜を作って、勤勉な送粉者を誘引しているのである。送粉者は朝の通勤者のように、お気に入りのコーヒースタンドに並ぶのだ。

カフェインの殺虫剤や除草剤としての効能は副産物で、本来は送粉者を惹きつけるために進化したのではないかとライト教授に尋ねると、それは極論だと教授は考えているようだった。「選択圧がそこまで強く働くかどうかは疑問です」とEメールで懐疑的な返事をくれたが、教授のしかめ面が目に浮かぶようだった。しかし、柑橘類ではカフェインが花蜜には入っていながら、種子や葉には存在しないことを考えると、極論ともいえないのではないか。オレンジやレモン、ライムは揮発性油などの化合物で身を守り、カフェインはミツバチの脳を操作するためだけに使っているようなのだ。

種子を論じるためには、カフェインの進化過程を洞察することよりも、機能を理解することの方が重要だ。昆虫を撃退する働きや近くの植物を阻害する働きがあるからだ。しかし、ミツバチの話も無関係ではない。カフェイン入りの種子が人間の脳に及ぼす影響は、他の何よりもコーヒーの歴史や文化に大きな影響を及ぼしたからだ。

一九一〇年に発行されたイギリスの医学雑誌には、「一時的に感情が高揚し、想像力が激しく掻き立てられ、慈悲深くなって、……記憶力と判断力が研ぎ澄まされ、言葉の表現もふだん見られないほど快活になった」と記されている。[10] 現代の研究者ならもっと控えめな表現をするだろうが、当時のデータからも同じ結論が得られる。平均的な大きさのカップ一杯分のコーヒーを飲むと、中枢神経系にはっきりとわかる影響を及ぼす量のカフェインが血流の中に送り込まれるのだ。脳の神経細胞の反応が速まり、筋肉が収縮し、血圧が上がり、眠気がとれる。しかし、カプサイシンが実際には火傷を負わせないのに焼けるような痛みを感じさせるのと同様に、カフェインも実際には刺激していないのに刺激を感じさせる。コーヒーを飲んだときに覚える高揚感は、カフェインが脳に及ぼす作用の結果というよりも、カフェインの妨げる作用がもたらすのだ。専門家はカフェインのことを「拮抗物質」と呼んでいるが、それは脳内の化学物質、特にアデノシンの自然な機能を妨げるからだ。アデノシンが脳内で担っている機能がすべてわかっているわけではないが、基本的な役割を説明するのにちょうどいい例がある。ラジオのリスナーにはきっと馴染み深い話だろう。

ギャリソン・ケイラーが数十年にわたり担当している『プレーリー・ホーム・コンパニオン』というラジオのバラエティ番組では、「天然の精神安定剤」としてトマトケチャップを売り込む「ケチャップ諮問委員会」という架空の業界団体のコマーシャルのコントが流されている。そのコントでは、定期的にケチャップを食べないと、ふだんは大人しい人物が次第に衝動的な奇行を見せるようになる。突然、マラソンに出ると言い出したり、鼻にピアスをしたり、自叙伝を書き始めたり、酒屋を襲ったりするのだ。アデノシンは体の機能を司る主要な生化学物質の一つであり、ケチャップとは無関係だが、脳の活動に関する限り、このコントほどアデノシンの役割を的確に表している例はない。アデノシンは神経細胞の活動を静め、睡眠をもたらす一連の反応を引き起こす天然の精神安定剤なのである。コーヒーを飲むと元気が出たように感じるのは、カフェインがアデノシンの鎮静作用を邪魔するだけでなく、アデノシンに取って代わり、脳を欺いて活動を活発化させるからなのだ。カフェインはエネルギーを供給しているのではない。疲労感を鈍らせているだけなのである。

コマーシャルの登場人物がケチャップを食べると必ず平静を取り戻すように、脳内の化学反応や睡眠も最終的にはカフェインの影響を解消する。しかし、人間は脳を欺いて覚える一時的な高揚感を楽しんでいるようで、ミツバチと同じように、くり返しそれを求める。数匹のミツバチによって、巣の仲間が全員カフェインを含む花蜜へ導かれることがあるように、コーヒーを飲む習慣も人間社会の流れを一変させてしまった。西洋では、コーヒーを飲む習慣が啓蒙時代とそれに続く産業革命の道を切り拓いたと歴史家は考えている。[11] そして、コーヒーを飲む習慣は朝食の変化がもたらしたのだ。

ゼネラル・ミルズ社が八〇年以上もシリアル〈ウィーティーズ〉の宣伝に使っている「チャンピオンの朝食」というキャッチフレーズは、広告業界でよく知られている。しかし、大学の寮生やフラタニティ（男子学生社交クラブ）の学生にとっては、〈ウィーティーズ〉にたっぷりビールをかけなければ、「チャンピオンの朝食」とはいえない。前の晩、飲みすぎて二日酔いが残る朝は、この組み合わせが迎え酒として推薦されている。ビールでふやけたシリアルはまた食べてみたいと思うような代物ではない。しかし、中央と北部ヨーロッパでは、このような朝食が九世紀以上にわたり毎日食べられていたと聞いたら、二日酔いで目をしょぼつかせた学部生は驚くかもしれない。コーヒーが出現する以前は、「ビールスープ」が朝食の定番だったのだ。標準的な料理法では、パンやマッシュ（トウモロコシ粥）に熱燗のビールをかけ、特別な日にはそれに卵やバター、チーズ、砂糖を加えた。あらゆる年齢層の人がこの混ぜ合わせ料理から炭水化物やカロリーを得ただけでなく、弱いとはいえ、ビールでほろ酔い気分も味わうことができた。実はこのモーニングスープは、一日を通じてビールを飲む手始めにすぎなかった。自家醸造のビールは食事のたびにパンと一緒に出され、中世の食事の重要な栄養源となっていた。コーヒーが定着し始めた一七世紀になっても、北部ヨーロッパでは一人あたりのビールの年間消費量は一五六〜七〇〇リットルと幅があり、平均的には三〇〇〜四〇〇リットル飲まれていた[12]。現代のアメリカ人は年間七八リットル、イギリス人は七四リットル、ビール好きのドイツ人でさえ一〇七リットルしか飲んでいないので、当時の消費量の多さがわかるだろう。

ほろ酔いが日常だった社会にコーヒーが、社会史家がいうところの「偉大な酔い覚まし」として登場した。ビール（や南欧で飲まれていたワイン）は頭をぼうっとさせたが、コーヒーは逆に集中力を高め、頭の働きを活発にして、おそらくは生産性も上がった。ここでも大学生のたとえで言えば、卒業しようと思っている学生は、授業の前にビールを飲むのとコーヒーを飲むのとでは結果に大きな差が出るとすぐにわかる。ビールもコーヒーも種子の産物だが、ビールという発酵液の代わりに刺激性のコーヒーを飲むことで、大きな効果が出たのは成績の平均点だけではなかった。ヨーロッパでは、コーヒーへの移行は宗教改革に引き続いて起こり、しらふの状態と生産性を約束してくれるこの飲料は、新しい時代の理念にぴったり合ったのである。ある学者が述べているように、コーヒーは「合理主義とプロテスタントの倫理が精神的・イデオロギー的に実現させようとしていたことを、化学的・薬理学的に成し遂げたのである[13]」。実際に、都市で一般的になりつつあった室内での作業、すなわち経営管理や商業、製造業の作業に備えて、コーヒーは心身の準備をさせたのだ。現代的な意味とつづりを持つ「コーヒー」や「工場」「労働者階級」という単語が一八世紀に英語の語彙に加わったことは偶然ではない。都会の労働者の間で、コーヒーは特に人気を博し、ロンドンにはかつて三〇〇〇軒に上るコーヒーハウスがあった。ちなみに、これはロンドン市民二〇〇人に一軒の割合だ。

流行の例に漏れず、コーヒーブームにも少なからず誇大宣伝や誇張があった。コーヒーは刺激剤として合法的に処方されていたが、医師や販売業者はそれ以外にも痛風や結核から性病に至るまで、さまざまな病気に薦めていた。コーヒーの効能については、頭痛に効くという主張と頭痛を起こすという主張のように相反する説もあったし、そのほとんどは催淫作用や知能向上作用などのように誤りであることがわかったが、抗うつ、虫歯予防、食欲抑制、抗高血圧といった効用に関しては、まだ医学的研究が続けられている。しかし、コーヒーの研究が続いているのは驚くに当たらない。コーヒー豆にはカフェイン以外にも八〇〇種類に及ぶ化合物が含まれ、毎日飲んでいる一杯のコーヒーは化学的に最も複雑な食物ともいわれているからだ。コーヒーの成分のほとんどはまだ研究されていないので、健康に及ぼす影響は依然として謎に包まれている。コーヒーを飲んでいると、II型糖尿病や肝臓がん、そして男性に関してはパーキンソン病にもなりにくいことは大方の研究者が認めている。しかし、その理由はまだわかっていない。

コーヒーを飲みすぎると、夜眠れなくなったり、ヨハン・セバスティアン・バッハが『コーヒー・カンタータ』こと『お静かに、おしゃべりはおやめください』で揶揄したようなイライラが生じたりすることがある。バッハ自身もコーヒーが好きだったことはつとに知られており、カフェ・ツィマーマンというライプツィヒの高級コーヒーハウスで定期的に演奏会を開いていた。こうした催しは、一八世紀にコーヒーが社会的・文化的な役割を担い始めていたことを如実に示している。思考や会話を刺激する仕方がコーヒーはアルコールとは大きく異なるので、コーヒーは飲めや歌えのどんちゃん騒ぎではなく、真面目な話し合いや会議、文化的な行事にふさわしいのだ。現在でもそうだが、当時もコーヒーハウスへ行くのは居酒屋へ行くのとはまったく異なることだった。コーヒーハウスへは、人と会うためだけでなく、勉強したり、ニュースを聞いたり、チェスをしたり、仕事をしたりするためにも行くのだ。ロンドンのエドワード・ロイドが創業したロイズ・コーヒーハウスを頻繁に利用していた海上保険業者は、後に世界最大の保険市場を設立し、このコーヒーハウスの名前を現在でも使っている。有名な事例はロイズ・オブ・ロンドンだけにとどまらない。ニューヨーク銀行はマーチャンツ・コーヒーハウスで誕生し、ロンドン証券取引所はジョナサンズ・コーヒーハウスで始まったのである。また、コーヒーハウスでは、美術品や書籍から、馬車、船舶、不動産、「押収された海賊の所有物」まで、ありとあらゆる物品の競売も行なわれ、後にそこからクリスティーズとサザビーズという世界の二大競売会社が設立されることになった。[14]

一七～一八世紀の哲学者や作家などの知識人にとって、コーヒーハウスはすぐに考えを伝え合うためになくてはならない場所になった。そうしたコーヒーハウスは「ペニー大学」〔入店料が一ペニーだったため〕と呼ばれ、知的な会話に耳を傾けているだけでよい勉強になると一般市民に言われた。ヴォルテールはパリのカフェ・プロコップで長時間過ごし、一日にコーヒーを五〇杯飲んだといわれている。ちなみに、ヴォルテールが使っていたライティングデスクが店の隅に大切に保存されている。ルソーもプロコップをよく訪れ、百科全書を編纂したドゥニ・ディドロを相手にチェスをしていたそうだ。サミュエル・ジョンソンが創設し、有名人が会員だった文芸クラブは、ソーホーのタークス・ヘッド亭で二〇年近くも会合を開き、コーヒーを飲みながら語り合った。ジョナサン・スウィフトはセント・ジェームズ・コーヒーハウスにいることが多かったので、郵便物はそこへ配達してもらっていた。科学者にもコーヒー好きがいて、アイザック・ニュートン卿がグリーシャン・コーヒーハウスでイルカの解剖をしたという逸話は嘘だが、夕方によく訪れていたのは本当だ。[15] 王立協会が近くにあったので、会合の帰りに立ち寄る人が多かったのだ（ちなみに、王立協会もオックスフォード・コーヒークラブから始まった）。

政治思想家もコーヒーハウスに集う仲間だった。ロベスピエールをはじめとするフランス革命の立役者たちはカフェ・プロコップで頻繁に会っていたし、ナポレオン・ボナパルトは若い頃、勘定が払えなくて、担保に帽子を置いて帰ったこともあった。ベンジャミン・フランクリンはパリに赴いた際には必ずそこに立ち寄ったし、(16) ロンドンのコーヒーハウスに集っていた「オネスト・ホイッグ党クラブ」の仲間には急進的自由主義者のリチャード・プライスもいた。プライスの考えはフランクリンをはじめとするアメリカ独立戦争の指導者たちに大きな影響を及ぼしたので、その数十年前に英国王チャールズ二世がコーヒーハウスは民衆扇動の温床だと非難したのは間違いではなかった。コーヒーが革命を引き起こしたというのは言いすぎだが、革命的思想を育んだといっても過言ではない。コーヒーは刺激剤として、またさまざまな考えの人々を結集させる社会的な契機として、啓蒙思想の理想を政治的に実現するのに一役買ったのである。

コーヒーを文化的・政治的出来事の中心に据えたことで、ヨーロッパ人はアラブ風の飲料だけでなく、生活様式も取り入れたのだ。パリやロンドンでコーヒーハウスが流行する数世紀も前から、近東や北アフリカではコーヒーハウスは地域住民の集会場の役目を果たしていた（言い伝えによると、コーヒーの起源は、自生するコーヒーノキの実を食べた山羊の群れが後ろ足で立ち上がって跳ねているのを見たエチオピアの山羊飼いに遡るそうだ）。コーヒーはアルコールを含まないので社交的な嗜好品として、イスラム教の教義にも、世界有数の話好きと考えられているアラブ社会にも合っていたのだ。ヨーロッパでは一九世紀のうちにコーヒーハウスの影響力は薄れていったが、カイロのエル・フィッシャウィー・カフェは二六〇年以上経っても、まだ店を続けている。アラブ世界でコーヒーの重要性が今も変わっていないことは、「クリック、キャブ〔タクシー〕とコーヒーハウス——ソーシャルメディアとエジプトの反政府運動、二〇〇四〜二〇一一年」という最近発表された学術論文のタイトルを見るだけでわかる。アラブの春の「ツイッター革命」では、コーヒーハウスは作戦本部、避難所、救護所となり、人々が実際に集まる場所として重要な役割を果たした。エジプトとその周辺では、この五世紀の間、人民蜂起の際にはたいていコーヒーハウスがこうした役割を果たしてきた。

今、ガブリエル＝マチュー・ド・クリューがカリブ海や中南米諸国を訪れたら、コーヒーの生産や加工が確立しているのを目の当たりにするだろう。しかし、コーヒーの飲用について知りたければ、私の家からさほど遠くないシアトルへ行くのが一番だろう。北米のコーヒーの「メッカ」と呼ばれているところだからだ。一九八三年にハワード・シュルツがシアトルのスターバックス・コーヒーに初めてエスプレッソマシンを入れて、コーヒーハウス文化復活のきっかけを作ったのだ。北米やヨーロッパでは、一八世紀以来、コーヒーがこれほどのブームを呼ぶことはなかった。現在ではスターバックスだけでも六二か国に二万軒を超える店を出している。この動きは文化と無関係に起きたわけではない。スターバックスの発祥の地が、マイクロソフト、アマゾン、エクスペディア、リアルネットワークスといったIT関連企業を生み出したのと同じ都市の中心部だったのは少しも不思議ではない。コーヒーは啓蒙主義の時代にふさわしいものだったかもしれないが、情報化時代ではさらに大きな原動力となっており、コンピューターがもたらした室内中心のライフスタイルを促進する。ある専門家の言葉を借りると、コーヒーがもたらすカフェインは「現代社会に不可欠な薬物」になったのだ。

インターネット、ショートメッセージサービス（ＳＭＳ）、ソーシャルメディアなどのＩＴ革新は労働時間を引き延ばし、いつでも互いにつながり合っている関係が期待される状況を作り出した。まさにコーヒーの刺激効果が求められる環境だ。ウェブサイトを持つ「ワイヤード」という人気テクノロジー雑誌があるが、ワイヤードとはデジタル・ワールドに通じているという意味と、刺激物から得られる高揚感という意味を併せ持つ隠語だ。コンピューターにしがみついて、やたらにカフェイン飲料を飲んでいる人は、かつては「コンピューターオタク」と思われたものだが、今ではそれが主流になったし、デスクトップコンピューターやノートパソコン、タブレット、スマートフォンのモニター画面のすぐ前で、その風習は今も増殖し続けている。紅茶の売り上げも伸び、カフェイン（コーヒー豆から抽出されたものが多い）は今では添加物として人気を博し、エナジードリンクや清涼飲料、鎮痛剤、ミネラルウォーター、口臭防止ミントに加えられているほか、植物学的には奇妙なことだが、食用ヒマワリの種子に「エネルギー増強」のために添加されている。以前は職場ではコピー機の脇に置いてあるパーコレーターで煮詰まった生ぬるいコーヒーしか飲めなかったが、今ではグーグルやアップル、フェイスブックのような会社の社員は、社内にある本格的なカフェでコーヒーを無料で飲める恩恵に与っている。しかし、シアトルのサーフ・カフェやサンフランシスコのザ・サミットのような店ほど、コーヒーとＩＴやニューエコノミー〔ＩＴを利用した新しいビジネス〕の関係を如実に示すものはないだろう。こうした店の客は実のところ、企業の立ち上げ計画を練り上げたり、ベンチャー投資家と話し合ったりするためのデスクスペースを店から借りているようなものだ。こうしたコーヒーカウンターとキュービクル〔パーティションで区切られたオフィススペース〕の組み合わせは、かつてのロイズを彷彿させる。ロイズの保険業者は、最初はコーヒーハウスのカウンターで仕事を始め、そのうちにテーブルやブースへ移っていき、現在ではロンドンの中心街に立つ三本タワーの一四階建てビルを占めている。コーヒーは昔と同様に、現在もIT経済を生み出すのに一役買っているのだ。コーヒーの影響を受けて、新しい考えが生み出され、そうした考えから生まれた製品を市場に出す相談がコーヒーハウスで行なわれるのである。

こうした動きの中心で果たしている種子の役割を再発見するために、私はシアトルのコーヒーショップを訪れることにした（〈アーモンドジョイ〉を買ったときと同様に、コーヒーを必要経費で飲めるとは、私のキャリアの中でも画期的な出来事ではないだろうか）。しかし、温かい飲料を淹れて売る免許を持つ店が何千軒もある都市で、どこへ行けばよいだろうか？　コーヒー業界にいる友人に話を聞いた後で、あちらこちらに電話をかけて、シアトルのコーヒーショップに勤めている人は、美味しいコーヒーを飲みたいと思ったときに、どこへ行くのか尋ねた。

まもなく、私はスレートというコーヒーショップを訪れることになった。スレートは毎年開催される「コーヒーフェスト」という展示会でアメリカのベストコーヒーハウスに輝いたばかりの店である。シアトルでも一、二を争うおしゃれなバラード地区の横町にある、もとは床屋だった店だ（まったく偶然だが、私のノルウェー系の大叔母であるオルガとレジナはかつて近くの丘の上に住んでいた。バラード地区は、昔はスカンジナビア系移民が多く暮らしており、当時はエスプレッソよりも酢漬けニ

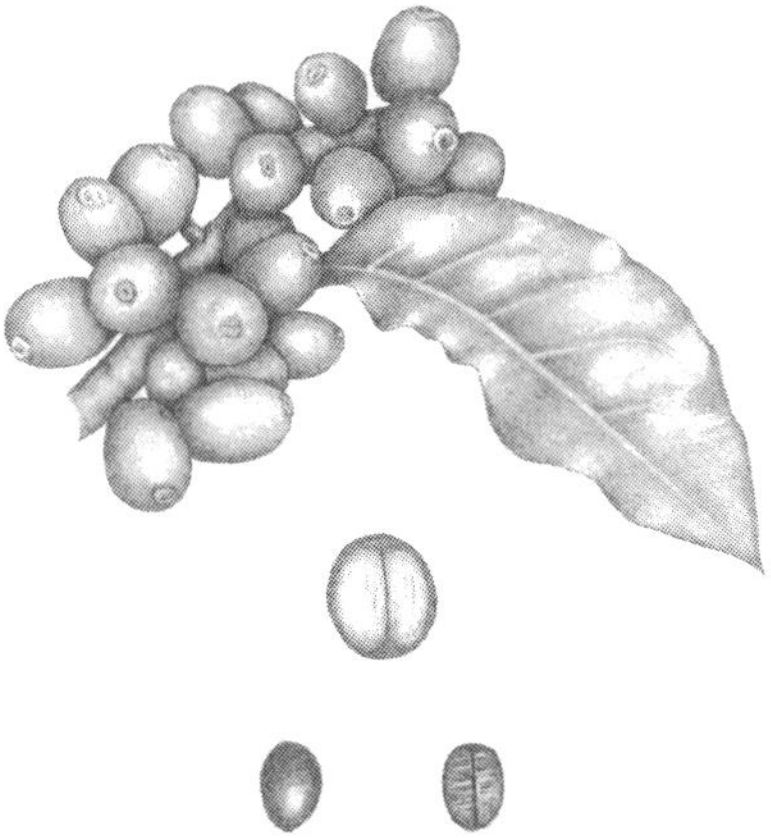

図10.2　コーヒーノキ（*Coffea* spp.）。アフリカ原産のこの低木の種子は、刺激性のカフェインや複雑な風味により、世界で最も広く取引される商品となった。（上）漿果（ベリー）に似た果実、（中央）果実の断面図。種子が２つ入っている。（下）焙煎し、膨らんで黒くなった種子。
（Illustration © 2014 by Suzanne Olive）

シンで知られていた）。店のインテリアはきわめて質素だった。隅に置いてある年代物のレコードプレイヤーからジャズが流れていたが、その他には目障りや耳障りになるものは何もなかった。殺風景な灰色の壁と小ぎれいなカウンターに簡素なスツールはコーヒーを引き立てていた。ややもすれば、こうしたインテリアはわざとらしく見えがちだが、スレートの店員は愛想がよく、飾り気のない壁と同じくらいてらいなくコーヒーへの情熱を見せていたので、気取りはまったく感じなかった。

店の共同所有者であるチェルシー・ウォーカー＝ワトソンは入口のところで私を出迎えると、微笑んで握手をしながら、「こちらへどうぞ」と言った。案内してくれたところはカウンター席で、両隣にはメモ帳を手にした二人の客が座っていた。この二人も種子の本を書いているのではないかと思い、内心びくっとしたが、チェルシーは二人は新米の店員だと紹介すると、私も店員の講習会に参加してもらうことにしたのだと説明した。こうして、私は三時間ほど、カウンターに腰かけてコーヒーを淹れたり、飲んだり、コーヒーの話をしたり、全米で最もトレンディーなコーヒーショップでバリスタの修行をさせてもらったりしたのだ。

この商売を始めたきっかけを尋ねると、「一言でいうと、彼氏がタダでコーヒーを飲みたいと言うので、ピーツ・コーヒーに勤めたのよ」とチェルシーは正直に話してくれた。眼鏡のフレームと同じ黒い髪をした小柄な女性で、控えめな物腰には事業に成功した者にありがちな驕りが微塵も感じられなかった。彼氏との仲が続いたかどうかは尋ねなかったが、コーヒーとは続いたのは明らかだった。全米第三位のスペシャルティコーヒーチェーンであるピーツ・コーヒーで一〇年ほど下積みをして出世の階段を上った後、チェルシーはピーツ・コーヒーを離れてスレートを創業し、開店してから一年もしないうちに全国的な賞に輝いたのだ。スレートのやり方は、基本に立ち返って、コーヒー豆が植物の種子であることに着目し、土壌や標高、雨量といった生育環境の条件が異なると、収穫される豆にもはっきりした違いが生じ得ることを意識したのだ。大きさや色、密度だけでなく、化学的性質も異なる可能性がある。ベトナムでコーヒー豆が出会う天敵は、エチオピアやコロンビア、マルティニク島とはまったく異なると思われるからだ。たいていのコーヒーショップは客に出すコーヒーの均質性を目指しているが、スレートでは、焙煎の仕方や淹れ方をそのつど変えて、潜在的な風味の違いを引き出すことを心がけている。

「トーストと同じですよ。パンも精白粉と全粒粉ではぜんぜん違いますが、焦がしてしまえば、どちらも同じ味になってしまいます」と、ヘッド・バリスタのブランドン・ポール・ウィーヴァーは説明する。秘訣は、豆の持ち味が損なわれないように加減して焙煎することだそうだ。「かといって、生すぎてもダメです。生の豆は葉っぱみたいな味がするのでね」と、顔をしかめながら付け足した。

これだけ講義を受けたにもかかわらず、ブランドンが小さなカップで最初の一杯を出してくれたとき、どんな味がするのか予想がつかなかった。しかし、一口啜ってみると、スレートのコーヒーは私が自宅で淹れる代物とはまったく違うことがわかった。煎じたハーブの強い風味があり、確かにコーヒーではあるが、柑橘類とブルーベリーの味もした。「いかがですか？　ジャスミンの香りがわかりますか？」と、ブランドンは自分でも小さなカップでそれを飲みながら、私の感想を求めた。

ブランドンはひょろりとした長身で、カールした黒髪を長く伸ばし、ずり落ちそうな麦わら帽を後頭部に無造作に載せていた。チェルシーが接客で忙しくなると、新人研修を引き継ぎ、豆を挽くときの感触、お湯の温度、飽和状態について早口で説明した。ブランドンは化学の実験室から持ってきたような電熱器やはかり、大型ビーカーを使って、一杯ごとにコーヒーを淹れた。ブランドンがノースウェスト・ブリューワーズ・カップで、トップ・バリスタに輝いたレシピは最近ネットに掲載された。「コーヒーを一九・三グラム（エチオピア、リム地域産のイルガチェフェ・コーヒー）、バラッツァ社のヴィルトゥオーゾのコーヒーミルで中挽き、摂氏九六度の湯を三〇〇グラム、カリタフィルターをセットしたクレヴァードリッパーで、滲出時間は三分一五秒」

ここまで細部にこだわるのは度を越していると思われるかもしれないが、ブランドンやチェルシーをはじめ、スレートの人たちは誰もがコーヒーが高級ワインに劣らない繊細な飲み物であることを認めてもらいたいと思っているのだ。チェルシーたちの努力が実を結べば、コーヒー豆は高級ワインのブドウと同じように評価されるようになり、品種やアペレーション（原産地呼称）、豊作の報奨が認のコーヒー通められるようになるだろう。こうしたコーヒーを深く味わう取り組みは新しい試みだが、コーヒー通の評判がいいようだ。一方、スレートが目指しているコーヒーショップとしての目標は、会話の場所を提供するというきわめて伝統的なものだ。

「コーヒーの潤滑油としての役目に興味があるんです」とブランドンは言うと、カウンターに隣り合わせた見知らぬ人の間に会話が生まれることについて話し始めた。ブランドンの話を裏付けるかのように、じきに新人研修を受けている私たちのまわりに、スレートのコーヒーの淹れ方を家で試してみたいと思っている熱心なコーヒー好きが集まってきた。十代の痩せた若者や年配の夫婦に混ざって、ブログを読んでスレートに立ち寄ったというジョージアから来た観光客、さらにプロのバリスタもいた。私の後ろに立っていたそのバリスタは、同じバラード地区にあるトーストという別のコーヒーショップに勤めていて、「仕事が退けたところで、うちへ帰る前に一杯飲んで行こうと思って立ち寄ったのですよ」と言ったが、当てつけがましいところは微塵も感じられなかった。ブランドンがコーヒーを淹れるのを一心不乱に見ていたので、レコードプレイヤーの針が飛んで、ベニー・グッドマンのクラリネットの高速のフレーズが延々とくり返されているのに誰も気がつかないこともあった。どんどん高音に上がっていくジャズ・クラリネットのアルペジオで、コーヒーにぴったりのBGMだった。

三時間にわたり絶え間なくコーヒーを味わっていたので、私の脳も跳ねまわり始めたように感じた。頭の中に大量のカフェイン分子が集まってアデノシンをからかっているのが目に浮かぶような気がした。車で帰る途中、話題に上らなかったものが一つあったことに気づいた。デカフェだ。スレートの人たちのようなコーヒー好きには、コーヒーからカフェインを取り除いたら、風味が損なわれ、元も子もなくなってしまうと思われるかもしれないが、デカフェは世界市場の一二%を占めているのだ。デカフェの製造工程では通常、溶剤やさまざまな成分が含まれる蒸気、水槽を必要とするが、デカフェの飲用者には求めてやまない至高の目標がある。野生のコーヒーは一〇〇種ほどあるが、東アフリカとマダガスカルに自生するコーヒーにはカフェインが入っていないものが少数ある。その祖先はカフェインが進化する以前にコーヒーの系統から分かれ、カフェインを進化させることがなかったのだ。この中の一つを栽培品種化すれば、カフェインを取り除く処理を行なわずに、豆から直接、味わい深いデカフェコーヒーを作れる可能性がある。それが実現すれば四〇億ドルの市場が生まれるので、数多くの育種家が栽培品種化を試みてきた。しかし、カフェインを進化させなかったからといって、病害虫がいないというわけではない。カフェインを進化させなかった仲間も同じ病害虫の攻撃にさらされているので、カフェインではないが、やはり防御用の化学物質を進化させている。残念ながら、これまでの研究では、その防御物質が含まれた豆は口が曲るほど苦いものばかりだ。天然のデカフェコーヒー探しは断念されたわけではないが、飲めるようなコーヒーはまだ見つかっていない。

その晩は遅くまで何だか落ち着かず、天井を眺めながら、デカフェの研究者が成果をあげるようにと祈っていた。最終的には眠りについたが、植物がカフェインのようなアルカロイドを種子の中に入れるのは、人間を喜ばせるためではないと改めて思った。アルカロイドは多くの昆虫や菌類にとって毒だし、人にとってもそうなのだ。人もカフェインを摂りすぎると、死に至ることさえある。もっとも、命に関わるのは一度にコーヒーを一五〇杯飲み干すレベルだという研究もある。毒殺者や暗殺者はもっと強力な毒があると知っているが、そうした毒の多くも種子からとれるのは意外ではない。実際、冷戦時代に起きた最も有名な暗殺事件には、橋と傘と豆という三つのものが関わっていた。

第11章　傘殺人事件

「毒」と書いてある瓶の中身をたくさん飲むと、遅かれ早かれ具合が悪くなる。

ルイス・キャロル『不思議の国のアリス』（一八六五年）

小説では、劇的な出来事が起こるとき、ロンドンの街はいつも深い霧に覆われているものだ。『オリヴァー・ツイスト』では、強盗や誘拐は霧に乗じて行なわれている。ドラキュラがミナ・ハーカーを襲いにやってきたときも、ロンドンは霧に包まれていた。『四つの署名』で、シャーロック・ホームズは運命的な出来事が起きる前に、通りを流れていく霧を眺めていた。しかし、一九七八年の九月七日にゲオルギー・マルコフが車を停めて、ウォータールー橋の方へ歩き始めたときには、朝方の小雨が上がって、陽が射していた。霧が出ていたら、マルコフはウィンドブレーカーではなく、オーバーを着ていただろう。オーバーを着ていなかったとしても、厚手のズボンをはいていたに違いない。いずれにしても、どちらかを着用していたら、マルコフの命は助かっていたかもしれない。

祖国のブルガリアでは、マルコフは社交界や政界のエリート層と交流のある有名な小説家・劇作家だった。国家元首と狩猟に出かけたこともあった。内情に精通していたマルコフは、西側に亡命してからは、鉄のカーテンの裏側で行なわれている弾圧について、的を射た論評を歯に衣着せずに行なっていた。ラジオ・フリー・ヨーロッパで毎週放送される番組の司会を務めて、ＢＢＣ（英国放送協会）にも勤務していた。その運命の日の午後は、勤務先のＢＢＣに向かっていたのだ。マルコフは祖国の内情を語るのは命に関わることだと承知していたし、ときおり殺害予告を受けることすらあった。しかし、マルコフは大物だったわけではないので、冷戦時代に起きた最も悪名高い暗殺事件の標的になることはいうまでもなく、そもそも暗殺の対象になるとは誰も思っていなかった。しかも、その凶器は誰にも予見できるものでなく、未亡人でさえもそれで殺されたとは信じがたいほどだった。

橋の南側のバス停を通り過ぎたとき、マルコフは右の腿に突かれたような感じがしたので、振り返ると、男が身をかがめて傘を拾おうとしていた。その見知らぬ男は詫びらしいことを口ごもり、近くにいたタクシーに手を挙げて乗り込むと、行ってしまった。職場に着いて、腿を見ると小さな傷があり、血がにじんでいた。マルコフはそのことを同僚に話したが、それ以上気にはかけなかった。しかし、その晩遅く、急にひどい熱が出たので、マルコフはバス停で出会った見知らぬ男のことを妻に話した。二人はマルコフが毒を塗った傘で刺されたのではないかと思い始めた。しかし、実際に起きたことはもっと奇想天外なことだった。

「傘型の銃は、Ｑの研究所に相当するＫＧＢの部署で開発されたものですよ」と、マーク・スタウトはジェームズ・ボンドの映画で一躍有名になったスパイの秘密兵器を開発している架空の研究所を持ち出して説明した。しかし、爆発する歯磨きや火を吹くバグパイプはハリウッドで活躍する小道具で、現実の諜報活動では奇抜な武器が使われることはめったにないそうだ。「銃や爆弾といったローテク凶器の使用がほとんどですね。傘型の銃と発射された極小弾は、当時の工学技術の粋を集めたものでした」とスタウトは続けた。

マルコフの暗殺事件について、マーク・スタウトに電話で話を聞いたのは、国際スパイ博物館の歴史分野の主任学芸員を三年間務めていたからだ。名刺に記されたこの肩書きはずいぶん格好よかったに違いないが、単なる見かけ倒しではなく、そのおかげで傘型銃の実働模型を手に入れることもできたのだ。それは、オリジナルの銃を製作したKGBの研究所にいた元研究員の作ったものだった。スパイ博物館には「スパイ養成学校」というコーナーがあり、この模型は同じくKGBが開発した単発式の口紅型の拳銃と一緒に展示されている。話を聞いたとき、スタウトはもっと伝統的な大学の役職に移っていたが、諜報部員の世界にまだ強い興味を持っていた。「傘型の銃は空気銃と同様に圧縮空気を使うんですが、射程距離はきわめて短くて、せいぜい五センチ程度だったでしょう。マルコフの暗殺者は、文字どおり足に先端を押しつけて発射したんです」と、スタウトは熱心に説明してくれた。スタウトが座っている椅子の軋む音が受話器を通して聞こえた。話をしながら部屋の中で椅子を動かし、ときおり止めると、背にもたれて考えている様子が目に浮かんだ。

マルコフはロンドンの病院で急性敗血症と思われる症状でじきに死亡したが、一九七八年当時は病理学者が頼れるスパイ博物館や歴史家がいなかったので、その症状を引き起こした原因がわからなかった。解剖の結果、腿に炎症を起こした小さな傷痕が見つかったが、虫に刺された痕のように見えて、突かれた傷とは思えなかった。体内に入った謎の弾丸はＸ線写真に写っていたのだが、きわめて小さかったので、レントゲン技師はフィルムの傷だと考えて無視してしまったのだ。したがって、ブルガリアから亡命した別の人物が名乗り出て、似たような事件があったことを話さなかったら、死因の究明はそこで打ち切られてしまったかもしれない。その人物はパリの凱旋門の近くで襲われたが、しばらくの間、具合が悪くなっただけで回復したのだ。今度は医師たちはその人物が突かれて痛みを覚えたという話を注意深く聞き、腰からプラチナ製の小さな弾丸を回収した。襲われたとき、その人物は分厚いセーターを着ていたので、弾丸は筋肉を取り巻く結合組織の層を突き抜けることができず、毒が全身に回らなかったのだ。ロンドンの検死官がただちにマルコフの死体の再検査を行なった結果、足の傷から同じ弾丸が回収され、周知のように、「事故の可能性は考えられない」という慎重な言い方ではあるが、殺人という結論が下されたのである。

一般大衆にとっては、マルコフの暗殺でジェームズ・ボンドの架空の世界が突如、現実のものになった。その年、『００７　私を愛したスパイ』はイギリス映画の興行収入記録を打ち立てた。この事件では、傘の男の正体と、あれほど微量で人を殺せる毒の正体という二つの重大な問題が未解決のまま残された（英国情報部とＣＩＡはとりわけ後者の正体を知りたかった）。最初の問題はまだ解決していない。ソ連からの亡命者が後に、傘型の銃と弾丸はＫＧＢがブルガリア政府に提供したものだと証言したが、肝心の詳細は不明で、犯人も逮捕されていない[1]。しかし、毒物に関しては、病理学者と諜報機関の専門家からなる国際調査チームが統一見解を発表した。それは、薬理学者と有機化学者が体重九〇キロの豚の協力を得て、何週間にもわたって行なった慎重な法医学的分析に基づいている。

最初の問題は、マルコフの体に入った毒の量を特定することだった。腿から取り出された直径一・五ミリにも満たない弾丸には、精緻な穴が二つあけられており、推定四五〇マイクログラムの毒物を仕込むことができた（わかりやすくいうと、紙にペン先を軽く押し当てるとこの弾丸くらいの大きさのインクの染みができるが、そこに開けられた穴を見るには顕微鏡が必要だ）。この容量から、使用された毒が数種類の猛毒に絞り込まれた。ボツリヌス菌やジフテリア菌、破傷風菌のような病原菌の毒素は真っ先に候補から外された。こうした病原菌は特有の症状や免疫反応を引き起こすからだ。プルトニウムやポロニウムなどの放射性同位元素も条件に合わなかった。死をもたらすにしても、もっと長い時間を要するからだ。ヒ素やタリウム、神経ガスのサリンにもこれほど強い毒性はない。コブラ毒も似たような症状を引き起こすが、少なくとも二倍の分量が必要になる。マルコフに見られた症状を呈しつつ、あれほど速く死をもたらす毒は、種子に含まれている毒以外にはあり得ない。

死刑執行人や暗殺者は何千年もの間、種子の毒を利用して役目を果たしてきた。植物界には多種多様な毒物が見られるが、種子には貯蔵がしやすく、効き目が大きいという利点がある。ソクラテスが呷（あお）った毒はドクニンジンの種子からとられたものだし、アレクサンドロス大王が死んだのはバイケイソウの種子の毒のせいだという疑いも出ている。マチンという高木の丸く平たい種子はストリキニーネを含み、「嘔吐を催すボタン」という名がつけられるほど不味い。これまでにこの種子からとられた毒によって、トルコの大統領からヴィクトリア朝時代に連続殺人を犯したトマス・クリーム医師が手にかけた若い女性たちに至るまで、数多くの犠牲者が出ている。マダガスカルや東南アジアでは、塩性湿地に生えるその名も「自殺の木」と呼ばれているミフクラギの実のせいで、毎年何百人もの人が命を落としている。シェイクスピアも、ハムレットの父が耳の中に毒薬を注ぎ込まれて暗殺される場面で、種子の毒を用いている。「蒸留精製された劇薬」と表現されている毒はナス科のヒヨスの種子から抽出されたものだろうということで、研究者の意見はほぼ一致している。また、推理小説マニアには知られていることだが、シャーロック・ホームズとワトソンが危うく犠牲になるところだった「悪魔の足」という毒物は、西アフリカ原産のカラバルマメという猛毒を持つ種子がモデルになっている。こうした植物の毒はどれもアルカロイドだが、マルコフの暗殺に用いられた毒として、致死性がもっと高く、突き止めるのが困難な珍しい毒素が、じきに捜査線上に浮かんできた。それはカストロール・モーター・オイル社の「ただのオイルではない」という宣伝文句が意図せずに言い当てている物質である。

カストロール社は、最初はアフリカ原産のトウダイグサ科の多年生低木であるトウゴマ（ヒマ）の種子を原料としたエンジンオイルを製造していた会社で、社名のカスターもトウゴマの英語名をとったものだ。トウゴマの種子のエネルギーは粘度の高いひまし油という油脂として蓄えられているが、この油は温度変化にかかわらず、比較的に粘性が高いという珍しい特性を持っているのだ（現在のカストロール社は石油を原料としたさまざまな製品を製造しているが、ひまし油はレーシングカーの潤滑油として根強い人気を誇っている）。トウゴマの種子には油脂以外にも、「リシン」と呼ばれる特殊な貯蔵タンパク質が含まれている。リシン分子は独特な二重鎖構造を持つことが知られているが、種子が発芽するときには、他の貯蔵タンパク質と同様に、この分子も窒素や炭素、硫黄に分解されて、種子の急成長を促す。しかし、動物（あるいはブルガリアの亡命者）の体内に入ると、リシンは二重鎖構造

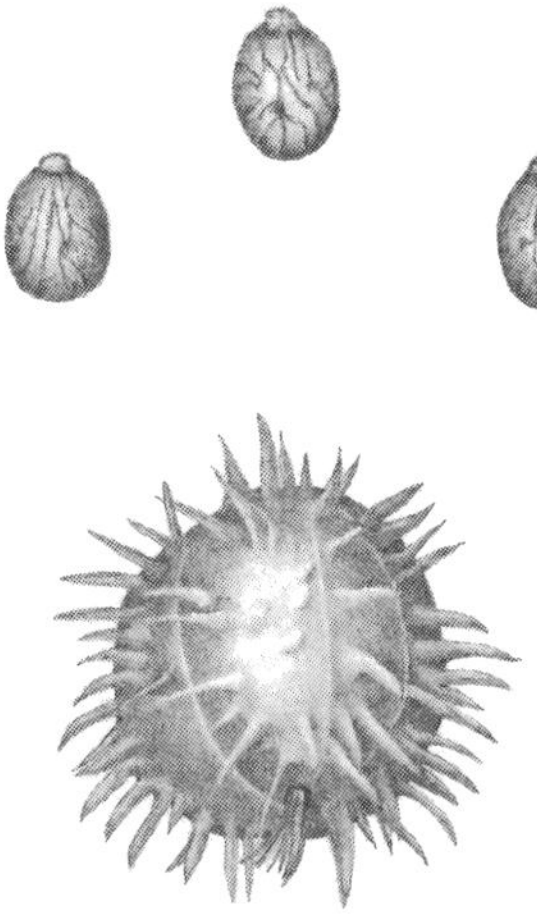

図 11.1　トウゴマ（*Ricinus communis*）の種子。アクセサリーの製造業者に求められほど美しい斑紋があるトウゴマの種子には貴重な油脂だけでなく、比類を見ない猛毒のリシンも含まれている。乾燥するとトゲのある外被がはじけて、種子を11メートル先まではじき飛ばす。
（Illustration © 2014 by Suzanne Olive）

のせいで生細胞に入り込み、破壊する能力を持つのだ。細胞の中には、遺伝暗号を翻訳してタンパク質を合成するのに欠かせないリボソームという構造があるが、リシンの一方の鎖が細胞膜に穴を開け、もう一つの鎖が細胞の中で分離すると、リボソームを破壊してしまうのだ[2]（生化学では、リシンは「リボソーム不活性化タンパク質（RIP）」の一種とされている）。血流に乗って拡散したリシンは細胞死の連鎖を引き起こし、止めることはできない。科学雑誌でさえ、「最も毒性の強い物質の一つ」や「最も魅惑的な毒物の一つ」、または単純に「猛毒」といった畏怖すら感じられる表現でリシンを記述している。毒だけでは飽き足らないかのように、トウゴマの種子には強いアレルゲン〔アレルギーを引き起こす物質〕も含まれているので、瀕死の患者は激しいくしゃみや鼻水、痛みを伴う発疹で威厳が損なわれることも珍しくはない。

　理論的には、マルコフの足から回収された弾丸には、マルコフの全細胞を何回も殺せるほどの分量のリシンが入っていたと思われる。しかし、裏付けとなる肝心の証拠はほとんどなかった。抗体ができる間もなく急死してしまっただけでなく、リシンが猛毒だということは知られていたが、中毒死の記録は皆無に等しく、中毒症状の臨床記録もなかったからだ。[3] そこで、病理学者は実験を行なうことにした。トウゴマ種子を入手してリシンを抽出し、豚に注射したのである。豚は哀れにも、二六時間以内にマルコフと同様な痛ましい症状を呈して死亡した。「動物実験の反対派は……大ショックを受けるかもしれない」と実験を担当した医師は述べたが、ブルガリアの科学者たちはもっと残酷なことを行なっていたことが後に判明した。囚人を使って実験を行ない、マルコフの暗殺に用いるリシンの分量を調節していたのだ。ちなみに、この囚人は投与された分量が少なかったので、死なずにすんだ。馬の成獣を確実に死に至らしめる分量がわかった段階で、暗殺計画が実行に移されたのだ。[4]

マルコフの殺害事件で、種子が殺人に用いられる可能性がマスメディアの注目を浴びた。犯罪者もそれに気づき、リシンはバイオテロの兵器として好まれることになった。最近はリシンが同封された匿名の手紙がホワイトハウスや連邦議会、ニューヨーク市長など、さまざまな政府関係の機関に送りつけられ、郵便物を扱う施設が何週間も閉鎖される事態も生じている。二〇〇三年にロンドン警視庁がアルカイダのアジトと思われる拠点に手入れをしたときには、トウゴマの種子二二個やコーヒーミルと共に、簡単な抽出処理ができる化学器具を押収した（押収物の中には大量のリンゴの種子と粉に挽かれたサクランボの種子もあった。ちなみに、どちらの種子にも微量ながら青酸化合物が含まれている）。種子毒に根強い人気があるのはよく効くだけでなく、手に入れやすいからでもある。今でもトウゴマはひまし油をとるためや観賞用に栽培されているだけでなく、熱帯地方にはありふれた雑草として道端にも生えているのだ。私もトウゴマの種子が欲しいと思い、インターネットで検索してみると、数十に上る品種が合法的に市販されていて、クレジットカードで簡単に購入できた。自宅に一包み届けてもらうと、中には親指の爪くらいの種子が入っていた。光沢のある滑らかな種皮には美しい赤紫色の渦巻き模様が見られた。琥珀色からピンク色までの色合いがあり、ネックレスやイヤリング、ブレスレットに使われることが多い。実は、鮮やかな「警戒色」のために、マメ科のトウアズキやナンバンアカアズキ、オルモシア、さまざまなソテツ科植物などの有毒な種子がビーズ業界の売れ筋になっているのだ。しかし、トウゴマなどの有毒な種子が身近な存在であるのは、もう一つの理由にもよる。それは現代の製薬業界の根底にある原則で、十九世紀に哲学者のフリードリヒ・ニーチェと童話作家のルイス・キャロルがいみじくも指摘している。

ニーチェは主に宗教と道徳に関する見解が知られているが、「命を奪わない試練は己を強くする」という格言も残している。ニーチェは人生訓として述べたのだが、この格言は種子毒にも当てはまる。ルイス・キャロルも有名な主人公のアリスに、「毒」と表記されたものを「たくさん飲む」のはいけないと警告させて、ニーチェと同じ主張をしている。キャロルは「たくさん」という言葉を使うことで、「少しくらい」は飲んでも体に悪いことはなく、むしろ、いいことがあるかもしれないということを言外にほのめかしている。これもまた有毒な種子に当てはまる。致死量以下ならば、医薬品として利用できる毒物がたくさんあり、実際に難病の治療薬として使われているのである。アリスの物語では、瓶の中に入っていたのは毒ではなく、アリスが次の冒険に出かけられるように用意された「体が縮む薬」だったのだが、ニーチェの場合はもっと意味深長だった。この格言を書いてからまもなくして、精神に異常をきたしたのだ。それは脳腫瘍の初期症状だったと考えられており、現在はこの病気には種子の抽出物が治療薬として使われている。

毒性学ではリシンは細胞毒素、つまり、細胞を殺す毒として知られている。ヤドリギやサボンソウ、トウアズキの種子からとった同様の化合物と共に、リシンはミクロの世界の暗殺、つまり、がん細胞を死滅させる手段として大いに期待されている。こうしたリボソーム不活性化タンパク質を腫瘍と戦う抗体に貼りつけてやることで、実験室でも臨床試験でも、がんを攻撃することに成功している。特に、ヤドリギの抽出物は何万人ものがん患者の治療に利用されてきた。もちろん、適切な投与量の特定と毒物の体内拡散防止策の確立という解決すべき問題は残っている。

リシンががんの治療に広く利用されるようになるかどうかはまだわからないが、もしそうなれば、種子や植物を由来とする多くの治療薬の仲間入りをすることになるだろう。そうした治療薬の歴史を遡れば、薬そのものの起源に行き着くことになる。チンパンジーからオマキザルまで、野生の霊長類は、薬効成分を含んでいることが知られている特定の種子や葉、樹皮など、植物の部位を選んで薬として利用している。中央アフリカ共和国で一頭のゴリラがゾウの糞からジャングルサップというバンレイシ科の木の種子を取り出すのを観察した研究者たちは、その種子に強いアルカロイドが含まれていることや、地元の治療師が足の痛みから腹痛に至るまでありとあらゆる症状を治すために、その種子だけでなく葉や樹皮も利用していることを知っても誰も驚かなかった。霊長類が寄生虫を取り除いたり、怪我や病気の苦痛を和らげたりするために、熱帯雨林の薬局を探しまわるこうした行動はくり返し見られているからである。私たちの祖先も同じことをしていたことを疑う人類学者はほとんどいないし、アマゾン川流域で行なわれた研究で、狩猟採集民が利用している植物の種類は、サルが好むものとほとんど同じであることが明らかにされてもいる。こうした古来の習慣は伝統薬の根幹をなすだけでなく、新薬の開発を促す原動力にもなっている。*

現代医学における種子の重要さを理解するために、国立衛生研究所の医薬品開発の専門家であるデイヴィッド・ニューマンに話を聞いた。二〇世紀の中頃までは、植物由来の医薬品が大きな割合を占め、その多くは種子に含まれる化合物から開発されたとニューマンは言う。化学薬品や抗生物質、遺伝子治療の時代になった今日でも、米国で認可される新薬の五%近くが植物の抽出物に直接由来するものだそうだ。ヨーロッパではこの割合はさらに高くなる。種子に関する薬学的研究をまとめた最近の報告書は、世界中の研究所に所属する三〇〇〇人の研究者から寄せられた論文を掲載した一二〇〇ページを超える大冊になっている。(5) パーキンソン病(ソラマメとハッショウマメ)、HIV(オーストラリアビーンとヨウシュヤマゴボウ)、アルツハイマー病(カラバルマメ)、肝炎(オオアザミ)、静脈瘤(セイヨウトチノキ)、乾癬(かんせん)(ドクゼリモドキ)、心不全(ニオイキンリュウカ)など、さまざまな疾病の治療に種子の抽出物が一役買っている。リシンと同様に、こうした抽出物は毒薬にも治療薬

*野生の霊長類が怪我や病気の治療に植物の薬効を利用しているのは珍しいことではないと思われるので、こうした自己治療が伝統療法を生み出すきっかけになったのだろう。しかし、こうした自己治療は危険もはらんでいる。トウゴマに含まれているリシンのように、種子や他の植物の部位に含まれる化合物は毒性の強いものが多いので、摂取量を誤ると命に関わることがあるからだ。

にも利用できるものが多い。ここで、アルメンドロの種子に由来する有名な事例がもう一つあることがわかった。

殻から取り出したばかりのアルメンドロの種子は、細長くて黒光りしている点を除けばアーモンドによく似ているので、スペイン語でアーモンドを意味する「アルメンドロ」とはよく言ったものだと納得する。初めてこの種子を煎ってみたとき、一九世紀の調香師の注意を引いた甘く芳しい香りにすぐに気づいた。この芳しい種子は「トンカマメ(トンカビーン)」という商品名で知られ、バニラの代用品やパイプタバコの香りづけ、ラム酒の風味づけにもよく利用された。市場に流通している品種は、私が中米で研究していたアルメンドロに近縁のアマゾン地方原産の種から品種改良されたものである。ナイジェリアや西インド諸島に大規模なトンカマメ農園ができたほど、一時は儲かる作物になった。フランスの化学者が活性成分の分離に成功し、現地名である「クマル」という名に因んでその成分を「クマリン」と名づけた。しかし、トンカマメ農園が好調だったのは一九四〇年代までだった。クマリンが肝臓の細胞に有害であることが明らかになったのだ。監督官庁は少量でも有害であると警告を出し、やがて食品添加物としての使用が全面的に禁止された。いうまでもなく、特製のチョコレートやアイスクリームなどのデザートに少量振りかけている大胆なシェフもまだいるが、トンカマメの消費量は激減した。

私の博士論文の指導教授で、アルメンドロの論文の共著者でもあるスティーヴ・ブルンスフェルド教授と煎ったアルメンドロの種子の試食をしたときには、私はこの歴史を知っていた。教授は肝臓がんの手術を受けた後だったが、そんなことは気にはしていなかった。味や匂いは植物を識別する重要な手がかりになることが多いので、新奇なものの味を見るのは植物学者の仕事の一部だからだ。そうはいっても、私たちはほんの数口かじるだけにしておいたが、私にはバニラとシナモンに柑橘系の味が組み合わさった風味のように思えた。教授は口ひげをもぐもぐさせて、「家具の磨き剤みたいな味がするな」と、簡潔に言った。この簡潔でユーモアがあり的を射た言い方はいかにも教授らしかった。しかし、このアルメンドロの味見は皮肉な結果になった。そのときは知る由もなかったのだが、教授のがんが再発して転移していることがわかり、数か月もしないうちに、私たちが冗談を言い合いながら味見をしたアルメンドロの成分を治療薬として投与されることになったのだ。

トンカマメの栽培が全盛期を迎えた後で、クマリンはさまざまな植物に含まれていることがわかった。桂皮（シナニッケイの樹皮）がシナモンの香りがするのも、イネ科のハルガヤやマメ科のスイートクローバーの干し草が甘い香りがするのもクマリンのためである。研究者はクマリンを含む植物が腐敗し始めると、不思議なことが起こるのに気がついた。クマリンにはもともと肝臓に悪影響を及ぼす弱い毒性があるが、腐敗すると青カビなどのありふれた菌類の働きで、成牛を殺してしまえるほど強力な抗凝血作用を持つようになるのだ[6]。この発見で、牧場の家畜が腐敗した飼料を食べて全滅することがあるという謎が解けた。そして、菌類によって化学的に微調整されたクマリンを応用する技術が確立されると、有害生物駆除と医薬品という二大産業に十億ドル規模の利益をもたらした。

この手を加えられたクマリンはウィスコンシン大学同窓会研究基金（ＷＡＲＦ）の助成を受けて研究開発されたので、「ワルファリン」という名前がつけられ、瞬く間に世界最大の使用量を誇る殺鼠剤になった。ワルファリンを混ぜた餌を食べたネズミは、貧血、出血や制御不能な内出血を起こして死に至るのだ。しかし、人間にとっては、少ない分量を投与すれば抗凝血剤として利用できる。がんとその治療中には静脈血栓が一番よくある危険な副作用だが、ワルファリンで血液凝固を阻害させれば、それを予防できるのだ。ワルファリンはクマディンという商品名で販売されており、特に、教授のようにがんが転移してしまった場合に、化学療法と一緒に利用される。脳梗塞や心臓病にも一般的に使用され、発見されてから五〇年以上経つが、今でも世界中で売れ筋の医薬品になっている。

私たちがアルメンドロの研究に携わっている間、教授の体はがんと闘っていた。植物学者が病気にかかったときは、自分の植物標本や顕微鏡のプレパラートの中にある植物から、自分が闘っている病気の治療薬が生まれるかもしれないという状況に直面せざるを得ない。教授はワルファリンを服用しているかどうかは明かさなかったが、服用していたとしたら、教授の薬箱の中身と研究対象が重なったのはこれが初めてではなかっただろう。教授はアスピリンの源泉であるヤナギの研究を主に行なっており、アオバイケイソウ（ヴェラトラム・ヴィリデ）の野生個体が大量に手に入る供給地を探していたバイオテクノロジー関連の会社に協力したこともある。ちなみに、バイケイソウはユリ科の草本で、種子や葉、根に毒があり、抗がん剤としての効能が期待できるアルカロイドを含んでいる。

結局、教授は治療の甲斐もなく、私が博士論文の審査に通るわずか数週間前に亡くなった。教授は私生活でも研究室でも、何事も中途半端でやめるのは嫌いだったので、たいていの人が諦めてしまう状況になっても、頑として諦めなかった。もう死期を延ばす手段はなかったが、研究課題にいくつか解答を得て、研究の意義を見つけられるまでは頑張れた。教授のように好奇心旺盛な人物にとって、それはせめてもの救いといえるだろう。教授の友情や一緒に過ごした時間ばかりでなく、茶目っ気のあるユーモアや鋭い知性も惜しまれてならない。教授は、無関係な情報は「たわごと」と呼んで一刀両断にし、核心に迫る稀有な能力を備えていた。会話でも科学においても、これは貴重な能力なのだ。自然界では、明快な考えでも見た目ほどわかりやすくはないからだ。

単純に考えると、種子に猛毒があるのは理に適っているように思える。香辛料やカフェインといった護身用の化合物を生み出したのと同じ適応の延長線上にあるものだからだ。そもそも、種子を食べようとする敵を殺してしまうよりも効果的な防御方法が他にあるだろうか？　しかし、実際には、不快な物質から致死性の物質に進化する過程はかなり複雑なのだ。種子が攻撃を受けた場合、植物に最初に求められることは攻撃の阻止である。多くの植物がすぐに苦味や辛味、焼けつくような痛みを感じさせるようになったのはそのためだ。種子を食べた動物がすぐに不快な思いをすれば、二度とその種子に手を出そうとはしなくなるだろう。さらに、他の個体にその経験を伝える可能性もある。一方、毒は効き目が現れるまでに数時間から数日かかることがあるので、種子を食べる行動をすぐにやめさせる効果はない。リシンのように味も香りもない毒では、一本のトウゴマに実っている種子を食べ尽くして立ち去り、別の場所で原因もわからずに死んでしまうことも考えられる（これでは、「トウゴマを避ける行動」の発達や継承は無理だろう）。したがって、不快感をもたらす化学物質は種子の捕食者全体に対して抑止効果を発揮するが、猛毒は個体を排除するだけなので、新たな個体が現れるたびに、闘いをくり返さなければならない。そこで、リシンのような極めつきの猛毒を進化させる誘因は何かという疑問が生じる。

デレク・ビューリイ教授にこの疑問をぶつけると、「はっきりした答えはなさそうだな」という答えが返ってきた。教授とはしばらくごぶさたしていたが、私が手に負えない疑問に突き当たったとき、種子研究の「神様」はいつも親切に教えてくれた。種子の毒は攻撃者によって作用の仕方が異なることが多いのだという。ある動物には軽い腹痛を引き起こす（そして、二度と食べないようにと教える）毒が、他の動物にとっては命取りになる猛毒になることもあるのだ。また、大型の動物だと死ぬまでに何日もかかる毒物でも、昆虫なら数秒で死んでしまうこともあり、不快な味と同じようにその場で攻撃を止めさせる効果がある。「一方、偶然の結果ということもあるかもしれない」と教授は考えながら言うと、トウゴマの例を挙げて、「リシンは貯蔵タンパク質で、初期段階でたやすく動員することができる物質だ。毒性は役に立つ副作用なだけかもしれない」と補足した。

ノエル・マクニッキはトウガラシに含まれているカプサイシンの研究を進めるうちに、初めは抗菌作用のある化合物だったものが、やがて昆虫や鳥から人を含めた哺乳類の味蕾に至るまで、ありとあらゆるものに影響を与えるようになったことに気づいた。種子毒にも同じような複雑な過程が当てはまるので、その背後に潜む進化の謎を解き明かすには、ノエルのように根性のある博士課程の大学院生が必要だろう。しかし、有毒な種子に関して確かなことは、種子の毒性がどれほど高くなろうとも、植物は種子の散布手段を進化させなければならなかったということだ。散布することができなければ、種子を天敵から守っても何の意味もない。トウゴマは種子の散布手段として、親植物から最大一一メートルまで成熟した種子をはじき飛ばすことができる莢と、アリを惹きつける栄養に富んだ「エライオソーム」という小さな付属物を種皮の「外側」に進化させた。世界のどこでも成熟したトウゴマの木のまわりでは似たような光景が見られる。莢が破裂して種子がはじけ飛び、何千匹ものアリが忙しく地下の巣へ種子を運び入れているのだ。種子を地下の巣に運び込むと、アリは種皮についているエライオソームをかじり取り、種子には手をつけずに放置するので、種子は安全な巣の中で発芽の時期を待つことになる。エライオソームには毒がないのか、アリがリシンに対する抗体を持っているのか、驚くことにまだ誰も調べた人はいない。いずれにしても、この巧みな散布手段を発達させたおかげで、トウゴマは散布能力を損なう危険を冒すことなく、猛毒を進化させることができたのである。一方、アルメンドロの種子にクマリンが含まれる理由を説明するのは難しい。

クマリンはカビや化学的な作用によって変化したときに初めて殺鼠剤といえるほどの毒性を発揮するのだが、それでも齧歯類に種子を散布してもらうためにはふさわしくない化合物だ。変化する前の状態でも、肝臓に障害を引き起こすからだ。食品添加物としての使用が禁止されるきっかけとなった毒性は、ラットを用いた実験で初めて確認された。クマリンを添加した餌を与えられたラットは確実に体重が減少し、肝臓にがんができて早死にした。クマリンが野生の齧歯類に及ぼす影響を研究した人はいないが、アルメンドロの木の下で暮らすアグーチやリス、トゲネズミの餌にはクマリンが豊富に含まれている。しかし、こうした齧歯類はアルメンドロの種子を喜んで食べている（そしてときおり種子を散布してもいる）が、悪影響を受けているようには見えない。クマリンに対する抗体を持っているのだろうか？　アルメンドロの種子が手に入らない季節に肝臓の機能が回復するのだろうか？それとも、巣穴で人知れず早死にしているのだろうか？　本当のところは誰にもわからないが、もっと興味をそそることがある。

クマリンはさまざまな植物に含まれているが、アルメンドロの種子は含有濃度が他に類を見ないほど高いのである（ヨーロッパの香料製造業者が、裏庭に生えているハルガヤから絞り出そうとはせずに、今でもトンカマメから抽出しているのはそのためなのだ）。アルメンドロに含まれるクマリンの量が現在増加している最中だということはあり得るだろうか？　もしかしたら、新しい化学防衛戦略の初期段階を目の当たりにしているのだろうか？　現在、齧歯類がアルメンドロの種子散布を行なっているのは確かだが、これは進化の時間スケールでみると、一瞬の出来事にすぎない。植物の側からすれば、齧歯類の種子散布はいい加減で当てにならない。アグーチやリスは種子を片っ端から食べて、散布するのは貯食した後でたまたま食べ忘れた種子だけだからだ。アルメンドロが齧歯類を寄せつけないために、毒性の強いクマリンを進化させているのだとしても、齧歯類を相手にそうした防衛策を講じているのはアルメンドロだけではない。覚えておられるかと思うが、一例を挙げると、カプサイシンは種子を食べたネズミの口の中に焼けるような痛みを感じさせるが、種子を散布してくれる鳥類の嘴には何の影響も与えないのである。アルメンドロがトウガラシのように、種子散布の他の切り札を持っているのであれば、齧歯類をはねつけることができるだろう。調査地のジャングルに設定した数百本のトランセクトを歩き、そこで収集した何千にも上る標本を実験室で分析したおかげで、現在の状況を理解することができた。

タネは旅する

樫の木に実る一万個ものドングリが、
秋の嵐でたくさんまき散らされる。
ケシに実る一万個ものタネは、
花が風になびくたびにたくさんまき散らされる。
エラズマス・ダーウィン『自然の神殿』（一八〇三年）

第12章　誘惑する果実

自然は私たちを喜ばせるために、リンゴやモモ、プラムやサクランボを創造してくれたのだろうか？　疑う余地もなく、そうではない。自然はそれ自体の目的を達成する手段として創造したのだ。こうした美味い果肉が絶大なる魅力や報酬となり、多くの生き物が引き寄せられては、種子をまくことになるのだ！　そして自然は、入念なことに種子が消化しにくくなるようにした。そうすれば、たとえ果実が食べられても、種子はまかれた先で発芽できるのだ。

ジョン・バローズ『鳥と詩人』（一八七七年）

「ムルシエラゴ（コウモリだ）！」とホセがささやいた。長いこと一緒に仕事をしてきたが、冷静なホセが驚きに似た表情を見せたのは初めてだった。目の前にアルメンドロの種子が無造作に積み上がっている。一日に一つか二つ見つかれば運がいい方なのだが、三〇個を超える種子があった。文字どおり宝の山だが、ここから半径八〇〇メートル以内には成熟したアルメンドロの木は一本も生えていないのだ。齧歯類にはもっと遠くからこれほどたくさんの種子を運んでくることはできない。私は膝をつくと、番号が書いてあるビニール袋に種子を一つずつ入れ始めた。種子はまだ新しく、硬い殻のまわりにある緑色の薄い果肉の層は噛まれて湿った房状になっていた。見上げると、案の定、若いヤシの木から四メートルほどある葉が垂れ下がっていた。ヤシの葉は中米最大のオオアメリカフルーツコウモリが好む留まり場なのである。

オオアメリカフルーツコウモリは果実を主食とする大型のコウモリで、翼を広げると四五センチになり、アルメンドロの種子を難なく持ち運べる。重い種子を運んで飛んでいる姿を見ると、一〇センチほどの体は大きな翼に圧倒されて、重い荷物を支えるための骨と皮が主役で、胴体は付け足しのようだ。イチジク、花、花粉を食べることもよくあるが、目の前の種子の山を見ると、アルメンドロの種子はオオアメリカフルーツコウモリにとって特別なものであることがわかる。その逆も然りだ。リスやアグーチは貯め込んで忘れてしまった種子以外は食べて破壊してしまうが、オオアメリカフルーツコウモリはその名が示すとおり、食べるのは種子の殻を覆っている水分を多く含む薄い果肉だけである。逆さまに留まると、鋭い歯を使って殻から果肉を数分で削り取り、種子には傷をつけず、下の林床へ落とすのだ。

私には、アルメンドロの果肉の食感は、陽に当たって硬くなった味のない熟れすぎたスナップエンドウに似ているように思えるが、ここを塒(ねぐら)としているオオアメリカフルーツコウモリにとっては、フクロウやコウモリハヤブサ、ニシキヘビが油断している獲物を虎視眈々と狙っているアルメンドロの木へ、危険を冒してまでくり返し戻ってきて、三〇回以上も往復する価値がある味なのだ。アルメンドロにとって、種子散布者が捕食の危険にさらされていることはきわめて重要な意味を持っている。捕食の危険がなければ、アルメンドロの木の上で果実を存分に食べて、種子を真下に落とすだけだろう。それではいくら種子が無傷であっても、散布はされないのだ（ちなみに、サルや重い果実を持ち運べない小型のコウモリがとっている採食行動がまさにこれである）。しかし、捕食者がアルメンドロの木に潜んでいる限り、大型のコウモリは果実を安全な採食場所へ持っていくので、独特の種子散布パターンができあがり、私とホセは実際に姿を目にしなくても、こうしたコウモリの動きが手に取るようにわかるようになった[1]。

私は歩き始める前に、もう一度、何もいない頭上のヤシの葉を見上げた。馴染みのある光景だった。勘を養うために、これまでに二〇〇〇回近くも同じように見上げては、種子のある場所とヤシの葉の位置関係を確認してきた。アルメンドロの種子は一つのこともあれば、数個のこともあったし、今回ほどではないが、小山になっていたこともあった。いずれにしても、アルメンドロの種子が散布される場所の確率は、コウモリの塒の下の方が二倍も高かった（ちなみに、コウモリがヤシの葉を選ぶのにはそれなりの理由がある。葉が垂れ下がっているので、上空から襲ってくる捕食者に発見されにくい上に、ひょろ長い茎は何者かが下から上ってくると揺れるのでわかるからだ）。コウモリの塒の下でアルメンドロの種子が見つかる確率が高いという傾向は、広大な原生林だけでなく、分断化された孤立林でも見られた。研究室に戻り、遺伝子解析を行なった結果、さらに詳しいことがわかった[2]。個々の種子がどの木から塒まで運ばれたかを追跡することによって、コウモリは実をつけているアルメンドロの木があれば、どこにあろうとも飛んでいくことがわかったのだ。牧場の真ん中に取り残されたアルメンドロの木も例外ではなかった。空腹なコウモリを惹きつけ、種子を一キロも先の環境に恵まれた生息地まで持っていかせたのである。私たちの研究結果は、広大な熱帯雨林が失われつつある状況の中で、アルメンドロやそれに依存しているさまざまな生物種が、農園や牧場、分断化された林のような新しい景観の中でも存続できるという希望をもたらしてくれた。

私たちはトランセクトを引き返す途中で、森が直線状に切り取られたように尽きて、まばゆい陽光が降り注いでいる場所に突然出た。なだらかに起伏する丘陵に牧草地が広がり、取り残された樹木が点在していて、その数本はアルメンドロの木だった。その地域のことはよく知っていたので、ロバを曳いて近くを通る地主のドン・マルクス・ピネダに出会っても驚きはしなかった。ピネダは手を振り、私たちの方へ向きを変えた。ピネダは広大な土地を所有しており、伐採やフェンスの補修、肉牛の大きな群れの世話を自分で行なっていた。ピネダが近寄ってきたとき、ロバの荷鞍にくくりつけられた黄色い水差しがピチャピチャと音を立て、中から化学物質が発するような匂いがした。ピネダはこれから放牧地に除草剤をまきに行くところだと言った。ワラビは食用に適さない勢いの強いシダなので、駆除したいのだという。しかし、そんなことを言うためにわざわざ私たちのところまで来たのでなく、他に何か言いたいことがあるはずだということはわかっていた。ようやく、ピネダは口を開いた。

「エル・パパ・ア・ムエルト（教皇が亡くなったんだ）」とぽつりと言った。ピネダが暮らしているのはニカラグアとの国境に近い辺境の牧場で、私にはピネダはいつも男らしさの象徴のように思えた。いつもカウボーイハットを被り、その下から目を細めてこちらを見る顔はたくましく、深いしわが刻まれていた。しかし、教皇の死を知って悲嘆にくれているのがわかった。ホセも動揺していた。私たち三人は蒸し暑い中で数分間、頭を垂れ、無言で立ち尽くした。ローマ・カトリック教徒が人口の七〇％以上を占めるコスタリカでは、教皇ヨハネ・パウロ二世は単なる宗教的指導者にとどまらず、英雄視されていた。ラテンアメリカに何度も足を運び、この地域のことをいつも心にかけていた教皇は、そのカリスマ性も手伝って、教会の内だけではなく、外の世界でも愛される存在だったのだ。

科学者として、私もヨハネ・パウロには好感を抱いていた。ガリレオの名誉回復を宣言しただけでなく、カトリック教会の教義を進化論と調和させることに前任者の誰よりも尽力したからだ。ローマ教皇庁科学アカデミーでの演説で、ダーウィンの説は「単なる仮説以上のものである」と述べ、『創世記』は「科学論文」ではなく、寓話であるとまで述べたのである。演説は短いものだったが、そうでなかったなら、『創世記』に記された隠喩をいくつも挙げ、その多くが生物学的なことを示していると指摘したのではないか。たとえば、アダムとイヴに関する章には、人類の曙や原罪のことが記されているだけではない。空前絶後の種子散布物語でもあるのだ。

ルネサンス以降、芸術家たちは、知恵の木の下で甘美な林檎を分け合っているアダムとイヴと、二人のすぐそばの枝に巻きついているヘビの姿を描いて、その場面を私たちの記憶に焼きつけてきた。植物学の純粋主義者は、これほど大きな果実の実るリンゴの品種が出回るようになったのは一二世紀になってからなので、アダムとイヴが食べた果実はザクロだろうと指摘している。いずれにしても、狡猾なヘビは完璧なおとりを選んだ。果実は誘惑するためだけに進化した代物だからだ。空腹な動物にとっては、リンゴやナツメヤシの美味しい果肉こそがたまらなく魅力的で、中の小さな種子などはどうでもいい無意味なものに思われるかもしれないが、事実は反対なのである。果実の多様性には目を奪われるが、すべては種子の役に立つためなのだ。

植物の生育地がエデンの園であろうと、熱帯雨林や空き地であろうと、種子を散布することができなければ、親植物が種子を生み出し、栄養を与え、保護するのにかけてきたすべての苦労は無に帰してしまう。親植物についたまましなびたり、その真下に落ちたのでは何の意味もないのだ。仮に芽を出したとしても、親植物の陰では生き延びることはできないだろう（子孫が競争相手にならないように、親植物が周辺の土壌に毒を放出することもある）。アルメンドロは種子を薄い果肉の層で包むことで、オオアメリカフルーツコウモリに八〇〇メートル以上離れたところまで運んでもらえるようにしたが、知恵の木の方が上手だった。『創世記』には、禁断の果実を食べたアダムとイヴはただちにエデンの園から追放されたと記されているので、少なくとも比喩的には、その果実も二人と一緒にエデンの園を出ていったことになる。食べかけのリンゴを手にしているアダムとイヴを描いた絵もある。アダムとイヴが食べた果実がリンゴではなく、ザクロだったら、種子は二人の消化管の中に間違いなく収まっていただろう。いずれにしても、知恵の木にとって、状況はきわめて望ましいものになった。アダムとイヴが食べた禁断の果実一つのおかげで、人類によって分布域をエデンの園だけの限られた場所から地球全体へ拡大してもらえる見込みが立ったからだ。

人と果実やその他の作物の関係、つまり、行く先々へ果実や作物をもたらすという人の習性に関しては、多くのことが書き記されてきた。リンゴだけでもカザフスタンの山地で栽培品種化された一種から何千もの品種が生み出され、南極大陸を除くすべての大陸で栽培されている。人間を食用植物の僕と呼んでもさほど大げさではないだろう。食用植物をせっせと世界各地にもたらし、手入れの行き届いた果樹園や畑で一生懸命に世話をしているからだ。さらに、この行動を種子散布といっても言いすぎではないだろう。私たちはコウモリと同様に、意図せずに種子散布を行ない、種子の誕生と同じくらい太古の昔から行なわれている植物と動物の相互作用に携わっているのである。果実は私たちの行動に影響を与えているが、植物はそうするために、私たちが甘いと感じる果肉や、私たちの注意を惹く色や形を進化させてきたのだ。果実は農業や食といった実際的な営みだけでなく、文化や想像の世界といった領域にまで影響を及ぼしている。籠や皿に溢れんばかり盛られたブドウ、ナシ、モモ、マルメロ、メロン、オレンジ、ベリーが描かれてきた静物画の歴史がそれを如実に物語っている。果実に対する欲望が強いあまりに、果実は誘惑の象徴以上のものになり、美の定義そのものにも影響を与えている。

自然界では、たいていの果実は美味いが、旬の時期がきわめて限られている。この特性はちょうどよいときに適切な散布者を惹きつけるのに役に立っているのだ。たいていの人は甘味を好むが、植物

図 12.1　アルブレヒト・デューラーの銅版画『アダムとイヴ』(1504 年)。イチジクの葉、樹木、ヘビ、誘惑の象徴である果実というすべての要素が描かれている。(Wikimedia Commons)

は糖質だけでなく、タンパク質や脂質も生成し、他の味覚も満足させる果実を簡単に作り出すことができる。カラハリ砂漠に自生するスイカの祖先のツァマメロンは、暑い地域では誰もが覚える喉の渇きを癒やす手段を提供してすべての動物を惹きつけているが、トウゴマなどの種子にくっついている栄養豊富なエライオソームは肉食性のアリを惹きつけるために進化したものだ。[3] いずれにしても、望ましい風味は種子が成熟して散布される準備が整ったときになって初めて現れるのだ。種子が成熟するまでは、植物は果実に苦味や毒を持たせて動物を寄せつけないようにする。コロンブスの二度目の航海に同行した医師は、海辺で船員たちが野生のクラブアップルのように見える果実を口に頰張るのを見ていたが、「口に入れるとたちまち炎症を起こして、顔が腫れ上がり、激痛のために船員たちは気が変になりそうになった」[4]。幸いにも死に至ることはなかったが、おそらく地元のカリブ人が毒矢に使うマンチニールという果実を食べようとしていたのだろう。昆虫や菌類を寄せつけないためか、または、この果実に特化した種子散布者（まだ見つかってはいないが）以外の動物を撃退するために、成熟した後も毒性を保っているのだと思われる。[5] しかし、毒を用いて種子散布者を一種に絞る戦略は一般的ではない。果肉の多い果実を持つ種はたいていリンゴと同じ戦略をとっている。種子散布者の種類を増やすために、できる限り魅力的な果実を作り出すのである。

「値ごろ感」という語は植物学の用語には思えないかもしれないが、家計のバランスをとることは植物の生活できわめて重要だ。エネルギーと栄養および水分は植物界の貨幣、つまり、最も重要な限られた資源である。種子散布に多くの資源を費やすと、葉や幹、根の成長や防御はいうまでもなく、種子の栄養や保護に支障をきたす危険がある。果肉の多い果実を生産するのは、植物にとっては元手が

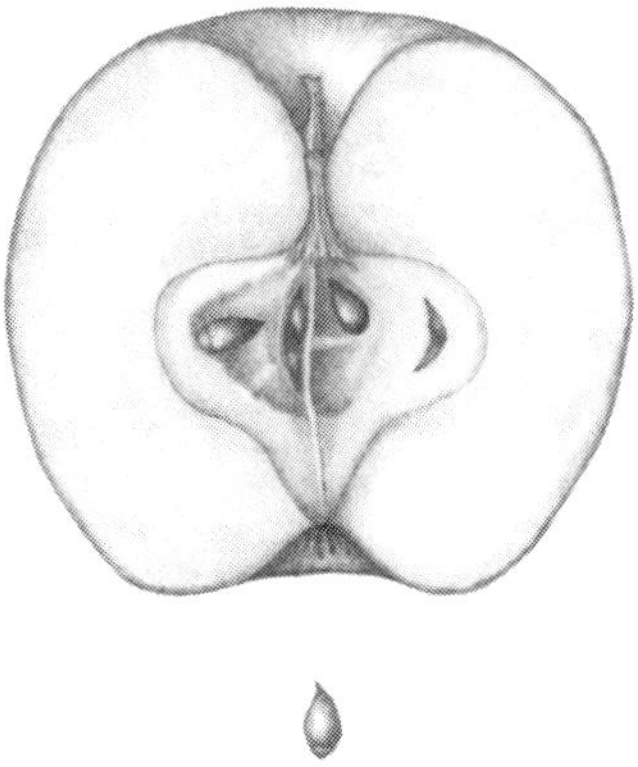

図 12.2　リンゴ（*Malus domestica*）。リンゴは絵画から聖書の話や『白雪姫』の物語に至るまでありとあらゆるものに誘惑の象徴として登場するが、他に例を見ないほど果実ならではの役割を果たしている。自然界ではどの多肉果も、動物を惹きつけて種子を散布させるためだけに植物が進化させたものである。（Illustration © 2014 by Suzanne Olive）

かかることである。トマトやメロン、カボチャ、ナス、キュウリ、トウガラシのような大きな果実をつける野菜は畑の「大食漢」だということを園芸家や農家は経験から知っている。肥料や堆肥を加えると、こうした野菜は果肉を増やすことにもっと多くの資源を回しやすくなる。しかし、自然界では植物は土壌や天候が許す範囲内でなんとかやりくりしているのだ。果実を実らせるのは大きな負担を伴うので、天候に恵まれた年でさえ、実りの季節は短く、名高い果実を実らせるのはほんの一時だけだ。

熟した果実はその一帯で最も甘く栄養豊かで稀少な食物なので、近所のみならず遠くからも動物が惹きつけられてくる。アフリカゾウはコンゴ盆地原産のビターバークというサクランボ大の匂いの強い果実や、南アフリカ原産のマルーラというマンゴーに近縁の美味な果実を求めて、何キロも回り道をする。ある森で行なわれたアフリカゾウの移動経路調査によると、バラニテスの木は二〜三年に一度実をつけるだけであるにもかかわらず、ゾウの経路はその森に生えているバラニテスの成木をすべて経由していたそうだ。私たち人類も、自然の恵みを享受するためなら、どんな苦労も惜しまない。カラハリ砂漠に暮らすサン族は、ツァマメロンが実る季節には、メロンの生えている場所の周辺にキャンプを張りながら移動するし、オーストラリア西部の砂漠地帯に住むアボリジニもかつてはイチジクや野生のトマト、モモに似たビャクダン科のクァンドンの果実を求めて同じような生活を送っていた。人間と野生動物が果実をめぐって直接競合するのは珍しいことではない。ウガンダでは、オムウィファの果実が実る季節になると、村人とマウンテンゴリラの間で軋轢が増す。ずんぐりした芳しい果実を求めて、村人とゴリラが同じ森に集まるからだ。

果実の魅力は生物学的な仕組みによるものだが、さまざまな文化で取り上げられている例は枚挙にいとまがない。たとえば、中国ではモモは不老不死、ブドウは富、ザクロは多産の象徴だし、伝統的なアメリカ文化ではパイナップルは歓迎の印である。北欧神話では愛の女神のフレイヤにイチゴが捧げられ、古代ギリシャ人はオリーブを生み出した者としてアテナを称えている。東南アジアでは、ヒンドゥー教のガネーシャ神はマンゴー好きで知られているし、インドボダイジュ（イチジク属）の木陰でヴィシュヌ神が誕生し、仏陀が悟りを開いた（ちなみに、この木は非常に神聖視されているので、分類学者も意を汲んで、聖なるイチジクという意味のフィクス・レリギオサと命名した）。聖書に登場する豊饒なエデンの園は、果実がたわわに実っているところを楽園とみなす古来の楽園観を反映している。古代ギリシャの詩人ヘシオドスは、名にし負うエリュシオン（ギリシャ神話に登場する楽園）で死後の生活を送れる果報者は「年に三回実をつける蜜のように甘い果実」を味わえると記している。イスラム教の教典には、ナツメヤシやキュウリ、スイカから「楽園のマルメロ」に至るまで、ありとあらゆるものが満ち溢れている永遠の楽園をほのめかしている箇所がある。中世のブリトン人はもっと直截的に、アーサー王の故郷とされる伝説上の島を、ウェールズ語で「リンゴの島」を意味するアヴァロンと呼んだ。ちなみに語源学者によると、パラダイスという英単語は塀に囲まれた場所を意味するペルシャ語に由来し、古代ユダヤ人がその語を借用して「果樹園」の意味で使うようになった。しかし、果実を最も尊重している例は英語に見られる。たとえば、成功した事業は「フルートフル（実り多い）」と表現され、倒産や失敗したときには「フルートレス（実りがない）」といわれる。

果実は言語と文化に深く根づいているので、甘い果肉は機能的には種子の飾り、つまり、種子を遠くに運んでもらうための手の込んだ手段にすぎないということを忘れてしまいがちだ。果肉の豊富な果実を利用する種子散布様式のことを専門用語では「エンドズーコリー（動物被食散布）」という。難解な語だが、今でも古代ギリシャ語が使われていたなら、もっと明快にわかるだろう。「動物の体内に取り込まれて外の世界へ行く」という意味だ（われわれ科学者は、現代は使われていない過去の言語を使って、長々とした用語を作り出すのが大好きなのだ。たとえば、コウモリが行なうアルメンドロの種子散布は、専門用語では「キロプテロコリー」というが、「翼に似た手を備えた動物と共に移動する」という意味だ）。このような動物の利用は、種子散布の歴史の初期に、種子を散布できるほど大きな動物が出現したのとほぼ同時に進化したと思われる。ビル・ディミケルが坑道の天井で調査している石炭紀の森には、昆虫や両生類、初期の爬虫類が少数生息していた程度だったが、ソテツシダや原始的な針葉樹はまもなく、ヤスデを惹きつけたと思われる種子を包む小さな痩せた組織から、腐った肉のような匂いを放って恐竜の祖先をおびき寄せていたと思われるマンゴーほどの果肉を備えた種子に至るまで、動物を利用するさまざまな手段を開発した。その時代の名残は、イチョウのような太古の生き残りの種子に見られる。イチョウの種子(銀杏(ぎんなん))は鼻をつく悪臭を放つので、メスの木の植樹を禁止している都市も多い。そのため、世界で見られる観賞用のイチョウはほとんどがオスの木である。オスの木なら、無臭の花粉を飛ばすだけだからだ。

植物学的にいえば、初期の種子植物には真の「果実」といえる組織は備わっていなかった。しかし、たとえば、種皮の外側の層に甘味をつけたり、近くの花茎や包葉に肉づけするなど、同じような働きをする類似の器官を発達させてはいた。この伝統は現代の針葉樹や裸子植物にも守られており、セイヨウネズの柔らかくて芳しい球果は「ジュニパーベリー」と呼ばれて、ジンの香りづけに使われているのでジン好きの人にはよく知られている。[6] 裸子植物では今でも動物による種子散布が一般的ではあるが、馴染みの深い果実は、種子が包みの中に入っている被子植物(顕花植物)が進化させたのだ。この包みのおかげで、果実にはさまざまな可能性が開かれ、果実は利用できる散布者の数を爆発的に増やしながら共に進化してきたのだ。恐竜が絶滅してしまうと、鳥類や哺乳類、被子植物は分類学で適応放散と呼ばれる急速な種数の増加を経験した。爬虫類や昆虫、魚類など、より古い時代に出現したグループも種子散布を行なうが、果肉の豊富な果実のほとんどは、鳥類や哺乳類を惹きつけて、種子を遠くに散布してもらうことを意図している。

果実の多様性を実感するには、私たちが週に数回行なう単純な行動をしてみるのが一番だ。つまり、食料品店に買い物に行ってみればいい。スーパーの野菜売り場には、熱帯雨林も敵わないほど多種多様な果実が並んでいる。私の地元にある一九二九年創業の食料品店はよい立地条件に恵まれ、ずっと同じ場所で、同じく老舗の薬局と居酒屋に挟まれて営業している。先日の春の朝には、三九種からなる七一品種の果実が店頭に並んでいた。一番小さい果実は私の親指の爪ほどのブルーベリーだった。ブルーベリーは一年を通して店頭で見かけるが、野生種が進化を遂げた北米では、実が熟す時期は秋に鳥が渡る時期や冬眠前のクマが果実をたらふく食べる時期と重なる。一方、最大の果実は最も重いものが七キロになるスイカだった。スイカの祖先であるツァマメロンは原産地のアフリカ南部では乾季に熟し、レイヨウやハイエナから人間に至るまでのありとあらゆるものに貴重な水分を提供している。地元の食料品店で販売されている果実はどれも、優れた現代の育種技術によって野生種から品種改良され、どこでも見かける身近な存在になったという経歴を共有している。確かに、果樹の多くは挿し木で増やされているし、店で売っている果実の種子はたいてい庭のコンポスト容器に捨てられてしまうだろうが、種子の存在は果実を進化させた植物の戦略が成功したことの証なのだ。食料品店で毎日、目にする果実の山は、種子散布の極端な事例といえるだろう。店頭に並んでいる果実は、イタリアやチリ、ニュージーランドのような遠い地域から持ってこられたものだからだ。こうした果実は長距離を運ばれてきただけでなく、種子植物が進化させた実に多様な果実の構造についても教えてくれる。一番わかりやすい構造は、リンゴのように甘い果肉だが、たいていの人が思いも寄らないのは、オレンジの内部にある果汁を蓄えた毛や、イチゴの構造だろう。イチゴの果実らしい形と味を生み出しているのは膨らんだ花の基部（花托）なので、種子が奇妙にも果肉の外側にくっついているように見えるのだ。

果実と種子散布者の相互作用はダンスのいずれの相手にも影響を与える。また、動植物の双方の繁殖時期はいうまでもなく、散布者の食性や移動様式にも影響を及ぼす。しかし、もっと特殊な適応を遂げた例もある。たとえば、オオアメリカフルーツコウモリの場合は、昆虫食に適した先端の鋭い歯から、果肉を粉々に砕くのに適した表面が角張った歯を進化させた。オナガザルやサバンナモンキーは一度に果実をたくさん詰め込み、安全な場所に移動してから食べられるように、頬から首の脇に達する頬袋を発達させた。ちなみに、樹上で果実を採食しているときに驚かせると、明らかに膨れ上がった顔を見せながら、樹冠を跳んで逃げていくだろう。果実食の鳥は、幅の広い嘴や弾力性に富んだ喉から、大量の果実を短時間で消化できる短い腸管に至るまで、ありとあらゆるものを発達させている。オウムやインコは熟していない果実に含まれる毒を中和するために、カオリナイトを豊富に含んだ粘土をガリガリと食べる。ちなみに、カオリナイトは下痢止め薬の〈カオペクテート〉の原料として使用された鉱物である。ヒメレンジャクも粘土を食べるのを見たことがあるが、果実食に対する適応はそれだけではない。糞にまだ甘味が残っているほど速く漿果類を消化するので、糖の吸収効率を少しでも高めるために、腸と同じように糖を吸収できる独特な直腸も発達させたのだ。

すると今度は、植物が特定のタイプの種子散布者を誘引する戦略をとるようになった。[7]鳥類はラズベリー、ブラックベリー、クランベリー、クロスグリ、サンザシ、セイヨウヒイラギ、イチイなどのような鮮やかな赤や黒い色の斑点をよく認識する。一方、ゾウのような色盲の動物やコウモリのような夜行性の動物、カメやオポッサムのような目よりも鼻が利く動物を惹きつけるには、匂いの方が有効だ。果実の中心部に入っている種子の中には、自然界で最も硬い種皮を備え、削られたり噛まれたり、消化の化学的作用にさらされたりしても耐えられるものもある。実のところ、果実の種子は散布者に食べられることで、発芽頻度が下がるどころか、二倍にも高まるのだ。たとえば、南アフリカに自生するマルーラの実はゾウの巨大な歯で噛まれると、種子にある木質の栓がゆるみ、そのおかげで水分を吸収して発芽できるようになるのである。動物がこれほど顕著な恩恵をいつももたらすとは限らないが、クマが食べるサクランボからガラパゴスゾウガメが好むウチワサボテンの実に至るまで、消化されることで発芽が促進される果実は数多い。おそらく、化学的な変化と物理的な摩滅がある程度重なると、それがきっかけになって種子は休眠から目覚め、最終的に体外に排泄され、肥料となってくれる温かい糞の中で発芽を促されるのだろう。[8] 他の動物がそうした糞の中から種子を取り出し、さらに散布する場合もある。たとえば、リスはゾウの糞の中からマルーラの実を取り出す。また、シロアシネズミはクマの糞の中にあるチョークチェリーの実やミズキの種子を集めてあちこちに蓄える。しかし、なんといっても、糞の中の種子を利用する悪評の高い例はグルメコーヒーの世界に見られるものだ。アジアに生息するパームシベットという樹上性で果実食のジャコウネコの糞から取り出されたコーヒー豆が、高いときには一キロあたり六五〇ドルで取引されているのである。マンハッタンのしゃれたカフェで一杯飲んだら、一〇〇ドル近く取られるだろう。高値で取引されているジャコウネコのコーヒーに触発されて、タイのゾウやペルーのハナグマ、ブラジルの七面鳥に似たマシャクケイなど、コーヒーの実を食べることが知られている他の動物の糞に目をつける者が出てきた（しかし、その一方で、残念なことに、檻に入れた動物にコーヒーの実を無理に食べさせる残酷な事業を行なう者も現れた。コーヒーの話を聞きに訪れたシアトルのスレート・コーヒーバーで、この問題が話題に上ったとき、バリスタのブランドン・ポール・ウィーヴァーはこうした異常な過熱ぶりを「ケツの穴から出た、クソ野郎のためのコーヒー」という名文句で切り捨てた)。

美味しい果肉をだしにした種子散布はソテツ科、ウリ科、ミカン科など、三分の一近くに及ぶ植物の科で見られる。こうした種子散布はうまくいけば劇的な効果をもたらすので、さまざまな科で別々に何度も進化してきたのだ。たとえば、喉が渇いたカッショクハイエナは一晩にツァマメロンを一八個食べることがあるが、その種子は四〇〇平方キロにも及ぶ行動圏に散布されることになる。ブルーベリーを食べるヒグマはもっと効率がよい。数時間で一万六〇〇〇個のベリーを平らげるからだ。それぞれのベリーには平均して三三個の種子が入っているので、腹の空いたヒグマは一日に五〇万個以上のブルーベリーの種子を散布することになる。こうした事例は枚挙にいとまがないだけでなく、詳細を知るための研究に長年身を捧げる研究者も多い。とはいえ、別の方法で散布される種子がたくさんあるのも事実だ。

ほとんどの植物にとって、種子の散布は動かない生活の中で移動を経験する唯一の瞬間である。種子の散布によって何がどこに生えるかが決まり、生態系を組織する基本的なパターンが決まる。それゆえ、種子の散布は進化に大きな影響を及ぼし、種子植物は四億年近くにわたり、さまざまな種子の散布方法を編み出してきた。果実は種子散布者に対する報酬だが、果実を備えていない種子の中には、鉤(かぎ)やトゲ、粘りなどを利用して動物の体にくっつき、タダで散布してもらうものもいる(ちなみに、こうした植物の戦略を商業的に利用した例として、〈ベルクロ〉の商標で知られているマジックテープが挙げられる。自分の飼い犬の毛にくっついてくるゴボウの種子を見て、この商品を思いついたそうだ)。莢がはじけて種子が飛ばされるものや、海に落ちて潮の流れに乗って移動するものもある。

読者も靴下に草の種子がくっついて困った経験があるだろう。一足歩くごとに種が内側に入り込み、やがてチクチクして耐えられなくなり、足を止めて種をつまみ取ると、地面に投げ捨てる。これで、植物の意図した種子散布が達成されたのである。

コスタリカでは、アルメンドロがコウモリの翼の力を借りて移動しているということを、私とホセは知ることができた。しかし、コウモリが現れるずっと前に、種子は自分の翼を備えるようになっていたのである。滑空や旋回、浮遊、滑翔など様式を問わず、風を利用した種子散布は最初に試みられた方法だが、今でもこの種子散布の方法は主流である。植物は実践を重ねながら、風を利用して種子を飛翔させる（時には浮遊させる）手段を開発してきた。そのおかげで種子は大量に、そしてコウモリやクマや鳥さえ思いもよらないほど遠くまで移動できるようになった。その結果、草本や低木、高木などの植生が形成されただけではない。種子と人間の長い歴史に新たな一章が加わったのだ。種子の紙のように薄い翼や綿毛は、航空学やファッションから産業の歴史や大英帝国、アメリカの南北戦争に至るまで、ありとあらゆることに影響を及ぼした。生物学の話題はダーウィンの話から始まることが多いので、この件についても若き博物学者がガラパゴス諸島で記したノートや日記から話し始めることにしよう。

第13章　風と波と

植物は花や木から種子を一つ飛ばすだけでは満足せず、空も地も厖大な種子で埋め尽くすのだ。そうすれば、たとえ数千の種子が死んでも、数千が根を下ろし、数百が芽を出し、数十が一人前に成長し、少なくとも一つが親の後を継げるかもしれない。

ラルフ・ウォルド・エマーソン『随筆集　第二集』（一八四四年）

若い頃、チャールズ・ダーウィンは植物があまり好きではなかった。博物学者としてビーグル号で航海に出たとき、大好きだったのは地質学と動物学で、植物学への興味は両者に比べるとずっと小さかった。ダーウィンは自分のことを「ヒナギクとタンポポの違いもよくわからない男」と評していた[1]し、ダーウィンをビーグル号の航海に推薦したケンブリッジ大学の恩師も、「植物学には疎い人物」と認めていた[2]。しかし、晩年は植物の研究が大半を占めるようになり、食虫植物やツル植物、花の構造やランの受粉に関する著書を上梓している。しかし、ビーグル号が南米沿岸を巡っていた頃は、ダーウィンは義理で植物の収集を行なっていたので、標本を捨ててしまおうかと思ったことさえあった。だから、ビーグル号がようやくガラパゴス諸島に着いたときに関心を示したのが、火山や溶岩原、陸ガメや風変わりな鳥だったのは少しも不思議ではないのである。ダーウィンはガラパゴスの植物相を見て、フィールドノートに一言「大木のないブラジルだ」と記したが、その所感が植物に対する関心のなさを簡潔に表しているように思える。[3] チャタム島に上陸した当日のことを「植物をできるだけたくさん収集しようと努めたが、一〇種類しか見つけることができなかった。情けない姿をした小さな雑草なので、赤道地方ではなく、北極地方の植生に似つかわしいだろう」と後日、書き記している。[4]

ダーウィンはクレーターやフィンチの方に興味を掻き立てられたかもしれないが、ガラパゴス諸島で植物採集に注いだ努力は十分に報われた。それから五週間のうちに、植物相の四分の一近くに相当する一七三種を収集して標本を作製することができたからだ。しかも、収集した植物は後に進化論に関わる考えに重要な切り口をもたらすことになった。ダーウィンが種の起源について考え始めるきっかけになったのは、ビーグル号の航海のような遠出の旅に出た人物なら誰でも抱くような、「植物や動物がその場所に生息しているのはなぜか」という疑問だった。ガラパゴス諸島がダーウィンの考え方にどのくらい影響を及ぼしたかについてはいまだに研究者の間で議論が絶えないが、ガラパゴスに着いて五日目に、考えの一端をうかがわせる、「自分は鳥類相に南米らしさを認めるが、植物学者はどうだろうか？」という走り書きを残している。このとき、ダーウィンがガラパゴス諸島の植物相の起源に思いを巡らしていたことは明らかだ。実は、チャタム島で収集した情けない姿の雑草の中に、この疑問を解明する植物が含まれていたのだ。数年後に、その標本を調べた友人のジョゼフ・フッカーは、南米産の近縁種との類似性と相違にすぐに気がついた。その植物は現在、「ダーウィンの綿」を意味する「ゴッシピウム・ダーウィニイ」と呼ばれている。この植物がどのようにガラパゴス諸島

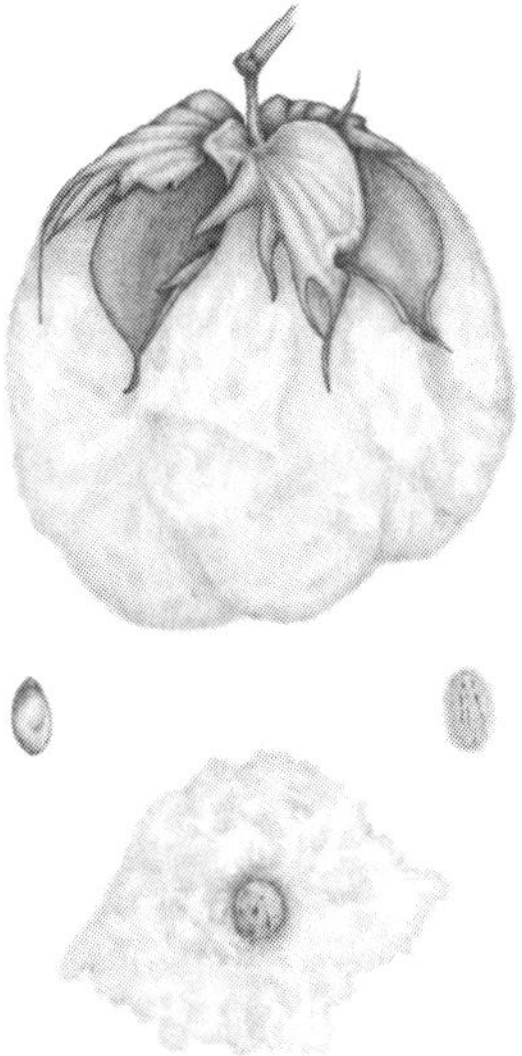

図 13.1　ワタ（*Gossypium* spp.）。ワタの実一つからとれる繊維を端から端までつなげると 32 キロ以上の長さになる。綿の繊維を撚った糸を使った産業は、帝国の歴史や産業革命、アメリカの南北戦争に大きな影響を及ぼしてきた。（上）ワタの実、（中）繊維を取り除いた種子、（下）ワタの実の中にある種子。（Illustration © 2014 by Suzanne Olive）

に到達したかを知ることは、種子がどれほど遠くまで移動できるか、なぜ移動するのか、行き着いた先で何が起こるのかを説明する説得力のある実例となる。

ワタの研究者はその属の学名を考え出す必要はなかった。古代ローマ人が使っていた「ゴッシピウム」という語をそのまま用いるだけでよかったからだ。古代の世界では綿を使った織物はよく知られていた。アレクサンドロス大王が初めてインドから持ち帰り、じきに地中海周辺から南はアラビア半島に広まった。ちなみに、アラブの人たちは綿を「クトゥン」と呼んだが、それが英語に入り「コットン」になった。コロンブスが出会ったアラワク族だけでなく、アステカやインカの人たちも使っていた。コロンブスが上陸したカリブ海地域ではどこでも、魚網やハンモックからコロンブスが「ようやく恥部を覆うだけの大きさしかない」と記した女性のスカートに至るまで、ありとあらゆるものに綿が利用されていた。[5] コロンブスは最初の航海日誌で、アラワク族の綿のことに一九回も言及し、「アラワク族は綿を植えることはしない。ノバラのように、野に自生しているからだ」と記している。[6]

世界には四〇種を超えるワタが自生しているので、熱帯地方ではどこでも同じような観察ができるだろう。単純な種子をつけるワタもあるが、綿花に包まれた種子をつける地域では、綿花の繊維から糸が紡がれている。綿は世界で最も需要が大きい繊維として、四二五〇億ドル規模の産業を生み出し、史上最も重要な非食用作物になっている。綿は私たちにとってあまりにも身近な存在なので、トーガやターバン、ハンモックやTシャツに織られるために進化したのではないことを忘れないようにしなければならない。ワタが種子を包んでいる精緻な綿花を進化させたのは人間に利用してもらうためではなく、種子を風に乗せて散布しやすくするためだ。

風散布の概念は、春に芝生を刈り込まないで伸び放題で雑草だらけにしておき、子供を連れてその芝生を歩くだけで理解できる。うちの息子は歩き始めた頃から、セイヨウタンポポの綿毛を見つけると、引き抜くのが好きだった。それを空にかざすと「吹いて！」と要求するので、従わないわけにはいかなかった。私が数えたところでは、軽く一息吹いただけで二〇〇個以上の種子が空に舞い上がり、漂いながらかわいい小さなパラシュートで下りてきた。それを捕まえようとすれば、一・五メートルから六メートルも先まで走る必要があるだろう。風の強い日なら、捕まえるのは絶対に無理だ。セイヨウタンポポは今ではロンドンから東京やケープタウンまでどこでも見られるので、その綿毛を吹いてみれば、植物の空気力学、つまり風散布に適応した種子の構造を理解することができる。風散布の鍵となるのは、タンポポの種子の繊細な軸の先端に生えている綿毛だ。弾力性に富む繊維が、風を最大限に利用して飛行距離を伸ばすのに最適な間隔で対称的に配置されている。一方、ワタはタンポポとは異なる構造を用いて空中に漂う。それを理解するために、私はイーライ・ホイットニーが一八世紀に有名な綿繰り機を発明して以来、誰もやろうとはしないことをやってみることにした。ワタの実を手で分解することにしたのだ。

野生のワタは角張った枝に毛の多い灰色を帯びた緑色の葉がついた多年生の低木である。栽培品種は成長の早い一年草で、丈が低いが、他の点は野生種と大して変わらない。ワタはアオイ科に属し、この仲間にはボンテンカやオクラもあるが、よく知られているのはタチアオイやハイビスカスのような鮮やかな花をつける園芸種だろう。ワタもレモンイエローの薄い花弁が紫色の中心部を囲んでいる美しい花を咲かせる。果実は丸い莢を形成するが、成熟すると、莢が破裂して裏側に反り返り、中の白い繊維が表に出て白い球のようになる。収穫期のワタ畑は一面に雪玉がちりばめられたか、空想上の羊がいっぱいいるかのように見える。英国の旅行家ジョン・マンデヴィル卿は一四世紀に『東方旅行記』で、アジアには小さな羊が詰まった瓢箪のような果実が実る木があると記述して読者を驚かせた。マンデヴィル卿は、

図13.2　14世紀の旅行家ジョン・マンデヴィル卿の旅行記などから、アジアには果実から羊毛の生えた生き物が収穫される木があり、その「植物羊」からワタがとれるという俗説が生まれた。（作者不詳。17世紀頃。Wikimedia Commons）

ワタについては別の場所でもっと正確に記しているので、この記述がワタのことを指しているのかどうかは定かではないが、羊の生る木のイメージが定着してしまった。じきにこの話は潤色され、ワタは「羊の木」からとれると考えられるようになり、子羊が枝先から綿毛で覆われた首を伸ばして牧草を食べようとしているイラストが描かれた(7)。

マンデヴィル卿と同様に、私も雨の多い冷涼な島に住んでいるので、綿花の栽培はとてもエキゾチックに思える。しかし、中世の英国人とは違って、私の場合はわざわざインドまで旅しなくても、自然な状態のワタを見つけることができた。現代では、枝についたままのワタの実がとても安い価格で手芸店で売られている。リースや生け花用なのだが、解剖してみようという勇ましい植物の研究家に、この実はすばらしい種子進化の物語を語りかけてくれる。私はピンセット、小型のナイフ、先の尖った顕微鏡用のプローブ（探針）を二本用意すると、枝から中くらいの大きさのワタの実を切り取り、ラクーン・シャックへ向かった。

ワタの実を茎を下にして机の上に置いてみると、確かに羊の姿に似ていた。ふさふさした背のあたりは古いフランネルのように柔らかい。その綿花を指に挟んで押しつぶすと、繊維の奥に埋もれている種子の硬い感触が伝わってきた。実は縦が七・五センチ、横が五センチで、重さが四グラムだった。以前、羽の本を執筆していたとき、この同じ机でミソサザイを解剖したことがあったが、驚いたことにミソサザイも同じ大きさだった。ミソサザイも小柄で軽くて、飛ぶのに適していた。ミソサザイの羽は一二〇〇本以上もあり、その小さな羽をピンセットを駆使して抜いて、仕分けをする骨の折れる作業にたっぷり二時間はかかったが、綿花の解剖に比べれば子供だましのようなものだ。ワタの実から繊維を取り出し始めて一分と経たないうちに、一本ずつ取り出すなど不可能だということがわかった。繊維は互いに固く絡み合っているので、一本引っ張ると、数百とはいわないが、数十本の繊維が一緒についてきてしまうのだ。フェルト状になった綿花をほぐして、種子を手際よく取り出そうと考えていたが、浅はかだった。繊維と種子をより分けるだけでなく、ミソサザイの羽のときのように、繊維を一本ずつ数えて、分類し、計測したいと思っていたのだが。結局、鋏を使わざるを得なくなったが、それでも何十回も切れ目を入れないと、目の詰まった繊維の塊を切り離せなかった。作業が終わると、あたりには絡まったままの繊維が舞い、目の前にはあちこちに繊維の塊がついた惨めな姿の種子の山ができていた。その山を見ると、虎刈りにされた羊の群れが彷彿とした。

顕微鏡で見ると、私が直面した問題の原因が明らかになった。種子の表面には短く刈り込まれた芝生のように綿毛がびっしりと密集して生えていたので、どこまでが種皮でどこからが綿毛なのか、その境がわからなかったのだ。しかし、デレク・ビューリイの『種子事典』のワタの記述に目を通して、その理由がわかった。種子と綿毛は別の層ではなく一つのものだったのだ。ワタのような植物の種皮には、原則が当てはまらないのである。ワタの種子は一番外側の層を防御ではなく、散布機能を高めるために利用しているのだ。飛翔や浮遊（これについては後ほど取り上げる）が強力な進化的誘因となり、顕微鏡でなければ見えないほど小さい個々の細胞が、五センチを超える桁外れに長い繊維に変化したのである。道理で、解きほぐすのが難しいわけだ。ワタの種子は二つ割りにしたエンドウマメくらいの大きさだが、その表面は細胞一つ分しかないほど細い繊維でびっしりと覆われており、その数は優に二万本はある。一つの果実には三二個ほどの種子が入っているので、一つのワタの実は五〇万本を超える繊維が絡み合ったものになる。この繊維をばらして一列につなげて並べると、三二キロ以上の長さになるだろう。

イーライ・ホイットニーは裏庭で猫が鶏に飛びかかるのを見て、かの有名な綿繰り機の着想を得たそうだ。鶏は大声をあげて逃げ切ったが、猫の前足の爪には鶏の羽が数枚残っていた。綿繰り機もこの猫と同じように、大きな回転ドラムに取りつけられたたくさんの鉤で種子から繊維を掻き取るのである。ホイットニーが一七九三年に出願した特許の申請書には、手回しのハンドルとローラーが一ついた何の変哲もない木の箱が描かれていた。蒸気と電気の時代に入ると、この技術は急速な進歩を遂げ、現代では、一梱（二二七キロ）の綿花を二分足らずで種子から分離、洗浄、乾燥、圧縮することができるコンピューター制御の大型機械が開発されている。この間もワタの進化の方向性は一目瞭然だった。どの綿繰り機のまわりでも、綿花の繊維が雲のように中空に舞って漂い、一九世紀に観察記録を残した人が「猛烈な吹雪」と呼んだような状況が見られたからだ。ワタの種子を覆っている一つの細胞からできた繊維は、ほとんど感知できないほど極小の軽さと最大の表面積を併せ持っている。風でも、機械でも、ワタの繊維は空中に放たれると、種子のもくろみどおりに空中に漂い、移動するのだ。

風散布によって種子はさまざまに分散し、「シードシャドウ」を形成する〔シードシャドウとは、一つの母植物が生産した種子の空間分布を示す生物学用語〕。風は気まぐれなので、いかに空気力学的に優れていても、種子はただ長時間、空中を漂うことしかできない。その結果、ほとんどの種子は母植物のそばに落ち、母植物から遠ざかるにつれて数が減っていくという予測可能なパターンで分布する。しかし、このシードシャドウがどこで終わるのかはまだ解明されていない。種子が真に長距離を移動することは頻度がきわめて低いので、研究が難しいからだ。大気中を移動する種子を追跡した数少ない研究の中に、ヒメムカシヨモギというキク科の雑草についての調査がある。粘着式のシードトラップを装着したラジコン飛行機を用いて、空中を飛翔するヨモギの種子を回収した結果、種子が上昇気流に乗って、少なくとも一二〇メートルまで上昇したことが確かめられた(8)。そこまで上がれば、微風でも数十ないし数百キロメートル移動できるが、実際には種子はもっと高く、遠くまで漂うことができることがわかっている。たとえば、ヒマラヤ山脈では、植物が生育できる限界をはるかに超えた標高六七〇〇メートルの岩の割れ目で、風に運ばれた未同定の種子が見つかっている。どこから運ばれてきたのか知る由もないが、食物連鎖の基盤を形成するだけの数が運ばれてきているのである。菌類が種子を腐敗させ、トビムシが菌類を食べ、微小なクモがトビムシを捕食しているのだ(9)。

しかし、種子の長距離散布を裏付ける証拠は、上空を浮遊する種子の回収調査や山頂で得られるだけではない。ダーウィンがビーグル号の航海中に興味を掻き立てられた生物種の分布のパターンそのものが種子の長距離散布を裏付ける有力な証拠であるし、遠隔地に生えている植物（ガラパゴス諸島に自生しているワタの木など）は、種子の長距離散布以外の方法ではたどり着けないという単純な事実もまた有力な証拠となる。ダーウィンがいつ頃から種子散布について考え始めたのか、正確なところは知る由もないが、ビーグル号が英国に帰還して数年のうちに、ダーウィンはセロリの種子や丸ごとのアスパラガスの枝など、ありとあらゆるものを海水を入れたフラスコやタンクに浸し始めた。大方の種子は一か月以上海水に浸されていた後でも発芽した。四か月以上経っても発芽した種子もあったが、ほとんどの種子が海水に浸されてから数日以内に沈んでしまったことには、ダーウィンは落胆している。それでも、大西洋の平均的な海流に乗った場合の散布距離を、少なくとも四八三キロと算出した。[10]さらに、遠くの海岸に打ち上げられた種子が乾き、風に乗って内陸に運ばれる風散布の可能性も考察した。

ダーウィンが実験に用いたのは、キャベツ、ニンジン、ケシ、ジャガイモなど英国のどこの庭でも見られるような植物だった。ダーウィンはこの地味な実験から、風や鳥による種子の長距離散布と同様に、海流による長距離散布も、ガラパゴス諸島のような島嶼に植物が分布を広げられる理由を説明するのに役に立つだろうと、慎重に結論を出している。しかし、それでもダーウィンは「種子が適した土壌に落ちて、成熟するまで育つ可能性はどんなに少ないことか！」と述べて、散布距離や散布先に到着した種子の運命に関して疑念を表明している。[11]実験にワタを使っていたら、ダーウィンはもっと自信が持てたかもしれない。

ワタが空中に浮いていられるのはフワフワした長い繊維のおかげだが、その繊維が気泡を閉じ込めて、水に浮くのにも役に立っていることが明らかになった。ワタの種子は少なくとも二か月半くらいは水に浮いていられるのだ。また、ぎっしり生えている綿毛のおかげで、種皮に水が浸み込みにくくなるので、海水の中に沈んだ後でも、三年以上生きていられる。遺伝子分析によって、ダーウィンワタは南米沿岸に見られる種と祖先が一致することが証明され、ワタは南アメリカ大陸から九二六キロ離れたガラパゴス諸島へ大海原を越えてたどり着いたことが明らかになった。嵐か、「異常気象事象」と種子散布研究分野で呼ばれている出来事によって、はるか沖合まで吹き飛ばされた最初の大胆な種子が、流れの速いフンボルト海流に乗って何週間も流され、ガラパゴス諸島の岩石海岸に打ち上げられたと考えられている。そこからはダーウィンが推測したように、海風によって内陸へ運ばれたのかもしれない。しかし、もう一つ可能性があり、こちらの方がもっと魅力的に思える。ガラパゴス諸島の乾燥した低地には固有のダーウィンフィンチが生息しているが、このフィンチたちは巣の内装にはもっぱら種子の繊維を使っているので、島に打ち上げられたワタの種子はフィンチの嘴によって内陸へ運ばれた可能性もあるのだ。

種子が風や波によって安住の地に運ばれる可能性は低いように思われるが、長い時間をかけて回数を重ねれば、恵まれた環境にたどり着ける種子も出てくる。風に依存して種子を散布する植物が圧倒的に多いが、風による移動距離はたいてい一〇センチ前後から二メートル前後にすぎない。しかし、こうした状況に海流を加えると、ダーウィンワタのような種子散布も稀な事例ではなくなる。ワタ以外にも少なくとも一七〇種の植物がガラパゴス諸島に似たような方法でたどり着いているからだ。[12]そもそもワタが大西洋を越えて南米に到達したのは、一度ならず二度もあったのだ。そのことを考えると、ガラパゴス諸島にたどり着いたことはなんら驚くには当たらない。生物地理学者はこの二度にわたる移動を「奇跡の二乗」と呼んでいるが、揺るがぬ証拠がある。[13]アメリカに見られるワタ種にはアフリカの二つの別の系統の祖先の遺伝子が含まれているのである。大西洋を挟んだ二地域の関係には、ワタの分散によって、植物学者の関心をはるかに超える新たな展開も付け加わった。一九世紀には、産業の工業化、グローバル化、イギリスの世界支配、奴隷制、アメリカの南北戦争といった世界的な出来事の中心に存在していたのが、大西洋を横断する綿だったのだ。

現代という時代の形成に綿が果たした役割の重要性は、いくら強調してもしすぎることはない。綿は「画期的な繊維」とか「産業革命の原動力」と呼ばれている。[14] 史上初の世界的な量産商品になり、アメリカの綿花農園と英国の紡績工場とアフリカの奴隷輸出港を結ぶ忌まわしい「三角貿易」を支えた。つまり、アメリカの綿花が東の英国へ流れ、英国で製造された綿織物が南へ出荷され、アフリカから奴隷が西のアメリカへもたらされたのである。カール・マルクスが述べたように、「奴隷制度がなければ綿布はなく、綿布がなければ近代的な産業もない」[15]。マルクスがこの言葉を書き記した一八四六年当時、アメリカでは綿花が輸出の六〇％という驚くほど高い割合を占め、英国では労働者の五人に一人が綿産業に従事していた。原料としての綿花と完成品としての綿製品は一世紀以上にわたり、ヨーロッパとアメリカの主要な輸出品であり続けたが、ワタの種子の繊維がもたらした大きな社会的・経済的変化はもっと早くから始まっていたのだ。

コロンブスがカリブ海の島嶼でワタに出会ったとき、これこそアジアの沿岸に到達したことを示すさらなる証拠だと考えたのももっともだった。綿布は一〇〇〇年以上にわたり、紛れもないアジアの織物だと考えられていたからだ。綿織物はインドで生産され、通商路を通って東は日本、西はアフリカや地中海地方まで広く流通していた。ペルシャだけでも毎年、ラクダの積荷に換算して二万五〇〇〇〜三万頭分の綿織物をインドから輸入していたし、香辛料貿易を補う割のいい商品と考えていたヴェニスの商人を通じて、ヨーロッパにもさほど多くはなかったが、安定した量の綿織物がもたらされていた。アジアでも、各地で綿織物は取引されていた。絹の道（シルクロード）は裏を返せば、綿の道であると指摘する歴史家も多い。中国商人はインドから大量に綿織物を仕入れてきても、需要に追いつけなかった。やがて、中国は一四世紀に、四〇アール以上の土地で農業を営む者に、農地の一部で綿を栽培することを義務づける厳しい法令を定め、国内で綿を生産するようになる。ポルトガルとオランダの船は香辛料を求めて初めてアジアにやってきたとき、綿も重要な産物だということに気づいた。インド産の色模様を染め出した捺染（なっせん）織物は、特にナツメグやクローブを栽培している離島との取引の際には、ヨーロッパの銀よりも高い価値があった。その後、オランダにとって綿織物は収益性の高い副業になったが、真の意味で綿の新時代をもたらしたのは英国の東インド会社だった。

一八世紀後半にファッションと技術革新と政治が相まって、綿経済を一変させた。高価な絹織物の柄を格安の費用で綿織物に複製することによって、キャラコ（カリカットというインドの沿岸都市の名に由来する）などの捺染織物は、ヨーロッパで成長しつつあった中産階級の色彩感覚やファッションセンスを養うのに一役買った。[16] 保護主義的な法律が制定されたり、ときおり綿織物をめぐる暴動が起きたり、ロンドンの市中でキャラコを着た女性が襲われて裸にされた驚愕の事件が起こるなど、毛織物や亜麻布産業が抵抗したにもかかわらず、インド綿の輸入量は劇的に伸びた。東インド会社は交易品を香辛料から織物へ切り変え、ヨーロッパだけでなく、アフリカからオーストラリアや西インド諸島に至るまで、英国が世界中に建設した植民地の市場へも出荷した。インドの綿織物が世界中で人気を博すと、偽物が現れ始めたり、ジェームズ・ハーグリーヴスのジェニー紡績機、サミュエル・クロンプトンのミュール紡績機、リチャード・アークライトの水力紡績機など、一連の革新的な紡績機械が次々と発明された。機械化によって、英国製の織物の品質が向上すると共に、価格も下がった。

こうして綿織物の世界的な生産地はインドの村から英国の工業都市へ移ったのだ。ワタの種子が紡績機械の発明を促していた産業革命の揺籃期に、コーヒーというもう一つの種子が労働者の精神を高揚させていた。

政治的には、綿に対する需要が高まり、安定供給の必要性が増したことを理由にして、大英帝国はインドへの勢力拡大を正当化した。東インド会社が武力と征服によってインド亜大陸を支配するようになるのと同時に、英国の紡績工場が綿産業を手中に収め、インド経済を弱体化させた。マハトマ・ガンジーが「自ら綿を紡ぎ、布を織る。それが愛国心を持つインド人の義務だ」と述べて、英国の支配に対する抵抗の象徴として手織りの綿布を身につけていたのもこうした理由があった。当時のインド国旗の中央には、図案化された紡ぎ車が配された。ヨーロッパ経済は綿産業を高度に機械化することによって、農業から工業へと転換し、南から原料を輸入して完成品を世界へ輸出した。この産業形態は綿産業で初めて確立し、その後二〇〇年にわたって続くことになる。こうした経済体制によって、ヨーロッパでは帝国主義の台頭と繁栄がもたらされ、アメリカでは独立戦争が引き起こされた。

コロンブスが新世界で出会ったワタはアフリカやアジア産の種(しゅ)とは異なっていた[17]。新世界のワタの方が繊維が長く、種子の粘りが強いので、不評を買うほど加工に手間がかかった。しかし、コロンブスは、大量に生えている上に手入れをする必要がなく、一年中収穫することができると褒めそやした。コロンブスの記述は特有の大言壮語に溢れていたが、ワタに関してはその熱弁はさほど的外れでもなかった。繊維の長い方が質のよい糸が紡げるので、今ではアメリカ産のワタの一種が世界の生産量の九五％以上を占めている。とはいえ、自分でやってみてわかったが、繊維を種子から切り離すのは容易なことではない。世界中で需要が急増していたにもかかわらず、イーライ・ホイットニーがかの有名な綿繰り機を発明するまで、アメリカの綿は大きな産業に発展できなかったのもそのためだった。ホイットニーの発明によって、効率と生産性はただちに向上したが、それ以外にどんな結果をもたらすことになるのか、若き発明家が予測することはできなかっただろう。

ホイットニーは綿繰り機の特許を申請し、当時の国務長官トマス・ジェファーソンの署名入りの特許証を受け取った（ちなみに、ジェファーソンは設計図を見た後で、自分のモンティチェロ農園のために一台注文した）。しかし、ホイットニーは発明によって利益を得ることはできなかった。単純な作りだったので簡単に模倣できる上に、特許侵害で訴えても、南部の田舎の裁判所は特許を持つ北部の都会人に同情を示さなかったからだ。特許使用料の一部でも認められて支払われていたら、ホイットニーは莫大な富を手にすることができただろう。実りのない特許を取得してから一〇年の間に、綿繰り機のおかげでアメリカ南部の綿花の輸出量は一五倍に伸びた。生産量は一〇年ごとに倍増したので、一九世紀中頃までには世界の綿花供給量の四分の三近くをアメリカ南部が賄うようになった。他のどの産物にも増して、綿花はアメリカという若い国家に富や影響力、国際的な威信をもたらした。イーライ・ホイットニーが法的に受けた不当な扱いについて異論を唱える歴史家はいないが、発明がもたらした他の結果に比べれば、取るに足らない事柄である。機械化によって、綿の加工処理は簡略化されたかもしれないが、綿花の栽培には依然として人手が必要だった。アメリカの綿産業が急に活況を呈するようになったため、低調になっていたアフリカの奴隷市場が活気を取り戻し、大西洋の三角貿易で最も忌まわしい取引が一七九〇年代に新たにピークを迎えたのだ。毎年、八万七〇〇〇人に上る奴隷が中間航路と呼ばれる大西洋航路でアメリカへ運ばれたのである。[18] 米国議会は一八〇八年に奴隷の輸入を禁止したが、国内での売買は依然として活発に行なわれ、一八〇〇年から一八六〇年の間に奴隷の数は五倍に増えた。綿花を摘むための奴隷の売買が綿そのものの売買に匹敵する商売になった地域もあった。

この綿産業と奴隷制度の強固な結びつきは南北戦争以前の南部経済の根幹を成し、アメリカ史上最悪の対立を招いた。南北戦争は一八六五年に終結するまでに、一〇〇万人を超える死傷者や難民をもたらし、両地域が徹底的に敵対したことで、あとあとまで消えることのない社会的・政治的な溝が残された。しかし、綿花の根本的な経済的側面はまったくといっていいほど変わらなかった。奴隷制に代わってシェア・クロッピングという小作制度が導入され、戦争が終わって五年もしないうちに綿花の生産量は戦前の水準に回復し、一九三七年までアメリカの輸出品目の第一位を占めていた。イーライ・ホイットニーも戦争の恩恵にあずかった。綿繰り機の特許は一銭にもならずに期限が切れてしまったが、綿とは縁のない兵器産業——マスケット銃やライフル銃、拳銃の製造——で財を成したのだ。皮肉なことに、ホイットニー・アーマリー社の製品は南北戦争で一番よく使用された小火器の一つだった。

種子と戦争は奇妙な組み合わせのように思えるかもしれないが、戦場の出来事に影響を及ぼした種子の散布戦略は、ワタの繊維だけではない。史上初の空爆は、一九一一年にトルコと戦争をしていたイタリアの偵察機から投げられた四発の手榴弾だった。リビア砂漠で露営していたトルコ軍の上を低空飛行した際に、パイロットが独断でピンを抜き、手榴弾を投げたのだ。死傷者は出なかったが、この行為に対して、トルコだけでなくイタリアからも卑怯なやり方だという非難の声があがった。しかし、戦略家がこの新しい攻撃方法に秘められた可能性に気づくと、この義憤もすぐに忘れ去られてしまった。手榴弾を落としたことで戦術に新しい時代が到来し、軍事史の教科書の脚注には必ずこのときのパイロットの名が登場する。しかし、このときに使われた偵察機が斬新な形をしていたことを覚えている人はほとんどいない。その飛行機は、ライト兄弟やアルベルト・サントス゠デュモンが設計したような複葉機でもなければ、オットー・リリエンタールの鳥に似たグライダーを彷彿させるものでもなかった。尾翼と格好のよい翼を備えた飛行機で、その形状はインドネシアの人には馴染み深いことだろう。インドネシアの雨林の林冠では、同じような形をしたものが何千となく漂っているからだ。手榴弾を落として一躍有名になった偵察機は、原理的には空飛ぶ種子のようなもので、インドネシア産のアルソミトラ（ハネフクベ）というウリ科植物の流線型をした種子を大きくしたような形をしていたのだ。

航空学の先駆者の多くは鳥やコウモリを手本にしたが、オーストリアのイゴー・エトリッヒは鳥やコウモリよりもずっと古い翼に注目した。ビル・ディミケルの発掘調査のときに見せてもらった化石からもわかるように、植物の種子は数億年も前から翼を備えていた。これだけの長い年月をかけて、植物は種子の組織を薄く伸ばして、実に多様な翼やプロペラを進化させてきた。たとえば、パルナッシア・フィンブリアタというウメバチソウ属の多年草の種子に見られるハチの巣状のハニカム構造から、ヒエンソウの種子の襞スカートのような構造、さらにもっと見慣れたカエデの回転翼まで、さまざまな翼状構造がある。エトリッヒは一枚の後退翼があるブーメランに似た形の種子に注目した。その翼は、長さは一五センチあるが、ワタの繊維と同様に厚みは細胞一つ分しかないので、きわめて軽い上に、大きな揚力を生み出す。その種子を作るアルソミトラは、インドネシアの森の中で、陽の当たる樹冠へ細いツルを伸ばして上っていく何の変哲もないツル植物だ。実際にこの木を見たことがある西洋の植物学者はほとんどいないが、親植物がわかるずっと前から種子のことは知られていた。

アルソミトラはカボチャのような形をした果実をつけ、実の先端が裂けると、何百もの種子が空中に漂い出て、雨林の縁から長距離を飛んでいくことが多い。陸から何キロも離れた沖合を航行する船の甲板の上にアルソミトラの種子が落ちていることもある。この種子がこのような並外れた長距離滑空を行なえるのは、航空工学の技術者が感心するほどの受動的安定性と浅い降下角という特性を備えているおかげである。ちなみに、受動的安定性というのは、飛行中に揺れ始めたとき、姿勢を自動修正して平衡を回復する能力のことである。アルソミトラの種子が自分自身で平衡を保つことができるのは、種子の膜がしなやかなので、外形が変化して、揚力の中心位置を常に修正しているからだ。また、降下角が浅いので、滑空中の種子が一秒間に失う高度は五〇センチに満たない（ちなみに、カエデのクルクル回る種子は一秒間にこれの二倍以上落下する）[19]。エトリッヒは自作の飛行機を〈タウベ〉（ドイツ語で鳩という意味）と名づけたが、種子にヒントを得たことを隠さなかったので、航空業界にはアルソミトラをもてはやす信奉者が後を絶たない。〈タウベ〉は湾曲した一枚の翼の中央に垂直尾翼を備えた機体をつけたような形をしているが、エトリッヒは本当はアルソミトラの種子とまったく同じように、尾翼もなく、操縦席も翼面から出っ張らせずに、一枚の滑らかな翼と一体化した

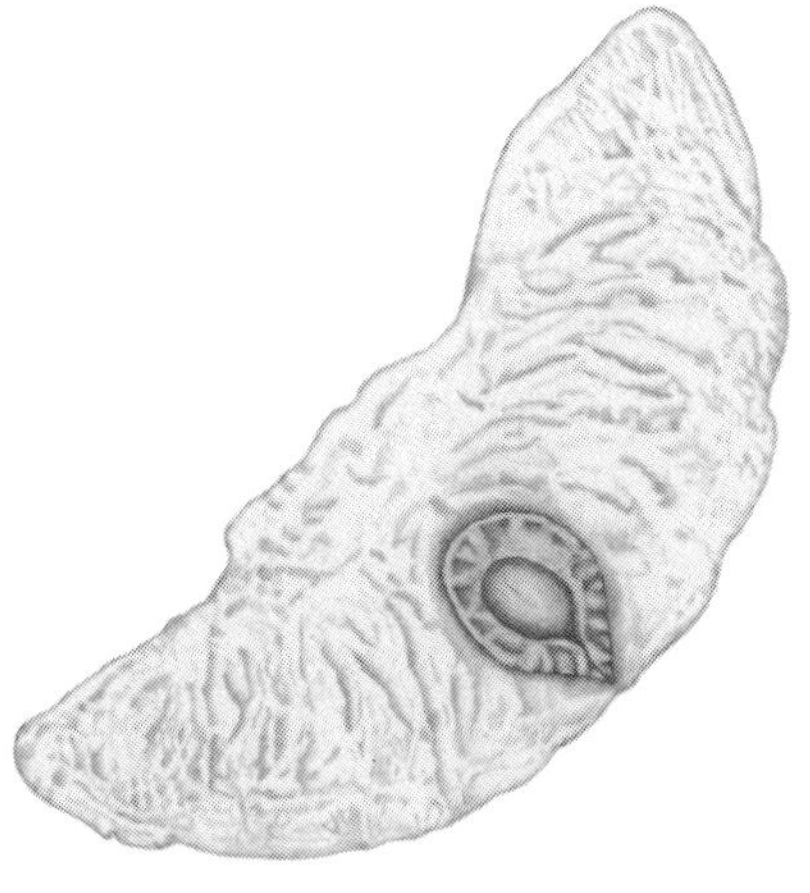

図13.3　アルソミトラ（*Alsomitra macrocarpa*）の種子。縁が薄く伸びて、幅の広い翼のような形になり、種子全体が自然界で最も効率的な翼型をしているので、少しでも風が吹けば、風に乗って何キロも滑空することができる。
（Illustration © 2014 by Suzanne Olive）

飛行機を作りたかったのだ。第一次世界大戦後は、航空機設計の主流はエトリッヒの構想からは遠ざかっていったが、「空飛ぶ翼」という航空機のアイディアはそれから七五年の間、異端的な設計士の頭の中で生き続けた。そしてとうとう、史上最も先鋭的で、高価で、殺戮能力が高いと今でも考えられている軍用機が作り出されたのだ。

ノースロップ・グラマンB－2スピリットは、ステルス爆撃機という通称の方がよく知られている。このB－2は着想の元になった種子と同様に、大きな揚力を生み、抗力を受けにくい形をしているので、飛行効率がきわめて高く、無給油で一万一二六五キロ近くも飛び続けることができる。さらに、水平尾翼や垂直尾翼のような突起物がないので、最先端の防空システム以外には探知されにくい。これまでに二一機しか製造されていない（一機あたりの総開発費は二〇億ドルを超える）が、アメリカ合衆国が保有する兵器の基軸であると考えられている。通常の爆弾と核爆弾の両方を搭載できるように設計され

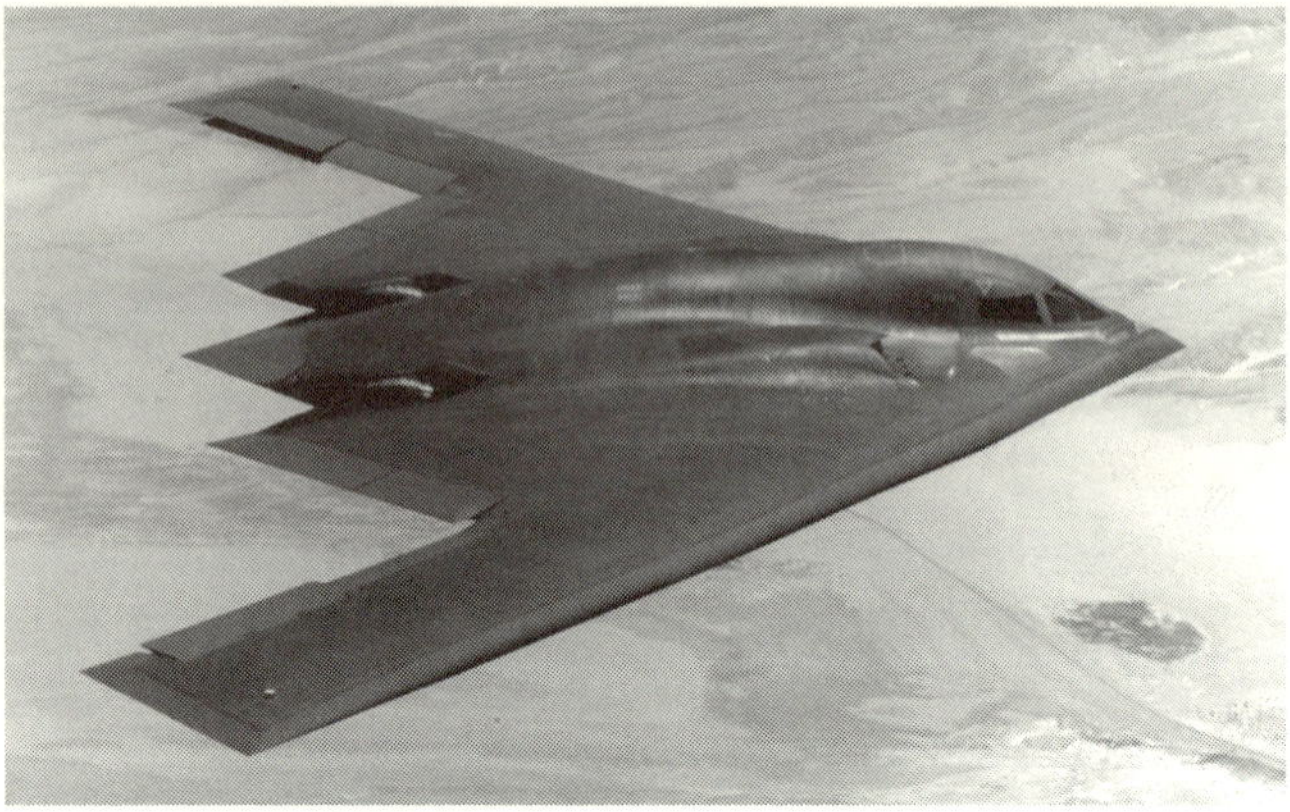

図 13.4　ステルス爆撃機として知られているノースロップ・グラマンB－2スピリット。アルソミトラの種子が進化させた空飛ぶ翼に触発されて生み出された。（Wikimedia Commons）

ているので、一機だけで南北戦争の死者を超える人間を殺戮することができる。技術が成し遂げた偉業ではあるが、アルソミトラの種子の空飛ぶ翼とは相いれないように思える。アルソミトラは命を絶つためではなく、命を広めるために種子の翼を進化させたからだ。

軍用機産業は競争が激しいことで悪名高い業界なので、軍と契約している軍需企業はみな、ノースロップ・グラマン社に取って代わってぜひとも自社の航空機を購入させたいと考えているだろう。種子に着想を得て開発されたステルス爆撃機の翼は、競合相手に差をつけるだけの航空力学的な強みを持っているので、政府はB－2開発計画に資金を出し続けているのである。こうした熾烈な競争は航空機の設計を進化させる一助となるが、一方、種子散布に関して、翼と繊維とではどちらが優れているのかというもっともな疑問も投げかけている。二・四メートルの脚立に巻き尺と、種子が大好きな幼い息子の力を借りれば、その疑問には答えを出せそうだ。

ある暖かな夏の朝、息子のノアを連れて、「種落とし」と呼んでいるゲームをやりに裏庭へ向かった。ルールはきわめて単純だ。私が脚立に上り、種子をいくつか飛ばすと、息子がそれを追いかけていき、落ちた地点にオレンジ色の調査用小旗を刺す。息子が旗を刺し終えると、二人でそれぞれの種子が飛んだ距離を巻き尺で測るのである。ワタの種子から始めたのだが、思ったほどうまくいかない。それなりの風が吹いているにもかかわらず、五メートルくらいしか飛ばないのだ。真下に落ちるよりはましだが、海を越えてワタの種子を散布させるためには、相当激しい暴風が吹かなければならないのは明らかだ。ワタの繊維は軽くて量も多いかもしれないが、種子そのものがかなり大きいので、空中を飛ぶよりも水に浮かぶ方が進化上で重要な利点になったのではないかと考える研究者もいる（ダーウィンワタのように、海岸沿いに生えている品種に繊維が多いことは示唆に富んでいる）。次にタンポポを試したところ、九メートル飛んだ。その次に、近くのポプラの綿毛つきの種子を試すと、三五メートル先の森の縁まで飛んでいった。

いよいよ翼を備えた種子を試す段になったので、私は封筒からアルソミトラの種子を一つ慎重に取り出した（実は、ジャカルタの植物園に何度か手紙で依頼したのだが、返事をもらえなかった。しかし、理解を示してくれた種子収集家からなんとか数個購入できたのである）。エトリッヒが着想を得たわけがわかる。アルソミトラの種子は葉のように薄く、いっぱいに広げた掌くらいの大きさがあり、中央に親指くらいの金色の円盤が半透明の膜に包まれて収まっていた。風が当たると、その膜に羊皮紙のようなしわが寄った。いかにもよく飛びそうで、舞い上がるのを待ちきれないように見えたが、残念ながら処女飛行は失敗に終わった。

頭部が重い紙飛行機のように、ふらつきながら一メートルほど先に墜落すると、「全然ダメだね、パパ」と、息子はあからさまに愛想を尽かして言った。さらに五回、脚立に上っては種子を飛ばしてみたが、飛んだ部類に入るのは一度だけだった。そのアルソミトラの種子は臆病な小鳥のようにさっと降下し、横に逸れながら、一五メートル近く飛んでいった。ワタの種子よりは遠くまで飛んだが、一〇億ドル以上もする航空機の手本になったとはとうてい思えなかった。最後にもう一度と言って脚立に上ったが、息子がうんざりし始めたのが見てとれた。その種子も下に向かい、少しふらつきながら芝生の方へ降下していった。しかし、そのとき、まるで目に見えない手に引っ張られたかのように、風にうまく乗ると、突然舞い上がった。息子が歓声をあげ、私は急いで脚立を下りると、二人でその種子を追いかけた。

私たちは種子を追いかけて、野原の端まで走っていったが、種子は舞い上がると、向きを変え、何度か長い降下や傾斜をくり返しながら、果樹園の垣根を飛び越えていった。ラクーン・シャックの軒下にはツバメが何羽か営巣しているのだが、そのうちの一羽が様子を見にアルソミトラの種子の方へ飛んでいき、上昇を続ける種子のまわりを二回旋回した。あまりのことに私たちは驚き、感動して笑いながら、種子が森の上を越えて、さらに早い気流に乗り、速度を増しながら飛び去るのに見とれていた。

「ノア、あそこだ！　もう、二度と見られないぞ！」と息子に叫んでいた。

息子はまだ手にオレンジ色の小旗を持っていたし、私も巻き尺を手にしていたが、翼と繊維の競争のことはすっかり忘れて、アルソミトラの種子が飛んでいくのを見ていた。美しいものが本来の役割を果たしているのを見ることは純粋に嬉しかったからだ。はるか彼方で上昇を続ける紙のように華奢な種子が視界から消えるまで、私と息子は笑いながら、空を見上げて佇んでいた。[20]

終章　種子の未来

宇宙の理によって
夜が昼間に取って代わるように
夏は冬に、
平和は戦に
飢饉は豊作に。
万物は流転す。

ヘラクレイトス（紀元前六世紀）

どこの家族にも代々伝えられてきた話がある。私の父方の祖先はノルウェー出身で、フィヨルドで木の小舟で魚を捕っていた禁欲的な漁師の家系だ。今では魚を捕って生計を立てている者はいないが、釣りは誰もが行なう活動だと思われている。家族写真にはたいてい死んだサケをぶら下げている者が写っている。母は自分の家系を「雑種」と呼んでいた。田舎医者や馬泥棒から決闘で命を落とした国会議員まで、ありとあらゆる者がいる典型的なアメリカの家系だったからだ。妻のエライザは農民の家系で、私も妻と結婚して、その一門の一員になった。まだ妻の実家に伝わる話を全部聞いたわけではないが、その多くはスイカにまつわる話らしい。

「わしは北米で初めて四倍体のスイカを栽培したのだ」と、妻の祖父のロバート・ウィーヴァーは嬉しそうに目を輝かせながら話した。義祖父は九四歳だが、人生に対する情熱を少しも失うことなく、スイカの花をたくさん人工授粉したことや、実ったスイカを売りさばこうとしたが売れなかったことなど、その頃のことを細大漏らさず覚えている。「バーピー兄弟にも会いに行ったが、奴らときたら、染色体と塵の区別もつきゃしなかったんだ」と言って、有名な種子会社を経営していた兄弟の名を挙げた。

四倍体というのは細胞の核にある染色体を四組持つことを指す。グレゴール・メンデルの研究でわかったように、たいていの植物は二組の染色体を持っている。両親からそれぞれ一組ずつ受け継いだものだが、遺伝学ではこうした二組の染色体を持っている生物を二倍体と呼ぶ。しかし、時には細胞分裂が正常に行なわれず、通常の二倍の染色体数を持つ種子ができることがある。自然界ではこうした変異は、新しい形質や品種、種(しゅ)など、多様性を生み出す重要な源である。アルメンドロやダーウィンワタは四倍体だ。しかし、二〇世紀の中頃に植物の育種家は、化学的な処理を行なうことで染色体を二倍にできることを発見した。[1] また、四倍体を二倍体の親と戻し交配すると、三倍体の不稔雑種ができるということもわかった。* 従来のスイカと外見や味が変わらない種なしスイカは、この知見を応用して作り出されたものだ。その結果、消費者にとってスイカは食べやすくなり、種子会社は市場を管理しやすくなった。農家や園芸家は栽培用の種子を取っておくことができないので、毎年、新しく種子を購入しなければならないからだ。

今日では、種なしスイカは市場に出回るスイカの八五%以上を占めている。しかし、義祖父は家族経営の種なしスイカ事業が利益を出す数十年前に自分の持ち分の株を売ってしまったのだ。種なしスイカで義祖父の義弟がどのくらいの利益をあげたのかと尋ねると、「数百万ドルさ」と言っていたが、無念さは少しも見せていなかった。義祖父はスイカ栽培をやめて家族と共に西部に移り、祖父に言わせると「子供らが学校へ裸足で歩いていける」島に落ち着いたのだ。庭を見渡せるところに流木を集めて家を作ったところ、庭の土壌がとても豊かだったので、一本のジャガイモの苗から一一キロ近くのイモがとれたこともあった。

祖父の経験はいろいろな意味で、種子の将来をめぐって現在巻き起こっている論争を暗示していた。祖父は農業を営んだ後で簡素な田舎生活に回帰したが、その間に遺伝子組み換えの先駆けを垣間見ていたのだ。今日、この分野は急速な発展を遂げ、現代の植物遺伝学者は染色体の単純な倍数化にとどまらず、特定の形質を求めて特定の遺伝子を付け加えたり、削除したり、改変したり、移動したり、作り出したりしている。無限の可能性を秘めているが、その一方で不安も覚える。農家は種子の貯蔵や自然受粉といった昔ながらのやり方をめぐる特許問題に直面しているし、異種間で遺伝子を混合することが環境や健康、さらに倫理面に及ぼす影響に関して、もっともな懸念を表明している者もいる。ドローンやクローニングから原子力まで、私たちが受け入れようと悪戦苦闘している科学技術やイノ

＊単純な割り算の問題だ。偶数組の染色体を持つ植物は花粉（精細胞）に半分ずつ分配することができ、それが卵と結びついて一つの種子を形成する。しかし、二倍体と四倍体の個体を掛け合わせると、生まれた個体は染色体が三組と奇数になり、ちょうど半分に分けることができない。三倍体の植物は健康だが、正常な花粉や卵を作ることができないので、種子を作れないのだ。

ベーションの産物は増えるばかりだが、遺伝子組み換えされた種子もその仲間入りをした。利益が見込める人たちを中心に種子の遺伝子組み換えを受け入れている人もいるが、それ以外では慎重な姿勢を崩さない人やまったく受けつけない人が多い。誰もが満足するような解決策は存在しないだろうが、ここまで読み進んでくださった読者ならば、種子について深く考えてくれていると思うので、種子は議論する価値のある存在だということに異を唱える人はいないだろう。

その後、義祖父は農業経営に携わることはなかったが、家庭菜園は家庭生活の中で大きな比重を占めていた。その情熱は子供たちを通して、孫である妻の世代まで伝わり、今では曾孫のノアを虜にしている。ウィーヴァー家の人たちが集まると必ず、誰が何を栽培していて、どんな具合なのかという話になる。誰かが種子の入った袋を取り出して見せることもよくあり、そうすると、メモを取ったり、紙を折って間に合わせの封筒を作り、見込みのありそうな品種をその場で交換したりする。シエラレオネのメンデ族が「新米を試す」のと同じように、園芸家は誰でも種子を交換しては、自分のところで試してみたいと思っているのだ。このような交換し合う伝統を通して、種子は物語を紡いでいく。シード・セイバーズ・エクスチェンジ代表のダイアン・オット・ホィーリーに話を聞いたとき、ホィーリーは祖父の朝顔を育てていると、祖父がそばにいるような気がすると言っていた。夏の間、紫色の花が祖父のように、垣根からウィンクしたり、温室から覗いたりしているように思えたそうだ。我が家もそうだ。毎年、妻は庭に祖父が太鼓判を押したストレージ四番という品種のキャベツか、クリス伯母さんのケールのどちらかを植えている（ちなみに、このケールは伯母がマクノートという名のスコットランド－アイルランド系の片足の男からもらったものだ）。あるいは、実家の好物のオレゴン・ジャイアントというインゲンマメを植える年もあるかもしれない。ちなみに、このインゲンマメは収穫した種子を取っておかないと、今ではほとんど手に入らない。一方、親戚の誰かが「エライザのレタス」を育てていることを考えると楽しくなる。このレタスはサラダ用の地元のレタスだが、妻が市民農園にある我が家の区画の近くで、種子がついているのを何年も前に見つけたのだ。

自然選択の振る舞いは園芸家によく似ている。最も成功した実験の結果だけを取っておくのだ。種子の成功は揺るぎないものではない。胞子植物が王座を明け渡したように、種子もやがては新しく登場するものに取って代わられるかもしれないし、その過程はすでに始まっているのかもしれない。ランは二万六〇〇〇以上もの種を擁し、高度な進化を遂げた最も多様性の豊かな植物の科だが、その種子はお世辞にも種子とは呼べないような代物だ。ランの莢をこじ開けると、種子が埃のように吹き出すが、微粒子のような種子には種皮も、防御用の化学物質も、これといった栄養物もない。確かに植物の赤ん坊ではあるが、キャロル・バスキンの比喩を借りれば、弁当を持っていないのである。ランの種子は共生関係にある菌類が棲んでいる土壌に落ちなければ、発芽して成長することはできないのだ。それゆえ、ランの種子は、燃料、果実、食物、繊維、刺激物、医薬品など、人間の役に立つものは何も持ち合わせていない。万を数えるランの中で、その種子に商業的価値があるのはバニラだけだ。もし、ランに美しい花が咲かなければ、私たちはランの存在に気がつかなかっただろう。

ビル・ディミケルのような古植物学者は、形質や種、分類群全体の栄枯盛衰を化石記録を通して観察して、植物進化を長期的に捉えている。ビルは種子の時代が近い将来、終焉を迎えるとは思っていない。「ランは居候だよ」とビルは断言している。たいていのランは菌類に栄養を依存しているだけでなく、着生性で、他の植物を支持物として利用しているからだ。さらに、ランの花は美しいが、ほとんどの花には花蜜や利用できる花粉はない。この策略は、他の植物が花蜜や花粉という確実な見返りを昆虫に差し出さなければ破綻してしまう。それでも、世界中の植物の一割近くをランが占めていることを考えると、ランの戦略が成功していることは想像に難くない。ランが塵のように小さく単純な種子で繁栄しているということから、複雑な種子を持つことが進化の必然的な成り行きではなく、進化の一つの現れにすぎないということを思い起こさせてくれる。栄養物から耐久性や防護物まで、種子に見られるさまざまな精緻を極めた特徴が存続するのは、子孫に利益をもたらしている間だけだ。種子は世代を越えて伝えるという生命現象を体現するものである。そのことが、ある意味では、種子が文化において深い意義をもつようになった理由だともいえるだろう。種子は私たちに過去と未来の結びつきを目に見える形で示して、季節や土壌に見られる自然のリズムだけでなく、人間同士のつながりにも気づかせてくれるのだ。

昨年の秋、草の生い茂った母の花畑で、私は息子と一緒にホタルブクロとピンク色のゼニアオイの種子を集めて、家へ持ち帰った。ラクーン・シャックの前にある殺風景な裸地に彩りを添えようと思ったからだ。ある春先の午後に、シャベルで裸地の土を掘り起こして、数本あった雑草を抜き、種子を取り出した。息子はその種子をまじまじと眺めて、ゼニアオイの種子は水かきに似ていて袋には黒っぽい塊がついているとか、ホタルブクロのちっちゃな種は金色の埃のようだとか、ひとくさり意見を述べた。種をまく段になると、息子は種子を手にいっぱいつかんで、掘り起こした土の上に勢いよくまいたが、その後で、自分で持ってきたものも一緒にまいた。その日のおやつにもらったポップコーンの硬い粒を四粒大切に取っておいたのだ。

運がよかった。一番いいときに種をまいたのだ。その日の午後、雨が降り続き、種子にたっぷり水をやると、天気は回復して、太陽が燦々(さんさん)と降り注ぐ晴れの日が何日も続いた。ゼニアオイは早速芽を出し、新しい葉に種皮のかけらをつけたまま、上へ向かって伸びていった。二週間が過ぎ、本書のちょうどここの箇所を執筆していると、芽を出したゼニアオイを指し示しながら、「そこにもマルバがあるわ、見える?」と、学名を使って息子に話しかけている妻の声が窓の外から聞こえてきた。

息子のうなずく声が聞こえ、息子は後で誇らしげに苗を見せてくれた。くすんだ土を背景にして、鮮やかな緑に輝く小さな勇姿だ。本書が出版される頃には、裸地は一面のお花畑に変わっていることだろう。

謝辞

本書の執筆に際しては、インタビュー、本や論文の貸出し、質問への回答、子守など多くの方々にいろいろな面でお世話いただいた。お世話になった方々の一部ではあるが、ここに順不同だが、お名前を記してお礼申し上げる。キャロルとジェリー・バスキン夫妻、クリスティナ・ウォルターズ、ロバート・ハガティー、ビル・ディミケル、フレッド・ジョンソン、ジョン・ドイッチ、デレク・ビューリイ、パトリック・カービー、リチャード・ランガム、サム・ホワイト、マイケル・ブラック、クリス・ルーニー、オレ・J・ベンディクトー、マイシーラ・コリー、エイミー・グロンディン、ジョン・ナヴァジオ、マシュー・ディロン、サラ・サロン、エレイン・ソロウェイ、ヒュー・プリチャード、ハワード・ファルコン＝ラング、マット・スティムソン、スコット・エルリック、スタニスラフ・オプラスティル、ボブ・シーヴァーズ、フィル・コックス、ロバート・ドルズィンスキー、グレッグ・アドラー、デイヴィッド・ストレート、ジュディ・チャパスコ、ダイアン・オット・ホィーリー、ソフィー・ルイス、パム・スタラー、ノエル・マクニッキ、チェルシー・ウォーカー＝ワトソン、ブランドン・ポール・ウィーヴァー、芦原担、ジェリー・ライト、ロナルド・グリフィス、長井千文、スティーヴ・メレディス、デイヴィッド・ニューマン、リチャード・カミングス、ジョヴァンニ・ジュスティーナ、ジェーソン・ウァーデン、エリン・ブレーブルック、国際スパイ博物館、ヴァレリア・フォーニ・マーティンス、マーク・スタウト、アルとネリー・ハーベガー夫妻、トマス・ボガート、アイラ・パスタン、カーステン・ギャラハー、ウノー・エリソン、ジョナサン・ウェンデル、ダンカン・ポーター、チャールズ・モーズリー、ボイド・プラット、ベラ・フレンチ、ポール・ハンソン、アーロン・バーメイスター、ネイソンとエリカ・ハムリン夫妻、ジョン・ディッキー、スザンヌ・オリーヴ、エイミー・スチュアート、デレックとスーザン・アーント夫妻、キャスリーン・バラード、クリス・ウィーヴァー。

ジョン・サイモン・グッゲンハイム記念財団から、特に本書の執筆に対して助成金をいただいた。また、レオン・レヴィ財団からも惜しみない助成金をいただいた。深く感謝したい。

アイダホ大学図書館とサンファアン島図書館には調べものの便宜を図っていただいた。また、図書館相互貸借係のハイジ・ルイスにも一方ならぬお世話になった。心よりお礼申し上げる。

カーチス・ブラウン・エージェンシーの仕事熱心で有能なエージェントのローラ・ブレーク・ピーターソンと同僚にもお世話になった。感謝申し上げる。また、サンドラ・ベリス、キャシー・ネルソン、クレイ・ファー、ミッシェル・ジェイコブ、トリシュ・ウィルキンソン、ニコル・ジャーヴィス、ニコル・カプートをはじめとするベイシック・ブックスとペルセウスグループの無類のスタッフとT・J・ケレハーとまた一緒に仕事ができて、本当に嬉しかった。

本書の執筆を楽しみながら最後まで書き上げることができたのも、友人と家族の励ましと協力があったおかげである。最後になったが、感謝の言葉としたい。

用語集

アデノシン　生化学的に重要な機能を数多く持つ化合物。脳では、疲労の合図を出して、睡眠へ導く重要な役割を果たす。

アポミクシス（無融合生殖）　植物で、花粉による受精を伴わずに卵細胞ができる無性生殖の過程。卵細胞に染色体が一組完備されている場合に見られる。その結果できた種子は親個体のクローンといえる。この戦略は植物のさまざまな科で進化してきたが、代表的なのはタンポポやグレゴール・メンデルを悩ませたヤナギタンポポ属を含むキク科だろう。

アルカロイド　植物や一部の海生生物が生成する窒素化合物。通常は化学的防御の役を果たす。人に強い反応を引き起こすものが多く、刺激物（カフェインなど）、毒物（ストリキニーネなど）、医薬品（モルヒネなど）などに使われている。

遺伝子　染色体上の特定の領域にあり、ＤＮＡの塩基配列のパターンによって特定の形質を決める遺伝情報の単位。

遺伝子組み換え生物（ＧＭＯ）　遺伝子の削除や他生物の遺伝子の挿入といった操作により、遺伝コード（暗号）を人工的に変更した動植物や微生物。

in situ　「本来の場所で」という意味のラテン語。保全や自然科学の分野で、生物種の自然の生息地における活動を指すのによく使われる。一方、動物園や苗圃で行なわれた研究や保全について記載する場合は「ex situ（生息場所以外で）」という表現が使われる。

穎果（穀果）　一般にイネ科草本の「種子」と考えられている果実の一種。

エライオソーム　アリに種子を散布してもらえるように、種子の一部に付着した栄養豊富な脂肪の塊。スミレやカタクリなどに見られる。

エンドルフィン　中枢神経系から分泌されるホルモンの一種。エンドルフィンは痛みや快感の制御に関わっていると一般に考えられている。

外胚乳（外乳、周乳）　内胚乳と共に種子に備わっているでんぷん質の貯蔵組織。稀には内胚乳の代わりに外胚乳が貯蔵組織となる場合もある（スイレンやコショウなど）。

カフェイン　コーヒーノキ、チャノキ、コラノキ、カカオをはじめとする数種の植物が作り出すアルカロイドで、昆虫などの外敵による攻撃を阻止したり、土壌中では除草や発芽抑制の機能がある。人間は刺激物として利用する。

吸水　発芽の開始を示す種子の急激な水分の吸収。

休眠　一般的には、成熟した種子が発芽するまで活動を休止している期間と解釈されているが、厳密にいうと真の休眠とは、温度・湿度・照度の変化や野火にさらされるなど、発芽に必要な物理・化学的な条件が整うまで発芽を積極的に抑制している種子だけに当てはまる。

共進化　ある生物の変化が別の生物の変化を促すような進化過程。伝統的には、共進化は二種が相利的に進化するような相互作用と定義されていたが、現在ではより広義に、さまざまな種が互いに影響を及ぼし合う相互作用のネットワークの中で変化を引き起こすことと解釈されており、その変化は地理的な違いや時間の経過によって多様になり得る。

グレイン（穀類） 小麦や米などのイネ科の穀草（シリアル）、および、アカザ科のキヌアやタデ科のソバなどイネ科以外の穀物。

減数分裂 卵、精子や花粉を形成する細胞分裂。通常の有糸分裂ではすべての染色体が複製されるが、減数分裂で生じる細胞には染色体の半分だけが分配される。

光合成 太陽光を利用して水と二酸化炭素を生命維持に必要な炭水化物に変換する過程。その途中の副産物として酸素が生成される。

酵素 生物の体内で化学反応を触媒するために生産される化合物。タンパク質が多い。

小型種子（pip） スイカやリンゴなどの柔らかい果実の中にある小さな硬い種子を指す。

古植物学 化石記録などを使って、古代の植物を研究する分野。

コプラ ココナッツの「果肉」。ココヤシの胚乳細胞が固体状になったもの。

細胞毒素（サイトトキシン） 個々の細胞を直接殺す毒素。それに対して、神経系に作用して障害を生じさせるのは神経毒である。

雑種 二つの種、あるいは同じ種の異なる品種を交配して得られる個体。

三倍体 二倍体と四倍体の両親を交配して生まれた、染色体を三組持っている個体。

種皮 種子の一番外側の層。種子の保護や防水、散布の機能を果たすことが多いが、周囲の果実組織と合体している場合もある。

子葉　植物の胚にある葉。園芸好きには、種子から最初に生じる葉としてよく知られている。また、種子内部の子葉がたいへん大きくて美味しいもの（ピーナッツの二つの子葉など）は有名である。

シリアル（穀草）　小麦、大麦、ライ麦、燕麦（エンバク）、トウモロコシ、米などの穎果を産するイネ科の一年生草本。

仁（じん）　穀物やアーモンドのような核果など木の実（ナッツ）の種子の柔らかくて食べられる部分を指す。

心皮　葉や包葉が進化して、種子を包むようになったもので、被子植物だけに見られる構造。典型的な被子植物の花では、柱頭や花柱、子房を含めて雌ずい（めしべ）が雌性生殖器官であり、一～複数枚の心皮で構成されている。心皮は保護層を形成して、防御、受粉、種子の散布に関してさまざまな適応を促した。

石炭紀　古生代のうちデボン紀に続く五番目の地質年代。およそ三億六〇〇〇万年前から二億八六〇〇万年前まで（北米では、石炭紀の前半をミシシッピ紀、後半をペンシルベニア紀と呼ぶ人もいる）。

染色体　動植物の遺伝情報を担う構造。染色体は二重螺旋のＤＮＡ分子とタンパク質で構成され、次世代に遺伝情報を伝達する役を果たす。有性生殖では、個体は両親からそれぞれ染色体の半分ずつを受け取る。

双子葉植物　被子植物のうち、種子が発芽すると二枚の子葉を出す群。

代謝　生物体内で起きる化学反応と過程の総和を指す。一般的に生命の基礎と考えられている。

大配偶体　卵を生産する組織のことで、雌性配偶体ともいう。イワヒバのように古い系統では、配偶体が雌雄異体であり、独立した雌性植物体が卵を生産するが、種子植物では、花の一部（胚嚢など）に取り込まれている。大配偶体が卵を生産し、その組織は種子の一部に取り込まれることが多い。たとえば、針葉樹などの裸子植物は種子のための栄養を大配偶体に蓄える。

対立遺伝子　同一の遺伝子座に位置する対になった遺伝子の変異体で、それぞれ異なる形質を発現させる。たとえば、エンドウマメのしわのあるものとないもの、人の髪の毛の茶色と赤色など。

単子葉植物　被子植物のうち、種子の中に子葉が一枚ある群。

炭水化物　炭素・水素・酸素の原子で構成された生化学化合物で、多様な組み合わせがある。糖質と総称されるが、種子に蓄えられる栄養（でんぷん）から、キチン質と呼ばれる昆虫の外骨格に至るまで、さまざまな用途に利用されている。

柱頭　花の雌性生殖器官である雌ずい（めしべ）のうち、花粉を受け取る部分。

テオフラストス　古代ギリシャの哲学者（紀元前三七一年〜紀元前二八七年）。リュケイオンでアリストテレスに学び、その後継者になった。とりわけ植物研究の業績で知られており、「植物学の父」と呼ばれている。

適応放散　共通の祖先から新種の生物が急速に分岐・多様化を遂げる過程。

電子顕微鏡写真　電子顕微鏡を用いて撮影された超高倍率の写真。

動物被食散布（エンドズーコリー）　動物に食べられることによって、他所へ運ばれ、排出されるという種子散布の戦略を指す。

内果皮　果実の一番内側の層。種子を保護するために硬くなっているものが多い。

内胚乳（内乳）　種子に栄養を蓄える重要な組織。専門的にいうと、被子植物では受粉してできる三倍体の産物である。裸子植物では大配偶体がこの役割を果たしている。

難貯蔵性種子　まったく活動しない時期や休眠期を持たず、乾燥に耐えられない種子。

二倍体　それぞれの親から染色体を一組ずつ受け取り、二組の染色体を持っている個体。

乳化剤　水と油のように互いに混じり合いにくい液体の片方を他方に安定的に分散させる（乳化）効果を持つ物質（レシチンなど）。食品では通常、乳濁液といえば水に油脂を懸濁させたもの（たとえばマヨネーズ）だが、脂肪中に水を乳濁させた状態（バターなど）のこともある。さらに、乳化剤には、ココアバターの中にある砂糖や固体のチョコレートのように、液体中に溶けにくい粒子を分散させる（可溶化）働きもある。

胚　一般には発生の初期の個体（生まれる前の子）を指すが、植物学では、種子の中にある幼植物を指す。

配偶体　胞子植物の生活環には有性と無性の独立した世代があり、そのうち卵と精子をつくる有性世代を指す。たとえば、シダ類では胞子から発芽して湿った土壌で短期間生活する小さな前葉体という形をとる。

胚軸　種子の中にある幼植物の子葉と幼根の間にある茎のような部位。

白亜紀　ジュラ紀に続く中生代最後の地質年代。一億四六〇〇万年前から六五〇〇万年前まで。

発芽　種子が目覚めること。専門的には、種子が「吸水」し始めてから幼根が種皮を破って出現するときまでを指すが、一般的には、幼植物の根と芽が出て根づくまでをいう。

被子植物　やがて種子になる胚珠が心皮という組織に包まれている植物。「顕花植物」ともいい、現生植物の大部分を占める。

分裂組織　細胞分裂が活発に起こる植物の部位。根や芽の先端が一般的だが、木本植物では、茎や幹の周辺部にもある。

ペルム紀　古生代の、石炭紀に続く六番目で最後の地質年代。二億九〇〇〇万年前から二億四五〇〇万年前まで。

ペンシルベニア紀　石炭紀の後半にあたる北米における地質年代。三億二三〇〇万年前から二億九〇〇〇万年前まで。

胞子　シダ、コケ、イワヒバなどの古い植物群に形成される微小な生殖細胞。種子という形質は胞子植物から進化した。

ホルモン　動植物の体内で成長や発達などの過程を制御するさまざまな化合物。

豆類（菽穀類）　マメ科の作物の食べられる種子の総称。エンドウマメ、レンズマメ、ヒヨコマメなど。

雄ずい（おしべ）　花粉を生産する葯を備えた花の雄性生殖器官。

遊離核型内乳（無細胞内胚乳）　ココヤシの種子（ココナッツ）の中にある風変わりな物質で、「ココナッツウォーター（ココナッツジュース）」として食料品店などで販売されている。若い種子は、遊離核が浮遊する栄養価の高い液状の細胞質（液状の胚乳）で満たされている。成熟すると、周縁部に細胞壁が形成され、液体の大部分が固形の果肉（内胚乳）に変わる（ちなみに、発生の初期に短期間、内胚乳が無細胞段階を経る種子は他にもあるが、無細胞の内胚乳をこれほど長い期間、大量に維持するのはココナッツだけだ)。

幼芽　植物の種子の胚にできる芽。

幼根　植物の種子の胚にできる根。

四倍体　両親から染色体を二組ずつ受け取り、染色体を四組持っている個体。

裸子植物　種子植物のうち、胚珠(種子)を包む心皮を備えていないグループ。

リボソーム　タンパク質を合成するための遺伝情報の翻訳や発現を制御する細胞小器官。

レシチン　ダイズ、ナタネ、ワタ、ヒマワリの種子などに蓄えられた油から抽出された油脂。食品の乳化剤やコレステロールを減らすダイエット用のサプリメントとして利用されている。

訳者あとがき

植物はそれ自身では動かないが、多様なあり方で、数億年にわたり地球上で大繁栄を遂げてきた。また、昨今は、雑草の生きざまを話題にした和書なども増えて、植物の戦略が関心を呼んでいる。

一方、人間の活動による地球規模の温暖化が例を見ないほど急速に進み、植物を含めて、生物種の絶滅や農作物に対する深刻な影響が心配されている。さらに、人口は増加の一途をたどっているので、いずれは地球全体に飢餓の時代が訪れると警鐘を鳴らす向きもある。私たちはこれまで植物の恩恵を当たり前のもののように思ってきたが、そうした考え方を根本的に見直してみる時期に来ているのかもしれない。

著者は保全生物学の視点から、主に熱帯雨林の高木の研究を行なった植物生態学者である。生態学は生物間のさまざまな相互作用や生物と環境の関係を研究する分野なので、著者の研究は樹木にとどまらず、その実を食べに来るコウモリやネズミ、鳥、さらにそれを捕食するジャガーなどにも及ぶ。著者は植物にまつわる生態学や生物学の知見を披露しながら、前著の『羽』と同様に、読者を熱帯雨林や中近東の砂漠から、秘密工作員が暗躍するロンドンの街中まで世界各地へ案内してくれる。

訳者は鳥類生態学が専門なので、植物については門外漢である。しかし、陸上の鳥は何らかの形で植物に関わっているので、植物について知らなければ、鳥の研究も深めることはできない。そこで、翻訳のお話をいただいたとき、自分の勉強にもなると思い、ありがたくお引き受けした。著者は身近な話題を例に挙げて、話を展開するのが上手なので、友人とおしゃべりをしているような感覚で話を追っていくことができた。

現在の陸上植物は種子植物が大半を占めているが、いつ頃からそうなったのかという進化史、種子が胞子などの他の形態より繁殖に有利な点は何かという適応戦略、種子が人類の歴史に及ぼした影響、逆に人間が種子に与えている影響、種子の保全問題、種子に将来はあるかという進化的予測など、話題は多岐にわたる。植物の戦略について知見を深めることができただけでなく、現在の種子保存活動、農業や経済のあり方などについても勉強させていただいた。

本書に登場する植物の種はおおむね標準和名がついていたが、中には、標準和名がなく学名でしか表現できない種もあった。しかし、本書は専門書ではないので、本文中では読みやすさを優先して、一般的に通用する日本語の名を使用した。標準的な和名がついていない種などについては、次のいずれかの方法を用いた。わかりやすい和名を思いつく場合には、新和名（付録Aで＊をつけたもの）の提唱を試みた。また、英名の方がわかりやすいものは英名を使用した。わかりやすい和名や英名が見当たらない場合は、学名をカタカナで表記した。また、種を特定する必要性がない場合は、属名を表記するにとどめた。

本文で使われた植物の通称や学名が巻末の付録に掲載されているので、詳しいことを知りたい方はそちらをご覧いただきたい。

最後になるが、白揚社の阿部明子氏にはいつもながら丁寧な編集作業をしていただき、正確で、しかも読みやすい文章に近づけることができた。また、さまざまな情報をインターネット上に挙げているウィキペディアやブログ作者のおかげで、資料探しがはかどったことも多かった。翻訳は一人の力では到底できるものではないと毎回思い知らされるが、本書も例外ではない。力を貸していただいた多くの方々にこの場をお借りして感謝申し上げたい。

黒沢令子

通称	学名	科名
ヤドリギ(属)	*Viscum* spp.	ヤドリギ
ヤナギ(属)	*Salix* spp.	ヤナギ
ヤナギタンポポ(属)	*Hieracium* spp.	キク
ラズベリー(キイチゴ属)	*Rubus* spp.	バラ
リョクトウ(ヤエナリ)	*Vigna radiata*	マメ
リンゴ	*Malus domestica*	バラ
レイグラス*	*Sporobolus actinocladus*	イネ
レンズマメ(ヒラマメ)	*Lens culinaris*	マメ
ワスレナグサ(属)	*Myosotis* spp.	ムラサキ
ワタ(属)	*Gossypium* spp.	アオイ
ワラスイワヒバ*	*Selaginella wallacei*	イワヒバ

通称	学名	科名
ハンニチバナ（ゴジアオイ属）	*Cistus* spp.	ハンニチバナ
バンバラマメ（フタゴマメ）	*Vigna subterranea*	マメ
ヒエンソウ（デルフィニウム属）	*Delphinium* spp.	キンポウゲ
ビターバーク*	*Sacoglottis gabonensis*	フミリア
ヒメタツノツメガヤ	*Dactyloctenium radulans*	イネ
ヒメムカシヨモギ	*Conyza canadensis*	キク
ヒヨコマメ（ガルバンゾ）	*Cicer arietinum*	マメ
ヒヨス	*Hyoscyamus niger*	ナス
ピンクッション*（レウコスペルムム属）	*Leucospermum* spp.	ヤマモガシ
ブラックベリー（キイチゴ属）	*Rubus* spp.	バラ
ブルーベリー（スノキ属）	*Vaccinium* spp.	ツツジ
ヘアリー・パニック*	*Panicum effusum*	イネ
ボスウェリア・サクラ	*Boswellia sacra*	カンラン
ポプラ（ヤマナラシ属、またはハコヤナギ属）	*Populus* spp.	ヤナギ
ホホバ	*Simmondsia chinensis*	シモンジア
ボンテンカ	*Urena lobata*	アオイ
マテ	*Ilex paraguariensis*	モチノキ
マドロナ	*Arbutus menziesii*	ツツジ
マルーラ	*Sclerocarya birrea*	ウルシ
マルガマツバシバ*	*Aristida contorta*	イネ
マルメロ	*Cydonia oblonga*	バラ
マンチニール	*Hippomane mancinella*	トウダイグサ
ミフクラギ	*Cerbera odollam*	キョウチクトウ
メイグラス	*Phalaris caroliniana*	イネ
モウズイカ	*Verbascum blatteria*	ゴマノハグサ
モロコシ（ソルガム）（属）	*Sorghum* spp.	イネ
ヤギムギ（ヤギムギ属、またはエギロプス属）	*Aegilops* spp.	イネ

通称	学名	科名
トウアズキ	*Abrus precatorius*	マメ
トウガラシ(属)	*Capsicum* spp.	ナス
トウゴマ	*Ricinus communis*	トウダイグサ
トウモロコシ	*Zea mays*	イネ
ドクゼリモドキ	*Ammi majus*	セリ
ドクニンジン	*Conium maculatum*	セリ
トマト(ナス属)	*Solanum* spp.	ナス
トンカマメ	*Dipteryx odorata*	マメ
ナス	*Solanum melongena*	ナス
ナツメグ(ニクズク)	*Myristica fragrans*	ニクズク
ナツメヤシ	*Phoenix dactylifera*	ヤシ
ナンバンアカアズキ	*Adenanthera pavonina*	マメ
ニオイキンリュウカ	*Strophanthus gratus*	キョウチクトウ
ニクキビ(属)	*Brachiaria* spp.	イネ
ヌカボ(属)	*Agrostis* spp.	イネ
ヌルデ(属)	*Rhus* spp.	ウルシ
ネムノキ	*Albizia julibrissin*	マメ
バイケイソウ	*Veratrum album*	メランチウム(旧ユリ)
ハイビスカス(フヨウ属)	*Hibiscus* spp.	アオイ
ハシバミ(属)	*Corylus* spp.	カバノキ
バジル	*Ocimum basillicum*	シソ
ハス	*Nelumbo nucifera*	ハス
ハッショウマメ	*Mucuna pruriens*	マメ
ハネガヤ(属)	*Stipa* spp.	イネ
バラニテス	*Balanites wilsoniana*	ハマビシ
ハリエニシダ(属)	*Ulex* spp.	マメ
ハルガヤ	*Anthoxanthum odoratum*	イネ
パルナッシア・フィンブリアタ	*Parnassia fimbriata*	ニシキギ(旧ユキノシタ)

通称	学名	科名
コーヒーノキ(属)	*Coffea* spp.	アカネ
ココヤシ	*Cocos nucifera*	ヤシ
コショウ	*Piper nigrum*	コショウ
コナラ(属)	*Quercus* spp.	ブナ
ゴボウ(属)	*Arctium* spp.	キク
コムギ(属)	*Triticum* spp.	イネ
コラノキ(属)	*Cola* spp.	アオイ
ササゲ	*Vigna unguiculata*	マメ
サトウキビ(属)	*Saccharum* spp.	イネ
サボンソウ	*Saponaria officinalis*	ナデシコ
サンザシ(属)	*Cratageous* spp.	バラ
シナニッケイ	*Cinnamomum cassia*	クスノキ
ジャングルサップ	*Anonidium mannii*	バンレイシ
スイートクローバー（シナガワハギ属）	*Melilotus* spp.	マメ
セイヨウタンポポ	*Taraxacum officinale*	キク
セイヨウトチノキ	*Aesculus hippocastanum*	ムクロジ
セイヨウヒイラギ(モチノキ属)	*Ilex* spp.	モチノキ
ゼニバアオイ	*Malva neglecta*	アオイ
セロリ	*Apium graveolens*	セリ
ソテツ(属)	*Cycas* spp.	ソテツ
ソラマメ(属)	*Vicia* spp.	マメ
ダーウィンワタ*	*Gossypium darwinii*	アオイ
ダイズ	*Glycine max*	マメ
タチアオイ(属)	*Alcea* spp.	アオイ
タラ	*Caesalpinia spinosa*	マメ
チグア	*Zamia restrepoi*	ザミア
チャノキ	*Camellia sinensis*	ツバキ
ツァマメロン(スイカ)	*Citrullus lanatus*	ウリ
デンジソウ(属)	*Marsilea* spp.	デンジソウ

通称	学名	科名
インドボダイジュ	*Ficus religiosa*	クワ
ウーリーバットグラス*	*Eragrostis eriopoda*	イネ
ウシノケグサ(属)	*Festuca* spp.	イネ
ウマノチャヒキ	*Bromus tectorum*	イネ
エビスグサ	*Senna obtusifolia*	マメ
エンドウ	*Pisum sativum*	マメ
オオアザミ	*Silybum marianum*	キク
オーストラリアビーン	*Castanospermum austral*	マメ
オオムギ	*Hordeum vulgare*	イネ
オクラ	*Abelmoschus esculentus*	アオイ
オムウィファ*	*Myrianthus holstii*	イラクサ
オルモシア(属)	*Ormosia* spp.	マメ
カエデ(属)	*Acer* spp.	ムクロジ
カカオ	*Theobroma cacao*	アオイ
カシュー	*Anacardium occidentale*	ウルシ
カスティレヤ(属)	*Castilleja* spp.	ハマウツボ
カナリークサヨシ(クサヨシ属)	*Phalaris* spp.	イネ
カボチャ(属)	*Cucurbita* spp.	ウリ
カラスムギ(属) (栽培種　エンバク)	*Avena* spp.	イネ
カラバルマメ	*Physostigma venenosum*	マメ
カンナ	*Canna indica*	カンナ
キュウリ	*Cucumis sativus*	ウリ
クァンドン	*Santalum acuminatum*	ビャクダン
クラスタマメ(グアーマメ)	*Cyamopsis tetragonoloba*	マメ
クランベリー(ツルコケモモ) (スノキ属)	*Vaccinium* spp.	ツツジ
クリ(属)	*Castanea* spp.	ブナ
クロスグリ	*Ribes nigrum*	スグリ
ケール	*Brassica oleracea*	アブラナ

付録A　植物の通称と学名

本書で取り上げた植物種の通称（和名）、学名と科名を挙げた。特定の種を取り上げなかったものについては、Spp. として属名を示した。〔なお、＊がついている植物の名称は、標準和名が決まっていないので、新規に提案した〕。

通称	学名	科名
アーモンド	*Prunus dulcis*	バラ
アオバイケイソウ*	*Veratrum viride*	メランチウム(旧ユリ)
アカシア(属)	*Acacia* spp.	マメ
アズキ	*Vigna angularis*	マメ
アスター(シオン属)	*Aster* spp.	キク
アスパラガス	*Asparagus officinalis*	キジカクシ
アフゼリア	*Afzelia africana*	マメ
アブラナ(セイヨウアブラナ)	*Brassica napus*	アブラナ
アブラヤシ(属)	*Elaesis* spp.	ヤシ
アボカド	*Persea americana*	クスノキ
アメリカゾウゲヤシ(属)	*Phytelaphas* spp.	ヤシ
アヤメ(属)	*Iris* spp.	アヤメ
アルソミトラ(ハネフクベ)	*Alsomitra macrocarpa*	ウリ
アルメンドロ	*Dipteryx panamensis*	マメ
イチイ(属)	*Taxus* spp.	イチイ
イチゴツナギ(属)	*Poa* spp.	イネ
イチジク(属)	*Ficus* spp.	クワ
イチョウ	*Ginkgo biloba*	イチョウ
イナゴマメ	*Ceratonia siliqua*	マメ
イヌサフラン	*Colchicum autumnale*	イヌサフラン

付録B　種子の保全

本書の売り上げの一部は、野生種か栽培種かを問わず、種子の多様性の保全のために寄付する。さらにこうした活動に直接寄与したい方は、以下の組織に寄付をしていただけると幸いである。

シード・セイバーズ・エクスチェンジ

Seed Savers Exchange
3094 North Winn Road
Decorah, IA 52101, USA
Phone: (+1) 563-382-5990
www.seedsavers.org

オーガニック・シード・アライアンス

Organic Seed Alliance
PO Box 772
Port Townsend, WA 98368, USA
Phone: (+1) 360-385-7192
www.seedalliance.org

グローバル・クロップ・ダイバーシティ・トラスト
（クロップトラスト）

Global Crop Diversity Trust
Platz Der Vereinten Nationen 7
53113 Bonn, Germany
Phone: (+49) 0-228-85427-122
www.croptrust.org

ミレニアム・シードバンク・パートナーシップ

The Millennium Seed Bank Partnership
Royal Botanic Gardens, Kew
Richmond, Surrey TW9 3AB, UK
Phone: (+44) 020-8332-5000
www.kew.org

（Porter 1984）。

13 de Queiroz 2014, p.287.

14 Yafa 2005, p.70, Riello 2013, p.2.

15 McLellan 2000, p.221.

16 現代の布地店で見かける綿布のタグを読んでみるだけで、綿の歴史に果たしたアジアと中東の役目がすぐにわかるだろう。キャラコはインドのカリカット市、マドラスはインドのマドラス、チンツと呼ばれるインド更紗はヒンドゥー語の塗るという語から、カーキはウルドゥー語の泥色、ギンガムはマレー語の縞、シアサッカーはペルシャ語でミルクと砂糖を表す語で、この布の特徴である凹凸のある部分と平滑な部分を指すところから来ている。

17 新世界の長繊維のワタは旧世界にあった二種類が交配してできたものだ。遺伝学的には四倍体と呼ばれるもので、通常よりも染色体数が二倍多い。既知の5種の中では、アップランド綿（陸地綿 *Gossypium hirsutum*）が現在世界の市場を独占している。カイトウ綿（海島綿 *G. barbadense*）はもっと繊維が長いが、育てるのが難しい。市場では「エジプト綿」とか「スーピマ綿」などという商標名で高級品として取引され続けている。

18 Klein 2002.

19 カエデの翼果はアルソミトラの種子よりも早く落下してしまうかもしれないが、それなりに航空機の開発にヒントを与えた。ロッキード・マーティン社は〈サマライ〉という偵察用ドローンを開発している。この機種はカエデの翼果のようにクルクルと舞う。またオーストラリアの研究者は最近、森林火災現場の上空で大気の状態を通報するための使い捨て回転装置を発表した。シングルローターのヘリコプターも建造されているが、人を乗せて飛ぶためには安定性が足りないようだ。

20 アルソミトラの種子がどこまでも飛んでいくのはワクワクする体験だったが、視界から消え去ってしまったときは、不安にかられたのも確かだ。万が一芽が出たらどうしよう？　熱帯地方のツル植物が寒冷な気候で繁茂するとはとうてい思えないが、クズのような危険な移入種を私たちが北西太平洋岸地域に導入してしまったのだろうかと心配になったのは事実である。

終章　種子の未来

1 その処理に使われる化学物質はイヌサフランなどの種子や球根に含まれるアルカロイドのコルヒチンである。

3 エライオソームと呼ばれる脂肪の多いタンパク質の付属体はアリと植物の相互関係の中心に位置している。この戦略はスゲやスミレ、アカシアなど100種類以上もの分類群で進化してきた。アリ散布によって種子が運ばれる距離はふつうは大したことはないが、少なくとも一例では180メートル近くも種子が運ばれたことがある（Whitney 2002）。

4 Cohen 1969, p.132.

5 ゴンフォセレなどの絶滅した大型哺乳類によって、かつて種子が散布されていた植物の中にマンチニールも含める植物学者は数多い。

6 果実といえば、被子植物（顕花植物）と結びつける人が多いが、実際には裸子植物の方が動物散布をよく利用している。裸子植物の科のうち64%で見られ、被子植物の科ではほんの27%である（Herrera & Pellmyr 2002, Tiffney 2004）。

7 このように特定の散布者を惹きつける戦略のことを植物学では散布シンドロームと呼んでいる。植物と動物の相互関係を分類するには便利な考え方だが、実際に植物の進化を進める役割を果たしているかについてはまだ異論がある。

8 糞の山には利点もあるが、一か所にあまりにも種子が数多く集まりすぎて、一度に芽を出すと競争が激しくなるという欠点もあるので、その場合は肥料の利点を相殺してしまう。

第13章　風と波と

1 1846年のJ・D・フッカー宛ての手紙より（van Wyhe 2002）。

2 1836年J・S・ヘンズローからW・J・フッカー宛ての手紙より（Porter 1980の引用より）。

3 ダーウィン自身によるガラパゴスのノートより（van Wyhe 2002）。

4 Darwin 1871, p.374.

5 Columbus 1990, p.97.

6 Cohen 1969, p.79.

7 マンデヴィルの原著では、瓢箪に実る羊には毛が生えていないと記述しており、機織り用ではなくて食用だったことが示唆される。また、実際にその実を食べ、味は「美味」だったと記している。しかし、最近の解釈ではこの部分は割愛されることが多い。しなった枝先に空腹な羊が実るワタの木についてマンデヴィルが書いたという引用は完全な作り話であり、Wikipediaに掲載されたことから広まった可能性がある。

8 Dauer et al. 2009.

9 風に依存する高山帯生態系をスワンは「エオリアン・バイオーム」と呼んだが、そのすばらしい記述はSwan 1992をご覧いただきたい。

10 ダーウィンは後に、乾燥した植物全体はもっと長期間水に浮いていられることを知り、推定散布距離を1487キロに上方修正した。

11 Darwin 1859, p.228.

12 ポーターは移入した定着植物のうち134種は風散布、36種は海流、またワタのようないくつかの種は両方を組み合わせた散布方法で移動してきたと考えた

15 ニュートンがイルカを解剖したというのは実に興味を喚起する話で、よく言及されるが、ラルフ・ソーズビーの目撃談によれば、実際にはグリーシャン・コーヒーハウスに入ったのは解剖が終わった後だったという（Thoresby 1830, vol.2, p.117）。本当に興味深いのは、テムズ川の付近でイルカが捕獲されたということの方かもしれない。

16 フランクリンはフランスでは大いに人気があったが、それを示す好例はカフェ・プロコップでフランクリン死去のニュースが広まったときの反応だろう。内側の部屋に黒い布をかけて、三日間喪に服した。フランクリン追悼の辞が読まれ、パトロンたちはフランクリンの胸像にカシの葉やイトスギの枝、天球図、地球儀、尾を噛む蛇などで作った王冠を載せ、不滅の証とした。

第11章　傘殺人事件

1 ドキュメンタリー映画作者のリチャード・カミングスは、マルコフ暗殺は暗殺チームによって行なわれたのだと考えている。暗殺者が乗って逃走したタクシーも運転者がグルになっていたということだ。その説によれば、傘はただ気をそらすための仕掛けで、実際に弾丸を発射したのはペンくらいの小さな物だったとされている。

2 細胞内に入り込んだ鎖はRNA転写を妨害する。それによって、細胞が機能するためのタンパク質の合成を実質的に止めてしまうのだ。細胞内に入り込まなければ、この鎖は無害で、オオムギのように日常的に食べられている種子の貯蔵タンパク質とよく似ている。

3 その毒物がリシンだったと確定されたのは、パリで起きた暗殺未遂事件のおかげだった。銃弾の内容物が全部放出されなかったので、被害者は生き延びることができたのだ。それでも被害者の体では、血流に入った微量のリシンに対する抗体が生産されていた。

4 Kalugin 2009, p. 207.

5 Preedy et al. 2011.

6 ノエル・マクニッキのような菌類学者はこの事実にも驚きはしないだろう。研究の結果、植物が生産する化合物は植物と菌類の相互作用によって生み出されることが多いということがわかってきた。中には、植物上や内部で暮らしている菌類だけが生産している化合物もある。

第12章　誘惑する果実

1 アルメンドロの種子を長距離運んで散布する主な種はオオアメリカフルーツコウモリ（*Artibeus lituratus*）だ。ジャマイカフルーツコウモリもときおり種子を散布することがあるが、他のコウモリは小さすぎてふつうの大きさのアルメンドロの果実を運ぶことはできないと考えられている（Bonaccorso et al. 1980）。

2 私の研究では花粉の散布も調査してみたが、同様の結果を得た。アルメンドロの紫色の花に惹きつけられたハチは木から木へと2.3キロもの距離を飛んでいき、孤立した木へも花粉を運んでいたのだ。

米や南米へも持ち込まれ、プランテーションを創設する源となった。それがどこまで広まったのかは明白ではないが、ブラジルでよく語られている話では、ブラジルのコーヒーノキの少なくとも一部はフランス領ギアナから来たという。そこでも、また窃盗と色仕掛けの話が伝わっている。言い伝えによれば、訪れていたポルトガルの士官と総督の妻にロマンスが生まれ、別れ際に特別な贈り物が贈られたという。士官がブラジルに向けて出航する際に、総督の奥方は香りのよい花の花束を贈った。植民地でコーヒーノキは厳重に見張られていたが、その小枝と種子が花束の中に注意深く隠されていたという。

5 Hollingsworth et al. 2002.

6 コカ・コーラとペプシコーラの処方は企業秘密としてまったく明らかにされていないが、両者が清涼飲料として発売されていた時代には、「コーラ」と名のつく飲料には確実にコラノキの実のエキスが含まれていた。今でもその製品にコラノキの実の抽出物が含まれているかは議論の的だが、最近行なわれた化学分析の結果では、缶入りのふつうのコカ・コーラにはコラノキの実のタンパク質は微塵も見られなかった（D'Amato et al. 2011）。

7 カフェインは万能殺虫剤と考えられているが、コーヒーノミキクイムシのような特化した昆虫は免疫を発達させている。この虫はコーヒー豆をいくら食べてもまったく平気なので、収穫に多大なダメージを与えることもある。

8 種子の中にあったカフェインがどうやって土壌に入るのか、直接拡散するのか、または根を通じて出ていくのかなどについて詳しいことはわかっていない。コーヒーノキのアルカロイドをリサイクルする過程の実質的な最終段階では、内胚乳にあったカフェインの一部はそこから種子の幼葉に入り、捕食者から葉を守り、またこのサイクルが始まる。

9 コーヒーノキの花蜜にはカフェインが含まれているが、その分量はミツバチとの共進化を強く思わせる。量が多すぎると味も苦くなるし、毒性があって遠ざける働きになるが、ちょうどよい量ならばハチの記憶力を増強し、また戻ってくるように仕向ける働きがあるので、コーヒーノキの花が出す分量がそうして決まったと考えられるのだ。

10 *British Homeopathic Review*（Ukers 1922, p.175）より引用。

11 労働習慣が急速に発展したこの時期について専門家は面白い名前をつけた。「Industrial Revolution（産業革命）ならぬ、Industrious Revolution（勤勉革命）」。

12 当時、年間の一人あたり総消費量として1095リットルという記録が病院から報告されている。おそらく患者に与えるのにビールは費用対効果の高い飲料だったのだろう。中世からルネサンス期にかけてのビールの飲用習慣について、Unger 2004によい解説がある。

13 Schivelbusch 1992, p.39.

14 1699年に英国海軍はウィリアム・キッド船長を逮捕して宝石や貴金属、貿易品などの山を押収した。その品は後にロンドンのマリン・コーヒーハウスでオークションにかけられ、貧窮した引退船員のための施設を設立するための元資となった。Zacks 2002、p.399–401.

第9章　香辛料という富

1　この売り子の呼び声は、18世紀のフィラデルフィアでスープ売りが独特の辛味シチューを売り歩いたときのものである。伝統的なフィラデルフィア・ペッパーポットスープは牛モツからカメ肉まで多様な屑肉が使われたが、香辛料はいずれも同じく、大量のコショウで味つけされていた。

2　平均年間利益の総計は現金と香辛料の配当、および会社創立期から1648年に記録した539ギルダーの高値に至るまでの株価の値上がり益も踏まえている。この会社の桁外れの歴史についてはDe Vries and van der Woude 1997を参照されたい。

3　Young 1906, p. 206.

4　後知恵で見ると馬鹿げて見えるが、コロンブスが「香料諸島」を正確に示すのは難しいと考えたのもあながち間違いではない。18世紀になってしばらく経つまでは、ナツメグの木は東南アジアにある2万5000個ある諸島のうちの10島にしか生えていなかったし、クローブにいたってはたった5島にしかなかったのだ。

5　白い胎座と呼ばれる組織がカプサイシンを産生し、80%をも保持している。種子に移動するのがおよそ12%、残りは果実の組織に行く。そのほとんどが先端部に含まれているのは、先端部は特に動物が最初にかじる場所なので、ダメージが大きくならないうちに辛さで撃退できるようになっている。

6　このように一般的な表現をすると、例外はどうなのかと考えたくなる。植物界にもさまざまな動きが見られるので、その要望に応じることはできる。たとえば、ハエトリグサの葉がパッと閉じることやオジギソウの葉が閉じること、目には認められないほどゆっくりだが「歩く」イチジク属の木などがある。それでも、圧倒的多数の植物では、種子が散布されて発芽すれば、根を張って動かない生活が一般的だ。

7　Appendino 2008, p.90.

第10章　活力を生む豆

1　Ukers 1922から引用した「挿し穂」という言葉はカーネーションなどのナデシコ科の植物を殖やすのに利用される一般的な技術を指している。主茎から出ている芽を節のすぐ上で切り取ると、簡単に挿し芽にすることができる。

2　現在わかっているド・クリューの話はウィリアム・ユーカーズが1922年に書いた『オール・アバウト・コーヒー』（Ukers 1922）からとられたものだ。ユーカーズの本の詳細を確認するために、私はド・クリューのオリジナルの書簡や19世紀のフランス史を一部翻訳してもらったが、海賊の襲撃については確証がとれなかった。

3　「マルティニコの岸辺に」というこの詩は、最初にチャールズと姉のメアリー・ラムの共著*Poetry for children*に収録されていた。伝記研究者たちは文体の違いやさまざまな注釈や書簡に照らしてみて、この詩の作者はチャールズだと見ている。

4　ド・クリューが持ち帰った苗の子孫はフランス領西インド諸島全域やおそらく中

発した。チームはビル＆メリンダ・ゲイツ財団から2000万ドルの助成を得て研究を行なっていた。

2 『60 Minutes』というアメリカCBSテレビのドキュメンタリー番組の中でケアリー・ファウラーが語った言葉。（"A Visit to the Doomsday Vault," March 20, 2008, CBS News, www.cbsnews.com/news/a-visit-to-the-doomsday-vault/）

3 現在、ミレニアム・シードバンクには、英国在来の種子植物の90％以上にあたる3万4000種の種子が20億個以上も保存されている。2025年までには、世界の植物のうち特に稀少で絶滅が危惧される25％を保存することを目指している。ここに収集されたうち、少なくとも12種がすでに野生絶滅した。

4 この言葉はDunn 1944に引用されている。

5 ヴァヴィロフは園芸品種の理解を進めただけでなく、作物の遺伝的多様性が最も高く、近縁の野生種が今でも見つかるところが栽培品種の発祥地であると考え、主要な作物が最初に栽培化された地域として世界の8地域を特定し、それを「遺伝子中心」と名づけた。この考え方は植物の育種や研究の上で、今でも重要な原理となっている。

6 トロフィム・ルイセンコに率いられ、環境の影響によって獲得した形質が遺伝するという生半可な理論をもってメンデル遺伝学を否定した悪名高い運動。ソビエト連邦の農業と生物学一般をも一世代に渡ってあと戻りさせた。

7 ヴァヴィロフが集めた収集品はルイセンコ主義にも第二次世界大戦の破壊にも耐えていたが、現代になってその保存施設は年々財源不足に悩んできた。かけがえのない果樹園には5000もの果実やベリー（漿果）の品種が植えられていたが、最近、住宅建築の開発予定地になった。

8 野生の植物種についても同様に、人間活動によって生息地の消失や気候変動、外来種の導入などが起こったせいで、多様性に危機が生じている。

第8章　かじる者とかじられる者

1 現在の齧歯類の食性は幅広く、植物質から時には昆虫や肉も食べる。しかし、齧歯類独特のあの歯は種子をかじるために進化したもので、種子はこの仲間が一番ふつうに食べる食物だ。

2 これらの種では核が種子の機能を果たしているが、専門的にいうと殻は果実の内果皮が硬くなったものである。

3 この考えについては種子散布のさまざまな生態的側面が関係している。母植物から遠ざかれば、捕食者を避け、母や兄弟との競争が減り、成木の近くに潜む種に特異的なウイルスなどの病原菌から逃れることもできる。

4 ガラパゴスフィンチ類の研究は50年目に入り、野外の進化研究としては随一の詳細さを誇る。プリンストン大学のピーターとローズマリー・グラントが率いる研究グループは、自然選択とその他（遺伝、行動、環境）の要因が相まって種が創成され、維持される機構を研究している。ワイナーの『フィンチの嘴』（Weiner 1995）とグラント夫妻自身の手による『なぜ・どうして種の数は増えるのか』（Grant & Grant 2017）をお勧めする。

まもなく再発見されることを予見していたかのようだ。「まず最初に、ある品種をそれと一番近い仲間と交配したときに何が起こるかを知ることが必要だ。その結果に科学的価値があれば、こうした交配の結果生まれた子孫は統計的に吟味すべきである」。ベイトソンはその後、メンデルの考えを擁護する主役を果たし、「遺伝学」という用語も作った。

13 その翌年、私の畑で昨年収穫した第一世代の雑種を植えてみたところ、1218個のエンドウマメを収穫できた。しわのないものとあるものの豆の比率は2.45対1だった。メンデルの有名な実験と比べると、かなり近いものの完全に同じ結果にはならなかった。私の実験のサンプルサイズが少なかったか、または、近くにあった妻の豆の品種から花粉が入り込んだ可能性もある。

第6章　メトセラのような長寿

1 マサダ砦での出来事が歴史の小事件からヒロイズムに満ちた勇壮な物語になったいきさつについては、Ben-Yehuda 1995にすばらしい解説がある。

2 『ユダヤ戦記』を著した古代ローマの歴史家フラウィウス・ヨセフスによれば、シカリ派は最後まで蓄えが十分あったことを示すために糧食の一部を残しておいたという。そうならば、マサダ砦から回収されたナツメヤシの種子は、焼け焦げたもの以外に、焼けていない完全なものがあったことの説明がつく。

3 マサダの発掘が行なわれるまでは、ユダヤ戦争の間に鋳造された貨幣の出所は「ユダヤの貨幣学上最大の難問」（Kadman 1957, Yadin 1966）と考えられていた。

4 ユダヤ戦争とその後の数十年間にあった反乱などがローマ軍に鎮圧された後は、以前のユダ王国は急激に衰えていった。交易経済は破綻し、町全体が放棄され、気候パターンが変わってナツメヤシの栽培は小規模でも難しくなった。かつて有名だったヤシの品種はこうして完全に失われた。イギリス人の聖職者で探検家のヘンリー・ベイカー・トリストラムが1865年に訪れて思いを込めてこう書き記している。「かつてイェリコはヤシの町と呼ばれたが、その名を与えたナツメヤシは最後の1本も残っていない。優しく羽を伸ばすようなヤシの樹冠もその平野に揺れることもない」（Tristram 1865）。

5 虚弱な種子を発芽させるのに一般的に使われる技術として、ソロウェイは植物ホルモンと酵素入り肥料にあらかじめ種子を浸しておいた。しかし、発芽させる力はメトセラだけが持っていたものである。

6 現在、イスラエルで栽培されているナツメヤシは20世紀になって輸入された標準的な園芸品種だ。メトセラの遺伝子を調べてみた結果、これらのナツメヤシとはまったく類縁関係がないことがわかった。むしろ、ハヤニと呼ばれるエジプトの古い品種の方が近かった。偶然かもしれないが、この結果はユダヤ人がエジプトを脱出した際にナツメヤシを持ち帰ったという伝説とよく一致する。

第7章　種子銀行

1 ロバート・シーヴァーズ博士率いるチームは、「バイオガラス」ともいえるミオイノシトールの中に閉じ込めて生きたまま4年間保存できるはしかワクチンを開

4 メンデルは結局、エンドウとその豆について7種類の形質の行方を追った。種子にしわがあるかないか、種子の色、種皮の色、莢の形、莢の色、花の位置と茎の長さである。話を単純にするために、本書では最初の一番有名な種子のしわの有無の形質に焦点を当てた。

5 メンデルについての原資料があまりに乏しいので、伝記作者による記述にはかなりの憶測が入っている。主要な引用元はイルティスによる伝記（ドイツ語版は1924年、英語版は1932年）だ。その本では、メンデルは手放しで賛美されているが、著者は実際にメンデルを知っていた人たちにインタビューしているので、話には信憑性がある。

6 メンデルの論文が封筒に入ったままダーウィンの書斎にも置いてあり、読んだ形跡がなかったという話があればたいへん面白いことだが、それはまったくの嘘である。ダーウィンが遺した所蔵品は保存状態がよく、くまなく調査されているが、メンデルの論文のコピーはまったく見当たらない。また、著作や書簡でもメンデルの研究に言及したことは一度もない。1862年にメンデルがロンドン万国博覧会を訪れた際、二人の距離は32kmほどに近づいたが、ダーウィンはその当時ダウンの自宅におり、二人が出会ったと考える理由はまったくない。

7 園芸作物や地域の品種は長い時間のうちに次第にできあがってきたのだが、17～18世紀の啓蒙時代には植物の交配の手法が洗練され、ペースが速まった。この歴史についてはKingsbury 2009を参照されたい。

8 キビがよい醸造酒を生み出せる性質は、劣性遺伝子が二つ揃った状態を維持できる場合だけで、他の品種と交配して雑種になると消えてしまうのだ。糯（もち）のような「粘り」を持つ変異はイネ、モロコシ、トウモロコシ、コムギ、オオムギなどのイネ科穀類によく見られる。粘りは常に劣性な形質だが、美味だと考えられることもある（糯米などの粘り気のある品種がそうだ）。

9 メンデルが遺伝学に残した貢献は、「分離の法則（対になった対立遺伝子があり、形質は片親から一つずつ遺伝すること）」と「独立の法則（一つの形質は独立に遺伝する）」の法則とまとめられる。また、優性と劣性という用語もメンデルの貢献だ。

10 アポミクシス（無融合生殖）とは、植物の無性生殖のいくつかのタイプを指す。ヤナギタンポポ属やタンポポなどのキク科では、卵形成過程で減数分裂が不完全だった場合に、生存可能だが母植物のクローンである種子を生み出す。アポミクシスによって繁殖を行なう種は、遺伝子を混合するというふつうの交配の利益は得られないが、花粉媒介者に依存せずに好きに交配する能力をもっている（とはいえ、たいていの種は、逼迫した場合にはふつうの交配をする能力は維持していることが多い）。よく適応している種にとっては、これは大いに成功をもたらす戦略だ。庭の芝生にタンポポがいっぱいになったことのある人はすぐにわかるだろう。

11 C.W. Eichling（Dodson 1955に引用）。

12 Bateson 1899. イギリスの著名な植物学者ウィリアム・ベイトソンは王立園芸協会で講演した際に、この表現を使った。もっと詳細に引用してみると、メンデルが

第4章　イワヒバは知っている

1 種子という形質の前身はデボン紀後期に出現した。胚珠のような構造を持つ原始的なソテツシダ目や太古の樹木アルケオプテリスもこの頃に登場した。アルケオプテリスは最初の木本植物の一つで、雌雄の胞子を持っていた。

2 このような大型の胞子はやがて胚珠と呼ばれるものに進化する。胚珠は卵やそれを取り巻く数層の組織を含む生殖器官だ。

3 イワヒバ類などの現生の胞子植物は植物相の中ではマイナーな存在と思われがちだが、けっこう成功しているのだ。胞子戦略は今では優勢ではないが、数億年もの間続いてきたし、特にシダ類などの系統ではかつてないほど多様性が増している。

4 裸子植物にも果実に似たさまざまな組織が見られるが、それは種子そのものの一部であることもある（イチイの赤いベリーのような仮種皮などはその例だ）。また、種子の周囲にある鱗状片からできていることもある（セイヨウネズのベリーと呼ばれるものなど）。いずれも果実と同様に散布の機能を果たしてはいるが、由来する組織が異なるので、真正の果実とは考えられていない。

5 Friedman 2009 を参照のこと。

6 「顕花植物（花の咲く植物）」という用語は厄介で誤解を生む表現なので、種子の本なら必ずこの用語に注意を喚起するはずだ。被子植物は花と果実をつけるが、裸子植物でも現生と絶滅種とに限らず、花も果実もつける。この二つの重要なグループは、被子植物という名が示すように、種子を包む心皮があるかないかという種子の形質で区別される。

7 Pollan 2001, p.186.

第5章　メンデルの胞子

1 メンデルが交配実験を実際に始めたのは1856年だったが、それ以前の2年間は豆の品種を選択する予備実験を行なっていた。地元の豆34品種について純系であるかを確認し、最終的には一番確実に結果を得られそうな品種を22種類選び出して、実験に使用した。

2 最近の研究では、微小なダニやトビムシがコケの精子の運搬と受精を援助している可能性があると指摘されている（Rosentiel et al. 2012）。これらの動物がなぜそうした活動をするのかは謎だが、胞子と植物の生殖システムについては、調べるべきことがまだまだたくさんあるということを思い出させてくれる好例だ。

3 この記述には一つだけ例外がある。デンジソウという浮き葉を持つ水生のシダ類で、オーストラリアでナルドゥーと呼ばれている。このシダはイワヒバのように雌雄の胞子を持っているのが特徴だ。大きな雌性胞子は小さな包みに入っており、それを挽いて粉にし、洗浄してパンに焼くことができる。味はたいそう不味く、またきちんと調理しないと毒性もあるのだが、オーストラリアアボリジニのいくつかの部族では、重要な食物として利用されていた。オーストラリアを探検したロバート・オハラ・バークとその一行の何人かは不適切に調理したナルドゥーパンを食べて死んだといわれている（Clarke 2007）。

と呼べるようなものもないまま発育してゆく。液体の細胞質の中で核がいくつか浮かんでいるだけの代物だ。他の種子の胚乳でも発生の初期に遊離核の段階を経験するものもあるが、成熟してまでもこのような不思議な形を維持しているのはココナッツだけである。

4 ココナッツは散布生態が非常に優れているが、これほど遠く広く分布しているのは人間を利用したからだろう。熱帯の沿岸地方の土着文化では必ずといってよいほどなんらかの形でココナッツに依存しているし、旅するときには必ずココナッツを携えていた。東南アジアが原産である可能性も指摘されているが、植物学者が問いを投げかけるよりずっと以前に、南太平洋からアフリカ、南米にまで広まっていた。

5 アーモンドは今では広く栽培されているが、カリフォルニアのセントラルヴァレーではアーモンド栽培が根づいて数千軒の果樹園があり、世界の年間収穫量の80%を生産している。カリフォルニアの生産者はほとんどがブルーダイヤモンド・コープ（協同組合）に所属しており、抜け目ないマーケティング戦略も相まって、アーモンドがブドウを抜いてカリフォルニア州第一の産物になった。

6 カノーラ（Canola）とは、マニトバ大学の穀類研究者がアブラナの品種を掛け合わせて、より低酸性で食べやすいように作った商業品種を指す。語源は「カナダ産の低酸性油（**Can**adian **o**il, **l**ow **a**cid）」の省略形である。

7 第二次世界大戦後に安いプラスチックが出回るまでは、アメリカゾウゲヤシの実を薄く切って磨いたボタンが北米とヨーロッパの市場の20%も占めていた。この実は最近、ファッション界でカムバックを果たしている。この美しい種子の歴史については次を参考にされたい。Acosta-Solis 1948, Barfod 1989.

8 耳に残って仕方がないメロディのことをオリヴァー・サックスは「脳の虫」と名づけたが、それよりももっと見事な古い表現は、スコットランドでいう「パイパーズマゴット（笛吹き虫）」だと『音楽嗜好症』（Sacks 2010）で記している。

9 PGPR（ポリグリセリン縮合リシノレイン酸エステル）はまた、大豆にも見られる種子の成分であるグリセリンを含んでいる。

10 グアーガムは増粘剤として最もよく知られているが、消防士、パイプラインの作業員、船体や魚雷の設計者などにはもっと別の利用法で知られている。非常に微量を使用すれば、「滑水性」、つまり抵抗を大幅に減らす現象を生み出すことができるのだ。ある物理学者によれば、グアーガムの分子（や類似のポリマー）は二重のヨーヨーにたとえられるという。グアーガムの分子が巻いたりほどけたりすることで、液体の乱流が隣り合う物体の表面に接着するのを妨げるのだ。物理的側面はまだ未解明の部分が多いが、実際に使ってみれば、この効果によってホースやパイプの中を液体が流れやすくできる。アメリカ海軍も船体効率を上げ、船や潜水艦、魚雷などの騒音を減らすために研究をしている。

11 アメリカではペンシルベニア紀は独立した地質時代区分だとかつては考えられていたが、今では石炭紀の下位区分と考えられている。

されている。湿地に生えるイネ科やスゲなどの繊維質の根を年間を通して食べていたとも考えられており（Lee-Thorp et al. 2012）、そうならば、種子がとれる季節にはもっと栄養豊富な種子を食べていただろうことは想像に難くない。

11 植えつけしやすく効率がよいという利点の他にも、急激に気候が冷涼化・乾燥化したことも相まって、初期の農耕民族が利用しやすい数種類の品種に絞り込んだという証拠がある（Hillman et al. 2001）。

12 持続可能な農業を支持する人たちは、一年生草本の穀類の代わりとして、種子の大きな多年生イネ科草本を開発し始めている。これが成功すれば、侵食防止や炭素隔離のほか、肥料や除草剤への依存を減らすこともできるので大きな利点がある（Glover et al. 2010）。

13 詳しくは次の文献を参照されたい。Diamond 1999, p.139, Blumler 1998.

14 Fraser & Rimas 2010, p.64.

15 腺ペストの症状はエルシニア・ペスティス（*Yersinia pestis*）という細菌によってもたらされる。この細菌はノミの咬傷によってネズミとヒトの間で広まる。感染したノミはいずれは死んでしまうが、中腸で細菌の数が十分増えるまでは生きていることができる。

16 Harden 1996, p.32.

17 スネーク川のダムの歴史と詳細については次を参照されたい。Peterson & Reed 1994, Harden 1996.

18 「完璧なタンパク質」とは9種類の必須アミノ酸を必要な分量含んでいるものをいう。これらは体内で合成できないので、食物から摂らなくてはならない。肉や乳製品のタンパク質はたいてい完璧なタンパク質と呼べるが、植物性食物は必須アミノ酸のうち1～2種類足りない場合が多い。

第3章　ナッツを食べたいときもある

1 コーンシロップはトウモロコシの種子にあるでんぷんから直接とられるもので、たいてい食料品店の製菓用品の棚にある。高果糖コーンシロップ（異性化糖）というよく似た製品があるが、こちらは甘味を増すために酵素を使って加工された製品だ。異性化糖をめぐる話に興味のある方は2007年に公開されたドキュメンタリー映画『キングコーン』をお勧めする。異性化糖そのものだけでなく、トウモロコシ産業全体についても興味深い話や情報が満載だ。

2 19世紀までチョコレートは一般的には飲料として楽しまれており、含まれているバターは不要な脂肪分と思われていた。オランダのヴァン・ホーテン一家がカカオニブ（カカオ豆の胚乳）から脂肪分を除いて、飲みやすいチョコレートを作るためにダッチングという工程を開発した。現代的な板チョコができたのは後の時代のことで、取り出した脂肪分をチョコレート職人がカカオマスに戻し入れてできた産物である。チョコレートの興味深い歴史と科学については、次の文献を参考にされたい。Beckett 2008, Coe & Coe 2007.

3 製品のラベルに書かれていたら無粋かもしれないが、「遊離核型内乳（無細胞内胚乳）」というのはまさに正確な用語だ。ココナッツの胚乳は液状でとくに細胞滅したと考えられていたジャイアント・パルース・アースワーム（*Driloleirus americanus*）という巨大ミミズが再発見されたのだ。最近見つかった個体は小さめだったが、この白いミミズは長さが1メートル近くにまでなり、なんとユリの香りを放つという。

2 「シリアル」は一年生草本の種子で食べられる穀類を指し、「グレイン」はもっと幅広く、タデ科のソバやアカザ科のキヌアなどをも含む種子をいう。しかし、W・K・ケロッグとC・W・ポストの会社が大成功したおかげで、今では「シリアル」といえば朝食の代名詞のようになり、「グレイン」はイネ科や類似の穀物を大括りにした総称のようになっている。シリアルという語の方が的確だし、古代ローマの農業の女神ケレースに因んだ名なので、残念な傾向だ。

3 専門的にいうと、イネ科の種子の一つずつは穎果という小さな果実である。しかし、果実の層は硬い種皮の役割を果たすように適応してきたので、拡大してみても種皮と果実の区別ができない。きわめて厳密に解釈する場合以外は、穎果は種子そのものと考えてよい。

4 イネ科は始新世初期の乾燥した気候のもとで進化し、開けた草原での生活に適応した特質をいくつも発達させた。風媒受粉し、根元から成長し、地上に低く生える。これらは動物による喫食や野火の影響からすばやく立ち直ることができる特質だ。葉にはガラスのようなシリカの結晶が含まれており、それを食べるバイソンやウマなどの有蹄類の歯を早く摩耗させる。

5 イネ科の種子は人間には小さく見えるかもしれないが、植物の割にはかなり大きいというのも覚えておくべきだ。特に一年草にとっては、かなりのエネルギーをつぎ込んでいることになる。

6 この背景にはとても面白い化学的な話がある。Le Couteur and Burrenson 2003 の第4章をご覧いただきたい。

7 ランガムによれば、生の食品を支持する現代人は生鮮食品の品ぞろえが豊富な食料品店のおかげで生きながらえているのだが、それでも栄養ストレスの兆候を見せているのだという。自然界で、食糧が一か所にまとまっていなくて散在していたり、季節性がある場合には、調理によってエネルギーをかなり高めた食物を食べなければ飢えてしまうだろう。Wrangham 2009 を参照。

8 古代人は、火の使用により調理ができるようになっただけでなく、ハチの巣をいぶしてハチを追い出し、蜂蜜を取る技術も身につけるようになった。この蜂蜜の件と、ノドグロミツオシエという鳥が人間と共進化したことについて、ランガムの著書に面白い議論が記されている（Wrangham 2011）。

9 この段落の人類学や考古学的な注釈については、以下の文献を参考にされたい。Clarke 2007, Reddy 2009, Cowan 1978, Piperno et al. 2004, Mercader 2009, Goren-Inbar et al. 2004.

10 本書ではホモ・エレクトスを広義の意味で使っているが、アフリカ系のホモ・エルガステルとアジア系のホモ・エレクトスを分ける考え方の研究者もいる。化石の歯の摩耗度や元素同位体の分析による証拠によれば、イネ科を食べていたのは、さらに古い時代の初期人類であるアウストラロピテクスなどまで遡ることが示唆性のある大型植物」として売り込むよい機会だと思ったのだ。アルメンドロは材が硬く、有名なキャラクターであるマージ・シンプソンのヘアカラーをもち、高さも45メートルにも達する。この大木のキーストーン種を表現するのに「カリスマ性のある大型植物」以上の表現があるだろうか。

4 アボカド（*Persea americana*）は栽培種としてしか知られていない。中米の森林にその祖先がいたはずだが、栽培されるようになってからの何千年もの間に、野生種が失われてしまったのだ。大きな果実をつける新熱帯区の樹木は、種子を散布していた大型動物が絶滅したことで共倒れになっていったという説もある（Janzen & Martin 1982）。更新世の時代には、この地域に巨大アルマジロ、グリプトドン、マンモス、ゴンフォセレなどの大動物相がいたのだ。アボカドの種子は巨大なので、それを移動させてもらうためには大きな体の動物が必要だったろう（もちろん、今では人間がその役割を十分に果たしていて、アボカドは南極大陸を除く全大陸で生育している）。

5 乾燥に耐えられない種子は植物学では「難貯蔵性種子」と呼ばれる。熱帯雨林の樹木は長いこと休眠しているよりもすばやく発芽する方が有利なので、およそ70%で見られる戦略だ。一方、温帯や季節のある気候下では稀である。この戦略はジャングルでは有利だが貯蔵所ではそうはいかない。アメリカ国立種子銀行のクリスティナ・ウォルターズは、難貯蔵性種子を「甘えん坊のだだっ子」と呼んでいる。とはいえ、胚を隔離し、液体窒素で瞬間的に冷凍することで多少は保存に成功している。

6 アボカドの種子はすっかり乾いてしまうこともないし、乾燥して休眠することもないので、吸水過程の最終段階で必要な分だけしか吸わず、吸い上げる水の量もほんのわずかだ。一般的に乾燥した種子では、自重の2～3倍は水を吸う。

7 植物の細胞分裂は分裂組織という特殊化した組織で起こる。分裂組織は、たいていは成長する根や茎の先端にある。コーヒーノキの細胞が膨らんで、こうした先端部がカフェインの影響を受けない位置まで到達したら、初めて分裂組織が分裂し始め、細胞分裂による成長を始めることができる。実によくできたシステムである。

8 Theophrastus 1916.

9 たとえば、アルメンドロの頑固なまでに硬い殻は、主に内果皮という果実の一番内側の層でできている。

10 種子を使って植物の系統を決定することがよくあるのは、植物進化における種子の根本的な重要性を証明するものだ。たとえば、裸子植物（種子に覆いがない植物）、被子植物（種子が覆われている植物、または顕花植物）、単子葉植物（子葉が1枚だけの被子植物）、双子葉植物（子葉を2枚持つ被子植物）などという区分がある。詳細な種間の類縁関係さえ、種子の構造に基づいて決められることも多い。

第2章　生命の糧

1 このプロジェクトで思いがけぬ成果が得られた。プレーリーが減少したせいで絶

註

はじめに

1 英国海軍の戦艦バウンティ号は反乱で有名になったが、航海の目的は植物だった。西インド諸島で奴隷人口が増加し、農園主たちは奴隷向けの安価な食物を欲しがっていたので、王立協会の会長だったジョゼフ・バンクス卿の提案により、タヒチ原産のパンノキを生きたまま移送する指令をブライ船長は受けていた。ブライ船長は最終的にはイギリスに帰り着き、その後、戦艦プロヴィデンス号でこの使命に再挑戦した結果、2000本の健康な若木をジャマイカまで輸送するのに成功した。新しい場所でパンノキはうまく根づいたものの、その計画はある点を見逃していたために失敗に終わった。アフリカから来た奴隷たちは、ポリネシアのパンノキはまずいと言って食べなかったのである。

2 遺伝子組み換え作物の鋭い分析については Cummings 2008, Hart 2002 を参照。

序章　エネルギーの塊

1 Krauss 1945.

2 種子植物の推定種数は20万～42万までかなり幅がある（Scotland & Wortley 2003）。この数値はイギリスのキュー王立植物園、ニューヨーク植物園、ミズーリ植物園など世界最大級の植物園が現在協力して行なっている共同研究による。The Plant List 2013, Version 1.1, archived at www.theplantlist.org

第1章　一日一粒のタネ

1 高速度カメラで撮影した研究などによって、毒ヘビが攻撃するときに届く範囲は体長の三分の一から半分程度までの距離だと何度も証明されている（たとえば Kardong & Bels 1998）。しかし、ヘビをよく知っているはずの観察者でも、その攻撃については大げさな話をすることがある（極端な例は Klauber 1956）。私もヤジリハブ（*Bothrops asper*）に襲われたことがある身としては、大げさ派に一票入れたくなる。自分に向かってあの牙が飛んでくる瞬間を目の当たりにしたら、どんなことでもありそうに思えてしまうからだ。

2 アルメンドロはマメ科で、学名を *Dipteryx panamensis*（または *D. oleifera*）という。中米の雨林においてアルメンドロがキーストーン種として果たす役割については、拙文で僭越ながら Hanson et al. 2006, 2007, 2008 が参考になるだろう。

3 アルメンドロの研究をするにあたっては、さらに先の予見もあった。以前、マウンテンゴリラやヒグマなどの調査に参加したことがあり、これらの派手な大型動物は保全分野では「カリスマ性のある大型動物」と呼ばれ、環境保護への関心を高めるのによく利用される。私の中の植物好きな心がアルメンドロを「カリスマ

Evolutionary Anthropology 19: 187–199.

Wright, G. A., D. D. Baker, M. J. Palmer, D. Stabler, et al. 2013 Caffeine in floral nectar enhances a pollinator's memory of reward. *Science* 339: 1202–1204.

Yadin, Y. 1966. *Masada: Herod's Fortress and the Zealots' Last Stand.* New York: Random House.（ヤディン『マサダ』田丸徳善訳、山本書店）

Yafa. S. 2005. *Cotton: The Biography of a Revolutionary Fiber.* New York: Penguin.

Yarnell, R. A. 1978. Domestication of sunflower and sumpweed in eastern North America., Pp. 289–300 in R. I. Ford, ed., *The Nature and Status of Ethnobotany.* Anthropology Papers No. 67. Ann Arbor: University of Michigan Museum of Anthropology.

Yashina, S., S. Gubin, S. Maksimovich, A. Yashina, et al. 2012. Regeneration of whole fertile plants from 30,000-y-old fruit tissue buried in Siberian permafrost. *Proceedings of the National Academy of Sciences* 109: 4008–4013.

Young, F. 1906. *Christopher Columbus and the New World of His Discovery.* London: E. Grant Richards.

Zacks, R. 2002. *The Pirate Hunter: The True Story of Captain Kidd.* New York: Hyperion.

Bureau of Reclamation, Eastern Colorado Area Office.
Valster, A. H. and P. K. Hepler. 1997. Caffeine inhibition of cytokinesis: effect on the phragmoplast cytoskeleton in living *Tradescantia* stamen hair cells. *Protoplasma* 196: 155–166.
Vander Wall, S. B. 2001. The evolutionary ecology of nut dispersal. *Botanical Review* 67: 74–117.
Van Wyhe, J., ed. 2002. The Complete Work of Charles Darwin Online, http://darwin-online.org.uk.
Vozzo, J. A., ed. 2002. *Tropical Tree Seed Manual*. Agriculture Handbook 721. Washington, DC: United States Department Agriculture Forest Service.
Walters, D. R. 2011. *Plant Defense: Warding off Attack by Pathogens, Herbivores, and Parasitic Plants.* Oxford: Wiley-Blackwell.
Walters, R. A., L. R. Gurley, and R. A. Toby. 1974. Effects of caffeine on radiation-induced phenomena associated with cell-cycle traverse of mammalian cells. *Biophysical Journal* 14: 99–118.
Weckel, M., W. Giuliano, and S. Silver. 2006. Jaguar (*Panthera onca*) feeding ecology: Distribution of predator and prey through time and space. *Journal of Zoology* 270: 25–30.
Weiner, J. 1995. *The Beak of the Finch: A Story of Evolution in Our Time*. New York: Alfred A. Knopf.（ワイナー『フィンチの嘴』樋口広芳・黒沢令子訳、早川書房）
Wendel, J. F., C. L. Brubaker, and T. Seelanan. 2010. The origin and evolution of *Gossypium*, Pp. 1–18 in J. M. Stewart, et al., eds., *Physiology of Cotton*. Dordrecht, Netherlands: Springer.
Whealy, D. O. 2011. *Gathering: Memoir of a Seed Saver.* Decorah, IA: Seed Savers Exchange.
Whiley, A. W., B. Schaffer, and B. N. Wolstenholme. 2002. *The Avocado: Botany, Production and Uses*. Cambridge, MA: CABI Publishing.
Whitney, K. 2002. Dispersal for distance? *Acacia ligulata* seeds and meat ants *Iridomyrmex viridiaeneus. Austral Ecology* 27: 589–595.
Willis, K. J., and J. C. McElwain. 2002. *The Evolution of Plants.* Oxford: Oxford University Press.
Willson, M. 1993. Mammals as seed-dispersal mutualists in North America. *Oikos* 67: 159–167.
Wing, L. D., and I. O. Buss. 1970. Elephants and forests. *Wildlife Monographs* 19: 3–92.
Woodburn, J. H. 1999. *20th Century Bioscience: Professor O. J. Eigsti and the Seedless Watermelon.* Raleigh, NC: Pentland Press.
Wrangham, R. W. 2009. *Catching Fire: How Cooking Made Us Human.* New York: Basic Books.（ランガム『火の賜物』依田卓巳訳、NTT 出版）
———. 2011. Honey and fire in human evolution. Pp. 149–167 in J. Sept and D. Pilbeam eds., *Casting the Net Wide: Papers in Honor of Glynn Isaac and His Approach to Human Origins Research.* Oxford: Oxbow Books.
Wrangham, R. W., and R. Carmody. 2010. Human adaptation to the control of fire.

dietary adaptations in early hominins. The hard food perspective. *American Journal of Physical Anthropology* 151: 339–355.

Strait, D.S., G. W. Webe, S. Neubauer, J. Chalk, et al. 2009. The feeding biomechanics and dietary ecology of *Australopithecus africanus*. *Proceedings of the National Academy of Sciences* 106: 2124–2129.

Swan, L. W. 1992. The Aeolian biome. *BioScience* 42: 262–270.

Taviani, P. E., C. Varela, J. Gil, and M. Conti. 1992. *Christopher Columbus: Accounts and Letters of the Second, Third, and Fourth Voyages.* Rome: Instituto Poligrafico e Zecca Dello Stato.

Telewski, F. W., and J. D. Zeevaart. 2002. The 120-year period for Dr. Beal's seed viability experiment. *American Journal of Botany* 89: 1285–1288.

Tewksbury, J. J., D. J. Levey, M. Huizinga, D. C. Haak, et al. 2008. Costs and benefits of capsaicin-mediated control of gut retention in dispersers of wild chilies. *Ecology* 89: 107–117.

Tewksbury, J. J., and G. P. Nabhan. 2001. Directed deterrence by capsaicin in chilies. *Nature* 412: 403–404.

Tewksbury, J. J., G. P. Nabhan, D. Norman, H. Suzan, et al. 1999. In situ conservation of wild chiles and their biotic associates. *Conservation Biology* 13: 98–107.

Tewksbury, J. J., K. M. Reagan, N. J. Machnicki, T. A. Carlo, et al. 2008. Evolutionary ecology of pungency in wild chilies. *Proceedings of the National Academy of Sciences* 105: 11808–11811.

Theophrastus. 1916. *Enquiry Into Plants and Minor Works on Odours and Weather Signs,* vol. 2. Translated by A. Hort. New York: G. P. Putnam's Sons.

Thompson, K. 1987. Seeds and seed banks. *New Phytologist* 26: 23–34.

Thoresby, R. 1830. *The Diary of Ralph Thoresby, F.R.S.* London: Henry Colburn and Richard Bentley.

Tiffney, B. 2004. Vertebrate dispersal of seed plants through time. *Annual Review of Ecology, Evolution, and Systematics* 35: 1–29.

Traveset, A. 1998. Effect of seed passage through vertebrate frugivores' guts on germination: A review. *Perspectives in Plant Ecology, Evolution and Systematics* 1/2: 151–190.

Tristram, H. B. 1865. *The Land of Israel: A Journal of Travels in Palestine.* London: Society for Promoting Christian Knowledge.

Turner, J. 2004. *Spice: The History of a Temptation.* New York: Vinage.

Ukers, W. H. 1922. *All About Coffee*: A History of Coffee from the Classic Tribute to the World's Most Beloved Beverage. New York: The Tea and Coffee Trade Journal Company. (ユーカーズ『オール・アバウト・コーヒー』UCC上島珈琲監訳、TBSブリタニカ)

Unger, R. W. 2004. *Beer in the Middle Ages and the Renaissance.* Philadelphia: University of Pennsylvania Press.

United States Bureau of Reclamation. 2000. Horsetooth Reservoir Safety of Dam Activities–Final Environmental Impacts Assessment, EC-1300-00-02. Loveland, CO: United States

431–433.
Rothwell, G. W., and R. A. Stockey. 2008. Phylogeny and evolution of ferns: A paleontological perspective. Pp. 332–366 in T. A. Ranker and C. H. Haufler, eds., *Biology and Evolution of Ferns and Lyophytes.* Cambridge, UK: Cambridge University Press.
Sacks, O. 2008. *Musicophilia.* New York: Vintage.（サックス『音楽嗜好症』太田直子訳、早川書房）
Sallon, S., E. Solowey, Y. Cohen, R. Korchinsky, et al. 2008. Germination, genetics, and growth of an ancient date seed. *Science* 320: 1464.
Sathakopoulos, D. C. 2004. *Famine and Pestilence in the Late Roman and Early Byzantine Empire.* Brimingham Byzantine and Ottoman Monographs Vol. 9, Aldershot Hants, UK: Ashgate.
Scharpf, Robert F. 1970. Seed viability, germination, and radicle growth of dwarf mistletoe in California. USDA Forest Service Research Paper PSW-59. Berkeley, CA: Pacific SW Forest and Range Experiment Station.
Schivelbusch, W. 1992. *Tastes of Paradise: A Social History of Spices, Stimulants, and Intoxicants.* New York: Pantheon Books.（シヴェルブシュ『楽園・味覚・理性』福本義憲訳、法政大学出版局）
Schopfer, P. 2006. Biomechanics of plant growth. *American Journal of Botany* 93: 1415–1425.
Scotland, R. W., and A. H. Wortley. 2003. How many species of seed plants are there? *Taxon* 52: 101–104.
Seabrook, J. 2007. Sowing for the apocalypse: The quest for a global seed bank. *New Yorker* August 7, 60–71.
Sharif, M. 1948. Nutritional requirements of flea larvae, and their bearing on the specific distribution and host preferences of the three Indian species of *Xenopsylla* (Siphonaptera). *Parasitology* 38: 253–263.
Shaw, George Bernard. 1918. The vegetarian diet according to Shaw. Reprinted in *Vegetarian Times,* March/April 1979, 50–51.
Sheffield, E. 2008. Alteration of generations. Pp. 49–74 in T. A. Ranker and C. H. Haufler, eds., *Biology and Evolution of Ferns and Lyophytes.* Cambridge, UK: Cambridge University Press.
Shen-Miller, J., J. William Schopf, G. Harbottle, R. Cao, et al. 2002. Long-living lotus: Germination and soil γ -radiation of centuries-old fruits, and cultivation, growth, and phenotypic abnormalities of offspring. *American Journal of Botany* 89: 236–247.
Simpson, B. B., and M. C. Ogorzaly. 2001. *Economic Botany, 3rd ed.* Boston: McGraw Hill.
Stephens, S. G. 1958. Salt water tolerance of seeds of *Gossypium* species as a possible factor in seed dispersal. *American Naturalist* 92: 83–92.
———. 1966. The potentiality for long range oceanic dispersal of cotton seeds. *American Naturalist* 100: 199–210.
Stöcklin, J. 2009. Darwin and the plants of the Galápagos Islands. *Bauhinia* 21: 33–48.
Strait, D.S., P. Constantino, P. Lucas, B. G. Richmond, et al. 2013. Viewpoints: Diet and

Midgley, J. J., K. Gallaher, and L. M. Kruger. 2012. The role of the elephant (*Loxodonta africana*) and the tree squirrel (*Paraxerus cepapi*) in marula (*Sclerocarya birrea*) seed predation, dispersal and germination. *Journal of Tropical Ecology* 28: 227–231.

Moore, A. M. T., G. C. Hillman, and A. J. Legge. 2000. *Village on the Euphrates: from Foraging to Farming at Abu Hureyra.* Oxford: Oxford University Press.

Moseley, C. W. R. D, trans. 1983. *The Travels of Sir John Mandeville*. London: Penguin.

Murray, D. R., ed. 1986. *Seed Dispersal*. Orlando, FL: Academic Press.

Nathan, R., F. M. Schurr, O. Spiegel, O. Steinitz, et al. 2008. Mechanisms of long-distance seed dispersal. *Trends in Ecology and Evolution* 23: 638–647.

Nathanson, J. A. 1984. Caffeine and related methylxanthines: Possible naturally occurring pesticides. *Science*: 226: 184–187.

Newman, D. J., and G. M. Cragg. 2012. Natural products as sources of new drugs over the 30 years from 1981 to 2010. *Journal of Natural Products* 75: 311–335.

Peterson, K., and M. E. Reed. 1994. *Controversy, Conflict, and Compromise: A History of the Lower Snake River Development.* Walla Walla, WA: US Army Corps of Engineers, Walla Walla District.

Piperno, D. R., E. Weiss, I. Holst, and D. Nadel. 2004. Processing of wild cereal grains in the Upper Paleolithic revealed by starch grain analysis. *Nature* 430: 670–673.

Pollan, M. 2001. *The Botany of Desire.* New York: Random House.（ポーラン『欲望の植物誌』西田佐知子訳、八坂書房）

Porter, D. M. 1980. Charles Darwin's plant collections from the voyage of the *Beagle. Journal of the Society for the Bibliography of Natural History* 9: 515–525.

———. 1984. Relationships of the Galapagos flora. *Biological Journal of the Linnean Society* 21: 243–251.

Preedy, V. R., R. R. Watson, and V. B. Patel. 2011. *Nuts and Seeds in Health and Disease Prevention.* London: Academic Press.

Pringle, P. 2008. *The Murder of Nikolai Vavilov.* New York: Simon and Shuster.

Ramsbottom, J. 1942. Recent work on germination. *Nature* 149: 658.

Ranker, T. A., and C. H. Haufler, eds. 2008. *Biology and Evolution of Ferns and Lyophytes.* Cambridge, UK: Cambridge University Press.

Raven, P. H., R. F. Evert, and S. E. Eichhorn. 1992. *Biology of Plants, 5th ed.* New York: Worth Publishers.

Reddy, S. N. 2009. Harvesting the landscape: Defining protohistoric plant exploitation in coastal Southern California. *SCA Proceedings* 22: 1–10.

Rettalack, G. J., and D. L. Dilcher. 1988. Reconstructions of selected seed ferns. *Annals of the Missouri Botanical Garden* 75: 1010–1057.

Riello, G. 2013. *Cotton: The Fabric That Made The Modern World.* Cambridge, UK: Cambridge University Press.

Rosentiel, T. N., E. E. Shortlidge, A. N. Melnychenko, J. F. Pankow, et al. 2012. Sex-specific volatile compounds influence microarthropod-mediated fertilization of moss. *Nature* 489:

Lev-Yadun, S. 2009. Aposematic (warning) coloration in plants. Pp. 167–202 in F. Baluska, ed., *Plant–Environment Interactions, Signaling and Communication in Plants*. Berlin: Springer-Verlag.

Lim, M. 2012. Clicks, cabs, and coffee houses: Social media and oppositional movements in Egypt, 2004–2011. *Journal of Communication* 62: 231–248.

Lobova, T., C. Geiselman, and S. Mori. 2009. *Seed Dispersal by Bats in the Neotropics*. New York: The New York Botanical Garden.

Loewer, P. 1995. *Seeds: The Definitive Guide to Growing, History & Lore*. Portland, OR: Timber Press.

Loskutov, Igor G. 1999. *Vavilov and His Institute. A History of the World Collection of Plant Genetic Resources in Russia*. Rome: International Plant Genetic Resources Institute.

Lucas. P., P. Constantino, B. Wood, and B. Lawn. 2008. Dental enamel as a dietary indicator in mammals. *BioEssays* 30: 374–385.

Lucas, P. W., J. T. Gaskins, T. K. Lowrey, M. E. Harrison, et al. 2011. Evolutionary optimization of material properties of a tropical seed. *Journal of the Royal Society Interface* 9: 34–42.

Machnicki, N. J. 2013. How the chili got its spice: Ecological and evolutionary interactions between fungal fruit pathogens and wild chilies. Ph.D. dissertation, University of Washington, Seattle.

Mannetti, L. 2011. Understanding plant resource use by the ≠ Khomani Bushmen of the southern Kalahari. Master's thesis, University of Stellenbosch, South Africa.

Martins, V. F., P. R. Guimaraes Jr., C. R. B. Haddad, and J. Semir. 2009. The effect of ants on the seed dispersal cycle of the typical myrmecochorous *Ricinus communis*. *Plant Ecology* 205: 213–222.

Marwat, S. K., M. J. Khan, M. A. Khan, M. Ahmad, et al. 2009. Fruit plant species mentioned in the Holy Qura'n and Ahadith and their ethnomedicinal importance. *American-Eurasian Journal of Agricultural and Environmental Sciences* 5: 284–295.

Masi, S., E. Gustafsson, M. Saint Jalme, V. Narat, et al. 2012. Unusual feeding behavior in wild great apes, a window to understand origins of self-medication in humans: Role of sociality and physiology on learning process. *Physiology and Behavior* 105: 337–349.

McLellan, D., ed. 2000. *Karl Marx: Selected Writings*. Oxford: Oxford University Press.

Mendel, G. 1866. Experiments in plant hybridization. Translated by W. Bateson and R. Blumberg. *Verhandlungen des naturforschenden Vereines in Brünn, Bd. IV für das Jahr 1865*, Abhandlungen: 3–47.

Mercader, J. 2009. Mozambican grass seed consumption during the Middle Stone Age. *Science* 326: 1680–1683.

Mercader, J., T. Bennett, and M. Raja. 2008 Middle Stone Age starch acquisition in the Niassa Rift, Mozambique. *Quaternary Research* 70: 283–300.

Mercier, S. 1999. The evolution of world grain trade. *Review of Agricultural Economics* 21: 225–236.

ate. *Science* 215: 19–27.
Jolly, C. J. 1970. The seed-eaters: A new model of hominid differentiation based on a baboon analogy. *Man* 5: 5–26.
Kadman, L. 1957. A coin find at Masada. *Israel Exploration Journal* 7: 61–65.
Kahn, V. 1987. Characterization of starch isolated from avocado seeds. *Journal of Food Science* 52: 1646–1648.
Kalugin, O. 2009. *Spymaster: My Thirty-Two Years in Intelligence and Espionage Against the West.* New York: Basic Books.
Kardong, K., and V. L. Bels. 1998. Rattlesnake strike behavior: Kinematics. *Journal of Experimental Biology* 201: 837–850.
Kingsbury, J. M. 1992. Christopher Columbus as a botanist. *Arnoldia* 52: 11–28.
Kingsbury, N. 2009. *Hybrid: The History and Science of Plant Breeding.* Chicago: University of Chicago Press.
Klauber, L. M. 1956. *Rattlesnakes, Their Habits, Life Histories, and Influence on Mankind, vols 1 and 2*. Berkley: University of California Press.
Klein H. S. 2002. The structure of the Atlantic slave trade in the 19th century: An assessment. *Outre-mers* 89: 63–77.
Knight, M. H. 1995. Tsamma melons, *Citrullus lanatus,* a supplementary water supply for wildlife in the southern Kalahari. *African Journal of Ecology* 33: 71–80.
Koltunow, A. M., T. Hidaka, and S. P. Robinson. 1996. Polyembry in Citrus. *Plant Physiology* 110: 599–609.
Krauss, R. 1945. *The Carrot Seed.* New York: HarperCollins.（クラウス『にんじんのたね』小塩節訳、こぐま社）
Lack, D. 1947. *Darwin's Finches.* Cambridge, UK: Cambridge University Press.（ラック『ダーウィンフィンチ』浦本昌紀ほか訳、思索社）
Le Couteur, P., and J. Burreson. 2003. *Napoleon's Buttons: 17 Molecules that Changed History.* New York: Jeremy P. Tarcher/Penguin.（ルクーター／バーレサン『スパイス、爆薬、医薬品』小林力訳、中央公論新社）
Lee, H. 1887. *The Vegetable Lamb of Tartary.* London: Sampson Low, Marsten, Searle and Rivington.
Lee-Thorp, J., A. Likius, H. T. Mackaye, P. Vignaud, et al. 2012. Isotopic evidence for an early shift to C4 resources by Pliocene hominins in Chad. *Proceedings of the National Academy of Sciences* 109: 20369–20372.
Lemay, S., and J. T. Hannibal. 2002. *Trigonocarpus excrescens* Janssen 1940, a supposed seed from the Pennsylvanian of Illinois, is a millipede (Diplopida: Euphoberiidae). *Kirtlandia* 53: 37–40.
Levey, D. J., J. J. Tewksbury, M. L. Cipollini, and T. A. Carlo. 2006. A Weld test of the directed deterrence hypothesis in two species of wild chili. *Oecologica* 150: 51–68.
Levin, D. A. 1990. Seed banks as a source of genetic novelty in plants. *American Naturalist* 135: 563–572.

predation indicators for the emergent tree *Dipteryx panamensis* in continuous and fragmented rainforest. *Biotropica* 38: 770–774.

Hanson, T. R., S. J. Brunsfeld, B. Finegan, and L. P. Waits. 2007. Conventional and genetic measures of seed dispersal for *Dipteryx panamensis* (Fabaceae) in continuous and fragmented Costa Rican rainforest. *Journal of Tropical Ecology* 23: 635–642.

———. 2008. Pollen dispersal and genetic structure of the tropical tree *Dipteryx panamensis* in a fragmented landscape. *Molecular Ecology* 17: 2060–2073.

Harden, B. 1996. *A River Lost: The Life and Death of the Columbia.* New York: W. W. Norton.

Hargrove, J. L. 2006. History of the calorie in nutrition. *Journal of Nutrition* 136: 2957–2961.

———. 2007. Does the history of food energy units suggest a solution to "Calorie confusion"? *Nutrition Journal* 6: 44.

Hart, K. 2002. *Eating in the Dark: America's Experiment with Genetically Engineered Food.* New York: Pantheon Books.

Haufler, C. H. 2008. Species and speciation. In T. A. Ranker and C. H. Haufler, eds., *Biology and Evolution of Ferns and Lyophytes.* Cambridge, UK: Cambridge University Press.

Henig, R. M. 2000. *The Monk in the Garden.* Boston: Houghton Mifflin.

Heraclitus. 2001. *Fragments*. New York: Penguin.

Herrera, C. M. 1989. Seed dispersal by animals: A role in angiosperm diversification? *American Naturalist* 133: 309–322.

Herrera, C. M., and O. Pellmyr. 2002. *Plant-Animal Interactions: An Evolutionary Approach.* Oxford: Blackwell Sciences.

Hewavitharange, P., S. Karunaratne, and N. S. Kumar. 1999. Effect of caffeine on shot-hole borer beetle *Xyleborus fornicatus* of tea *Camellia sinensis. Phytochemistry* 51: 35–41.

Hillman, G., R. Hedges, A. Moore, S. College, et al. 2001. New evidence of Late glacial cereal cultivation at Abu Hureyra on the Euphrates. *The Holocene* 11: 383–393.

Hirschel, E. H., H. Prem, and G. Madelung. 2004. *Aeronautical Research in Germany—From Lilienthal Until Today.* Berlin: Springer-Verlag.

Hollingsworth, R.G., J.W. Armstrong, and E. Campbell, 2002. Caffeine as a repellent for slugs and snails. *Nature* 417: 915–916.

Hooker, J. D. 1847. An enumeration of the plants of the Galapagos Archipelago; with descriptions of those which are new. *Transactions of the Linnean Society of London, Botany* 20: 163–233.

———. 1847. On the vegetation of the Galapagos Archipelago, as compared with that of some other tropical islands and of the continent of America. *Transactions of the Linnean Society of London, Botany* 20: 235–262.

Huffman, M. 2001. Self-medicative behavior in the African great apes: An evolutionary perspective into the origins of human traditional medicine. *BioScience* 51: 651–661.

Iltis, H. 1966. *Life of Mendel*. Reprint of 1932 translation by E. and C. Paul. New York: Hafner （イルチス『メンデル伝』長島礼訳、東京創元社）

Janzen, D. H., and P. S. Martin. 1982. Neotropical anachronisms: The fruits the gomphotheres of the dwarf mistletoe *Arceuthobium americanum* (Viscaceae). *International Journal of Plant Sciences* 170: 290–300.

Friedman, W. E. 2009. The meaning of Darwin's "abominable mystery." *American Journal of Botany* 96: 5–21.

Gadadhar, S., and A. A. Karande. 2013. Abrin immunotoxin: Targeted cytotoxicity and intracellular trafficking pathway. *PLoS ONE* 8: e58304. doi:10.1371/ journal.pone.0058304.

Galindo-Tovar, M. E., N. Ogata-Aguilar, and A. M. Arzate-Fernández. 2008. Some aspects of avocado (*Persea americana* Mill.) diversity and domestication in Mesoamerica. *Genetic Resources and Crop Evolution* 55: 441–450.

Gardiner, J. E. 2013. *Bach: Music in the Castle of Heaven.* New York: Alfred A. Knopf.

Garnsey, P., and D. Rathbone. 1985. The background to the grain law of Gaius Gracchus. *Journal of Roman Studies* 75: 20–25.

Glade, M. J. 2010. Caffeine—not just a stimulant. *Nutrition*: 26: 932–938.

Glover, J. D., J. P. Reganold, L. W. Bell, J. Borevitz, et al. 2010. Increased food and ecosystem security via perennial grains. *Science* 328: 1638–1639.

González-Di Pierro, A. M., J. Benítez-Malvido, M. Méndez-Toribio, I. Zermeño, et al. 2011. Effects of the physical environment and primate gut passage on the early establishment of *Ampelocera hottlei* (Standley) in rain forest fragments. *Biotropica* 43: 459–466.

Goor, A. 1967. The history of the date through the ages in the Holy Land. *Economic Botany* 21: 320–340.

Goren-Inbar, N., N. Alperson, M. E. Kislev, O. Simchoni, et al. 2004 Evidence of hominin control of fire at Gesher Benot Ya'aqov, Israel. *Science* 304: 725–727.

Goren-Inbar, N., G. Sharon, Y. Melamed, and M. Kislev. 2002. Nuts, nut cracking, and pitted stones at Gesher Benot Ya'aqov, Israel. *Proceedings of the National Academy of Sciences* 99: 2455–2460.

Gottlieb, O., M. Borin, and B. Bosisio. 1996. Trends of plant use by humans and nonhuman primates in Amazonia. *American Journal of Primatology* 40: 189–195.

Gould, R. A. 1969. Behaviour among the Western Desert Aborigines of Australia. *Oceania* 39: 253–274.

Grant, P. R., and B. R. Grant. 2008. *How and Why Species Multiply: The Radiation of Darwin's Finches.* Princeton, NJ: Princeton University Press.（Grant/ Grant『なぜ・どうして種の数は増えるのか』巌佐庸監訳、山口諒訳、共立出版）

Greene, R. A., and E. O. Foster. 1933. The liquid wax of seeds of *Simmondsia californica. Botanical Gazette* 94: 826–828.

Gremillion, K. J. 1998. Changing roles of wild and cultivated plant resources among early farmers of eastern Kentucky. *Southeastern Archaeology* 17: 140–157.

Gugerli, F. 2008. Old seeds coming in from the cold. *Science* 322: 1789–1790.

Haak, D. C., L. A. McGinnis, D. J. Levey, and J. J. Tewksbury. 2011. Why are not all chilies hot? A trade-off limits pungency. *Proceedings of the Royal Society B* 279: 2012–2017.

Hanson, T. R., S. J. Brunsfeld, and B. Finegan. 2006. Variation in seedling density and seed de Queiroz, A. 2014. *The Monkey's Voyage: How Improbably Journeys Shaped the History of Life.* New York: Basic Books.

de Vries, J. A. 1978. *Taube, Dove of War.* Temple City, CA: Historical Aviation Album.

de Vries, J., and A. Van der Woude. 1997. *The First Modern Economy: Success, Failure, and Perseverance of the Dutch Economy 1500–1815.* Cambridge, UK: Cambridge University Press.（ド・フリース／ファン・デァ・ワウデ『最初の近代経済』大西吉之ほか訳、名古屋大学出版会）

Diamond, J. 1999. *Guns, Germs, and Steel: The Fate of Human Societies.* New York: W. W. Norton.（ダイアモンド『銃・病原菌・鉄』倉骨彰訳、草思社）

DiMichele, W. A. and R. M. Bateman. 2005. Evolution of land plant diversity: Major innovations and lineages through time. Pp. 3–14 in G. A. Krupnick and W. J. Kress, eds., *Plant Conservation: A Natural History Approach.* Chicago: University of Chicago Press.

DiMichele, W. A., J. I. Davis, and R. G. Olmstead. 1989. Origins of heterospory and the seed habit: The role of heterochrony. *Taxon* 38: 1–11.

Dodson, E. O. 1955. Mendel and the rediscovery of his work. *The Scientific Monthly* 81: 187–195.

Dunn, L. C. 1944. Science in the U.S.S.R.: Soviet biology. *Science* 99: 65–67.

Dyer, A. F., and S. Lindsay. 1992. Soil spore banks of temperate ferns. *American Fern Journal* 82: 9–123.

Emsley, J. 2008. *Molecules of Murder: Criminal Molecules and Classic Cases.* Cambridge, UK: Royal Society of Chemistry.（エムズリー『殺人分子の事件簿』山崎昶訳、化学同人）

Enders, M. S., and S. B. Vander Wall. 2012. Black bears *Ursus americanus* are effective seed dispersers, with a little help from their friends. *Oikos* 121: 589–596.

Evenari, M. 1981. The history of germination research and the lesson it contains for today. *Israel Journal of Botany* 29: 4–21.

Falcon-Lang, H., W. A. DiMichele, S. Elrick, and W. J. Nelson. 2009. Going underground: In search of Carboniferous coal forests. *Geology Today* 25: 181–184.

Falcon-Lang, H. J., W. J. Nelson, S. Elrick, C. V. Looy, et al. 2009. Incised channel fills containing conifers indicate that seasonally dry vegetation dominated Pennsylvanian tropical lowlands. *Geology* 37: 923–926.

Faust, M. 1994. The apple in paradise. *HortTechnology* 4: 338–343.

Finch-Savage, W. E., and G. Leubner-Metzger. 2006. Seed dormancy and the control of germination. *New Phytologist* 171: 501–523.

Fitter, R. S. R., and J. E. Lousley. 1953. *The Natural History of the City.* London: The Corporation of London.

Fraser, E. D. G., and A. Rimas. 2010. *Empires of Food: Feast, Famine, and the Rise and Fall of Civilizations.* New York: Free Press.（フレイザー／リマス『食糧の帝国』藤井美佐子訳、太田出版）

Friedman, C. M. R., and M. J. Sumner. 2009. Maturation of the embryo, endosperm, and fruit

Guided Study. New Brunswick, NJ: Rutgers University Press.
Cordain, L. 1999. Cereal grains: humanity's double-edged sword., Pp. 19–73 in A. P. Simopolous, ed., *Evolutionary Aspects of Nutrition and Health: Diet, Exercise, Genetics and Chronic Disease.* Basel: Karger.
Cordain, L., J. B. Miller, S. B. Eaton, N. Mann, et al. 2000. Plant-animal subsistence ratios and macronutrient energy estimations in worldwide hunter-gatherer diets. *American Journal of Clinical Nutrition* 71: 682–692.
Cowan, W. C. 1978. The prehistoric use and distribution of maygrass in eastern North America: Cultural and phytogeographical implications. Pp. 263–288 in R. I. Ford, ed. *The Nature and Status of Ethnobotany.* Anthropology Paper No. 67. Ann Arbor: University of Michigan Museum of Anthropology.
Crowe, J. H., F. A. Hoekstra, and L. M. Crowe. 1992. Anhydrobiosis. *Annual Review of Physiology* 54: 579–599.
Cummings, C. H. 2008. *Uncertain Peril: Genetic Engineering and the Future of Seeds.* Boston: Beacon Press.
D'Amato, A., E. Fasoli, A. V. Kravchuk, and P. G. Righetti. 2011. Going nuts for nuts? The trace proteome of a cola drink, as detected via combinatorial peptide ligand libraries. *Journal of Proteome Research* 10: 2684–2686.
Darwin, C. 1855. Does sea-water kill seeds? *The Gardeners' Chronicle* 21: 356–357.
———. 1855. Effect of salt water on the germination of seeds. *The Gardeners' Chronicle* 47: 773.
———. 1855. Effect of salt water on the germination of seeds. *The Gardeners' Chronicle* 48: 789.
———. 1855. Longevity of seeds. *The Gardeners' Chronicle* 52: 854.
———. 1855. Vitality of seeds. *The Gardeners' Chronicle* 46: 758.
———. On the action of sea-water on the germination of seeds. *Journal of the Proceedings of the Linnean Society of London, Botany* 1: 130–140.
———. 1859. *On the Origin of Species by Means of Natural Selection.* Reprint of 1859 first edition. Mineola, NY: Dover.（ダーウィン『種の起源』渡辺政隆訳、光文社古典新訳文庫ほか）
———. 1871. *The Voyage of the Beagle.* New York: D. Appleton.（ダーウィン『ビーグル号航海記』島地威雄訳、岩波文庫ほか）
Dauer, J. T., D. A. Morensen, E. C. Luschei, S. A. Isard, et al. 2009. *Conyza canadensis* seed ascent in the lower atmosphere. *Agricultural and Forest Meteorology* 149: 526–534.
Davis, M. 2002. *Dead Cities.* New York: The New Press.
Daws, M. I., J. Davies, E. Vaes, R. van Gelder, et al. 2007. Two-hundred-year seed survival of *Leucospermum* and two other woody species from the Cape Floristic region, South Africa. *Seed Science Research* 17: 73–79.
DeJoode, D. R., and J. F. Wendel. 1992. Genetic diversity and origin of the Hawaiian Islands cotton, *Gossypium tomentosum. American Journal of Botany* 79: 1311–1319.

reproduction and defense. *BioScience* 37: 58–67.

Beckett, S. T. 2008. *The Science of Chocolate, 2nd ed.* Cambridge, UK: RSC Publishing.（Beckett『チョコレートの科学』古谷野哲夫、光琳）

Benedictow, O. J. 2004. *The Black Death: the Complete History.* Woodbridge, UK: The Boydell Press.

Ben-Yehuda. 1995. *The Masada Myth: Collective Memory and Mythmaking in Israel.* Madison: University of Wisconsin Press.

Berry, E. W. 1920. *Paleobotany.* Washington D. C.: U.S. Governement Printing Office.

Bewley, J. D., and M. Black. 1985. *Seeds: Physiology of Development and Germination.* New York: Plenum Press.

———. 1994. *Seeds: Physiology of Development and Germination, 2nd ed.* New York: Plenum Press

Billings, H. 2006. The *materia medica* of Sherlock Holmes. *Baker Street Journal* 55: 37–44.

Black, M. 2009. Darwin and seeds. *Seed Science Research* 19: 193–199.

Black, M., J. D. Bewley, and P. Halmer, eds. 2006. *The Encyclopedia of Seeds: Science, Technology, and Uses.* Oxfordshire, UK: CABI.

Blumler, M. 1998. Evolution of caryopsis gigantism and the origins of agriculture. *Research in Contemporary and Applied Geography: A Discussion Series* 22(1–2): 1–46.

Bonaccorso, F. J., W. E. Glanz, and C. M. Sanford. 1980. Feeding assemblages of mammals at fruiting *Dipteryx panamensis* (Papilionaceae) trees in Panama: seed predation, dispersal and parasitism. *Revista de Biología Tropical* 28: 61–72.

Browne, J., A. Tunnacliffe, and A. Burnell. 2002. Plant desiccation gene found in a nematode. *Nature* 416: 38.

Campos-Arceiz, A., and S. Blake. 2011. Megagardeners of the forest: The role of elephants in seed dispersal. *Acta Oecologica* 37: 542–553.

Carmody R. N., and R. W. Wrangham. 2009. The energetic significance of cooking. *Journal of Human Evolution* 57: 379–391.

Chandramohan, V., J. Sampson, I. Pastan, and D. Bigner. 2012. Toxin-based targeted therapy for malignant brain tumors. *Clinical and Developmental Immunology* 2012: 15 pp., doi:10.-1155/2012/480429.

Chen H. F., P. L. Morrell, V. E. Ashworth, M. De La Cruz, et al. 2009. Tracing the geographic origins of major avocado cultivars. *Journal of Heredity* 100: 56–65.

Clarke, P. A. 2007. *Aboriginal People and their Plants.* Dural Delivery Center, New South Wales: Rosenberg Publishing.

Coe, S. D., and M. D. Coe. 2007. *The True History of Chocolate, rev. ed.* London: Thames & Hudson.（コウ／コウ『チョコレートの歴史』樋口幸子訳、河出書房新社）

Cohen, J. M., ed. 1969. *Christopher Columbus: The Four Voyages*. London: Penguin.

Columbus, C. 1990. *The Journal: Account of the First Voyage and Discovery of the Indies.* Rome: Istituto Poligrafico e Zecca Della Stato.

Corcos, A. F., and F. V. Monaghan. 1993. *Gregor Mendel's Experiments on Plant Hybrids: A*

参考文献

Acosta-Solis, M. 1948. Tagua or vegetable ivory: a forest product of Ecuador. *Economic Botany* 2: 46–57.

Alperson-Afil, N., D. Richter, and N. Goren-Inbar. 2007. Phantom hearths and controlled use of fire at Gesher Benot Ya'aqov, Israel. *Paleoanthropology* 2007 1–15.

Alperson-Afil, N., G. Sharon, M. Kislev, Y. Melamed, et al. 2009. Spatial organization of hominin activities at Gesher Benot Ya'aqov, Israel. *Science* 326: 1677–1680.

Anaya, A.L., R. Cruz-Ortega, and G. R. Waller. 2006. Metabolism and ecology of purine alkaloids. *Frontiers in Bioscience* 11: 2354–2370.

Appendino, G. 2008. Capsaicin and Capsaicinoids. Pp. 73–109 in E.Fattoruso and O. Taglianatela-Scafati, eds., *Modern Alkaloids.* Weinheim: Wiley-VCH.

Asch, D. L., and N. B. Asch. 1978. The economic potential of *Iva annua* and its prehistoric importance in the Lower Illinois Valley. Pp. 300–341 in R. I.Ford, ed., *The Nature and Status of Ethnobotany.* Anthropology Paper No. 67. Ann Arbor: University of Michigan Museum of Anthropology.

Ashihara, H., H. Sano, and A. Crozier. 2008. Caffeine and related purine alkaloids: Biosynthesis, catabolism, function and genetic engineering. *Phytochemistry* 68: 841–856.

Ashtiania, F., and F. Sefidkonb. 2011. Tropane alkaloids of *Atropa belladonna* L. and *Atropa acuminata* Royle ex Miers plants. *Journal of Medicinal Plants Research* 5: 6515–6522.

Atwater, W. O. 1887. How food nourishes the body. *Century Illustrated* 34: 237–251.

———. 1887. The potential energy of food. *Century Illustrated* 34: 397–251.

Barfod, A. 1989. The rise and fall of the tagua industry. *Principes* 33: 181–190.

Barlow, N., ed. 1967. *Darwin and Helsow, The Growth of an Idea: Letters 1831–1860.* London: John Murray.

Baskin, C. C. and J. M. Baskin. 2001. *Seeds: Ecology, Biogeography, and Evolution of Dormancy and Germination.* San Diego, CA: Academic Press.

Bateman, R. M., P. R. Crane, W. A. DiMichele, P. Kenrick, et al. 1998. Early evolution of land plants: Phylogeny, physiology, and ecology of the primary terrestrial radiation. *Annual Review of Ecology and Systematics* 29: 263–292.

Bateson, W. 1899. Hybridisation and cross-breeding as a method of scientific investigation. *Journal of the Royal Horticultural Society* 24: 59–66.

———. 1925. Science in Russia. *Nature* 116: 681–683.

Baumann, T. W. 2006. Some thoughts on the physiology of caffeine in coffee—and a glimpse of metabolite profiling. *Brazilian Journal of Plant Physiology* 18: 243–251.

Bazzaz, F. A., N. R. Chiariello, P. D. Coley, and L. F. Pitelka. 1987. Allocating resources to

フラッキング　87-88
分散貯蔵　175-76, 179
文明、穀物との関係　51, 60
ペスト（黒死病）61-62, 329
ペルム紀　94-95, 101, 307
胞子　21, 89, 96, 103-7, 114-15, 137, 307, 327
胞子植物　21, 89, 94-99, 103-6, 114-15, 295, 306, 327
捕食者 → 種子
保存のバイアス　99

マ行

埋土種子集団 → 土壌シードバンク
マサダ砦　129-32, 135, 325
豆類　70-71, 86, 307
マルーラ　257, 263
ミツバチ　212-13, 214-15, 322
メース　188-90, 198
メトセラ　134-36, 141, 142, 325
メンデル、グレゴール　113-26, 178, 292, 325-27
モロコシ　50-51, 58, 70, 147, 152, 153, 326

ヤ行

薬草　133, 238-40
ヤシ　76-79, 84, 120, 132-35, 249-51
優性（顕性）形質　120, 125, 326
幼根　39, 308
翼状構造 → 種子
四倍体　292-93, 308, 319

ラ行

ライ麦　50-51, 59, 304
裸子植物　107-9, 260, 308, 320, 327, 331
卵　103-4, 106-8, 114, 303, 305, 306
ラン　44, 295-96
リシン　234-38, 239, 243-45
リス　31, 170-71, 173-74, 246, 250, 263
リボソーム　235, 308
リボソーム不活性化タンパク質（RIP） 235, 238
リンゴ　253-56, 257, 259, 261
レシチン　85, 306, 308
劣性（潜性）形質　120-21, 125, 126, 326
ローマ帝国　60-61, 129-32, 189, 325

ワ行

ワタ（綿）268-82, 287, 292, 319-20
綿繰り機　271, 274, 281-82
ワルファリン　241-42

307, 328
ソテツ　107, 237
ソテツシダ　96–97, 259, 327

タ行

ダーウィン、チャールズ　82, 83, 109, 110, 116, 117, 118, 120, 122, 142–43, 180–81, 267–68, 275–77, 320, 326
ダーウィンフィンチ → ガラパゴスフィンチ
大配偶体　44, 305
対立遺伝子（対立形質）120, 305, 326
炭鉱　89–90, 93–94
タンパク質　71, 79–81, 83–84, 234–35, 308, 321, 329
タンポポ　270–71, 287, 301, 326
着生性　296
中国　51, 69, 120, 203, 279
調理するサル仮説　56–58
チョコレート　73–76, 329
治療薬、植物を利用した～ → 薬草
チンパンジー　55–57, 238
ツァマメロン　256, 258, 261, 264
ディミケル、ビル　93–96, 98–104, 109, 137, 259, 283, 295
テオフラストス　41, 132, 305
適応放散　260, 305
でんぷん → 種子
ド・クリュー、ガブリエル＝マチュー　206–9, 220, 323
トウガラシ　192–203, 244
トウゴマ　85, 234–37, 243–45, 256
動物被食散布　259, 305
トウモロコシ　50–51, 70, 74, 304, 326, 329
毒 → 種子
土壌シードバンク　142–44
ドブネズミ　177–79
トランセクト　28–29, 75, 252
鳥　180–81, 199–200, 202, 261, 262
トンカマメ　240–41, 246

ナ行

内胚乳　44, 77–78, 83, 84, 86, 88, 211, 302, 306, 307, 322, 328–29
内胚乳豆類　86
ナッツ　73–85, 182–83
ナツメグ　188–90, 192, 198, 323
ナツメヤシ　120, 132–35, 258, 325
難貯蔵性種子　306, 331
二重劣性（潜性）121, 126
乳化剤　85, 306, 308
農業　50–51, 55, 59–60, 69, 70, 119, 155–56, 329

ハ行

胚　35–36, 38–39, 44, 306
配偶体　103, 106–7, 114, 306
胚軸　44, 306
バスキン、キャロル　34–38, 41, 45, 138–41, 162, 295
発芽　33–43, 52–53, 107, 132–44, 150, 151, 154, 211, 263, 306–7, 325
パルース・プレーリー　47–50, 66, 69
ハンドリングタイム　172, 175, 178
火　56–57, 139
ビール　74, 215–16, 322
ビール、ウィリアム・ジェームズ　143–44
東インド会社（オランダ）189
東インド会社（英国）279–80
被子植物　108–11, 260, 304, 307, 320, 327, 331
ビューリイ、デレク　79–82, 86, 147, 244, 273
肥沃な三日月地帯　51, 60, 63, 70
ヒヨコマメ　59, 70–71
ビル・ジャンプ　125–26, 178
品種改良　111, 119–20, 156, 192, 292
ブラインシュリンプ　149–50, 151

航空機　282−86
香辛料　187−93
坑道、炭鉱の　89−90, 94, 96, 259
コウモリ　249−51, 259, 262
コーヒー　206−27, 263
コーヒーノキ → コーヒー
コーヒーハウス　216−26
コーヒー豆　40, 206−27, 263, 322
コーンシロップ　74, 329
国際宇宙ステーション　150, 151
国立種子銀行　145−48
穀物　48−51, 58−71, 167, 303, 330
穀類 → 穀物
コケ　104, 114, 115, 307
ココナッツ → ココヤシ
ココヤシ　73−79, 303, 307
コショウ　188−92, 198, 323
コムギ（小麦）48, 50−51, 59, 60−61, 63−69, 70, 148, 304, 326
コメ（米）　50−51, 69, 148
コロンブス、クリストファー　186−93, 256, 269−70, 278, 280

サ行

細胞膨張　38−41
雑草　143−44
サル　31, 56, 239, 250, 262
産業革命　89, 278−80, 322
三倍体　292−93, 303, 306
散布、種子の　137, 169−72, 175, 199, 202, 244−46, 249−65
　海流による～　275−77
　風による～　265, 270−71, 274−77, 283−84
　コウモリによる～　249−51
　鳥による～　199−200, 202, 277
シード・セイバーズ・エクスチェンジ　159−61, 294
自然選択　43, 82, 116, 118, 181, 295, 324
シダ　97, 99, 103, 114, 115, 252, 306, 307, 327
シナモン　190, 192
集中貯蔵　179
種子
　イネ科の～　52−54, 71
　～の栄養分貯蔵　80−81
　～の寿命　135−44
　～のでんぷん　54−55, 71, 80−81, 83, 329
　～の毒　233−46
　～の防御　168−76, 196−200, 209−12, 243−46
　～の捕食者　167−81, 243−46
　～の翼状構造　283−89
種子銀行　145−163
種皮　35−36, 42, 44, 140, 244−45, 260, 262, 273, 276, 303, 326, 330
授粉　115, 120, 122−23, 292
狩猟採集民　58−59, 239
子葉　30, 35−36, 41−44, 51, 52, 75, 86, 304
食品保存、香辛料と～　201
進化　42−43, 82−85, 89−90, 94−111, 116, 118, 125−26, 137−38, 142, 169, 175−76, 179−81, 195−202, 211−13, 243, 253, 255, 257, 260, 262, 273, 296
心皮　108, 304, 327
針葉樹　44, 96, 98, 102, 107, 260
人類
　～の祖先（化石人類）182−83, 238
　～の食物（食事）45, 50−51, 55−64, 70−71
スイカ　258, 261, 291−93
水分の吸収 → 吸水
スヴァールバル種子貯蔵庫　152−53, 154
ストリキニーネ　233, 301
精子　103−4, 106−7, 114, 303, 306, 327
石炭　89, 94−102
石炭紀　89−90, 93−104, 106, 259, 304,

索引

ア行

アダムとイヴ　253-55
アデノシン　214, 301
油　77-81, 85
アブラナ　81, 328
アボカド　33-44, 331
アボリジニ　58, 258, 327
アラブの春　63, 220
アリ　197, 200, 244-45, 256, 302, 320
アルカロイド　195-96, 199, 210, 227, 234, 238, 242, 301, 302, 319, 322
アルソミトラ　283-89
アルメンドロ　29-32, 42, 44-45, 76, 122, 170-77, 179-80, 185-86, 240-42, 245-46, 249-52, 259, 265, 292, 321, 331-32
アンノナ　60-61, 69
イチゴ　119, 258, 261
イチョウ　20, 107, 260
イネ科草本　48-55, 58-60, 63, 82
イワヒバ　105-7, 305, 307, 327
インド　86-88, 188, 189, 269, 278-80
ヴァヴィロフ、ニコライ　155-56, 324
ヴュルテンベルク・ウィンター・ピー　115-16, 125, 178
穎果　65, 302, 330
エデンの園　253-54, 258
エトリッヒ、イゴー　283-85, 287
エライオソーム　244-45, 256, 302, 320
エンドウ　113-26, 177-79, 325, 326
エンドズーコリー → 動物被食散布
エンバク（燕麦）→ カラスムギ
オオムギ（大麦）　50-51, 58-59, 65, 67-68, 70-71, 304, 326

カ行

外胚乳　44, 83, 302
カオリナイト　262
カカオ　75-76, 210, 302, 329
果実　110, 249-65
化石　89, 94-101, 104, 168, 180
カノーラ油　81, 328
カフェイン　40, 196, 209-15, 221, 227, 301, 302, 322, 331
カプサイシン　195-203, 244, 323
花粉　104, 105, 107, 110, 121-22, 293, 296, 301, 303, 305, 307, 321
カラシナ　119, 139, 143
カラスムギ　50, 58, 304
ガラパゴスフィンチ　180-81, 277, 324
ガラパゴス諸島　180-81, 267-68, 276-77
乾燥化　138, 140, 147, 148-50
キーストーン種　31, 331, 332
気候変動　152, 324
キビ　50-51, 70, 120, 326
吸水　38, 40, 139-40, 211, 263, 302, 331
休眠　22, 38, 40-42, 54, 126, 136-44, 150, 162, 302
共進化　111, 169, 197
キロプテロコリー　259
菌類、病原性の　196-98
グアーガム　86-88, 328
クマリン　240-41, 245-46
グレイン → 穀物
クローブ　189-90, 192, 323
齧歯類　167-79, 245-46
顕花植物 → 被子植物

ソーア・ハンソン（Thor Hanson）
保全生物学者。科学ジャーナリスト。グッゲンハイム財団フェロー、スウィッツァー財団環境研究フェロー。ワシントン州にある島で、妻と息子と暮らしている。
前作『羽』（白揚社）は、優れた科学書に贈られる「AAAS（アメリカ科学振興会）Subaru サイエンスブックス＆フィルム賞」や、アメリカ自然史博物館の「ジョン・バロウズ賞」などを受賞。本作『種子』は2016年度にファイ・ベータ・カッパ（全米優等学生友愛会）科学図書賞を受賞した。

黒沢令子（くろさわ　れいこ）
鳥類生態学研究者、翻訳者。地球環境学博士。NPO法人バードリサーチで野外鳥類調査の傍ら、翻訳に携わる。主な訳書に『羽』、『動物行動の観察入門』、『カフェインの真実』（以上、白揚社）、『フィンチの嘴』（共訳、早川書房）、『落葉樹林の進化史』（築地書館）などがある。

ISBN 978-4-8269-0199-4

種子（しゅし）

二〇一七年十二月十五日　第一版第一刷発行

著　者　ソーア・ハンソン

訳　者　黒沢令子（くろさわれいこ）

発行者　中村幸慈

発行所　株式会社　白揚社　©2017 in Japan by Hakuyosha
〒101-0062　東京都千代田区神田駿河台1-7
電話03-5281-9772　振替00130-1-25400

装　幀　岩崎寿文

印刷・製本　中央精版印刷株式会社